排污单位自行监测技术指南教程
——涂装工业

生 态 环 境 部 生 态 环 境 监 测 司
中　国　环　境　监　测　总　站　编著
机械工业第四设计研究院有限公司

中国环境出版集团・北京

图书在版编目（CIP）数据

排污单位自行监测技术指南教程. 涂装工业 / 生态环境部生态环境监测司，中国环境监测总站，机械工业第四设计研究院有限公司编著. -- 北京 : 中国环境出版集团，2024. 7. -- ISBN 978-7-5111-5920-5

Ⅰ. X506；X788

中国国家版本馆CIP数据核字第2024XQ4041号

责任编辑 殷玉婷
封面设计 宋　瑞

出版发行 中国环境出版集团
（100062 北京市东城区广渠门内大街 16 号）
网　　址：http：//www.cesp.com.cn
电子邮箱：bjgl@cesp.com.cn
联系电话：010-67112765（编辑管理部）
发行热线：010-67125803，010-67113405（传真）
印　　刷 北京中科印刷有限公司
经　　销 各地新华书店
版　　次 2024 年 7 月第 1 版
印　　次 2024 年 7 月第 1 次印刷
开　　本 787×960 1/16
印　　张 23.5
字　　数 356 千字
定　　价 95.00 元

《排污单位自行监测技术指南教程》编审委员会

主　任　蒋火华　张大伟

副主任　邢　核　王锷一

委　员　董明丽　敬　红　王军霞　何　劲

《排污单位自行监测技术指南教程——涂装工业》编写委员会

主　　编　秦承华　马　琳　刘常永　刘宗耀　李　韧

　　　　　王伟民　王军霞　敬　红

编写人员（以姓氏笔画排序）

王世香　王达菲　王陈帅　孔　川　冯亚玲

刘茂辉　刘通浩　孙国翠　杜　君　李　辉

李文君　李宗超　李莉娜　杨伟伟　杨依然

邱立莉　何　劲　陈乾坤　陈敏敏　赵　畅

夏　青　倪辰辰　郭晓丹娜　董明丽

序

生态环境是关系党的使命宗旨的重大政治问题，也是关系民生的重大社会问题。党中央、国务院高度重视生态环境保护工作，党的十八大将生态文明建设作为中国特色社会主义事业“五位一体”总体布局的重要组成部分，党的十九大报告全面阐述了加快生态文明体制改革、推进绿色发展、建设美丽中国的战略部署，党的二十大报告明确指出全面实行排污许可制，健全现代环境治理体系。习近平生态文明思想开启了新时代生态环境保护工作的新阶段，习近平总书记在全国生态环境保护大会上指出生态文明建设是关乎中华民族永续发展的根本大计。党的十八大以来，党中央以前所未有的力度抓生态文明建设，全党全国推动绿色发展的自觉性和主动性显著增强，美丽中国建设迈出重大步伐，我国生态环境保护发生历史性、转折性、全局性变化。

生态环境部组建以来，统一行使生态和城乡各类污染排放监管与行政执法职责，提高污染排放标准，强化排污者责任，健全环保信用评价、信息强制性披露、严惩重罚等制度，形成了政府为主导、企业为主体、社会组织和公众共同参与的环境治理体系。生态环境监测是生态环境保护工作的重要基础，是环境管理的基本手段。我国相关法律法规中明确要求排污单位对自身排污状况开展监测，排污单位开展自行监测是法定的责任和义务。

为规范和指导排污单位开展自行监测工作，生态环境部发布了一系列排污单位自行监测技术指南。同时，为让各级生态环境主管部门和排污单位更好地应用技术指南，生态环境部生态环境监测司组织中国环境监测总站等单位编写了排污单位自行监测技术指南教程系列图书，将排污单位自行监测技术指南分类解析，既突出对理论的解读，又兼顾实践的应用，具有很强的指导意义。本系列图书既可以作为各级生态环境主管部门、研究机构、企事业单位环境监测人员的工作用书和培训教材，还可以作为大众学习的科普图书。

自行监测数据承载了大量污染排放和治理信息，是生态环保大数据重要的信息源，是排污许可证申请与核发等新时期环境管理的有力支撑。随着生态环境质量的不断改善、环境管理的不断深化，排污单位自行监测制度也将不断完善和改进。希望本系列图书的出版能为提高排污单位自行监测管理水平、落实企业自行监测主体责任发挥重要作用，为深入打好污染防治攻坚战做出应有的贡献。

编　者

2022 年 12 月

前言

1972 年以来，我国生态环境保护工作从最初的意识启蒙阶段，经历了环境污染蔓延和加剧期的规模化、综合化治理，主要污染物总量控制等阶段，逐渐发展到以环境质量改善为核心的环境保护思路上来。为顺应生态环境保护工作的发展趋势，进一步规范企事业单位和其他生产经营者的排污行为，控制污染物排放，2016 年以来，我国实施以排污许可制度为核心的固定污染源管理制度，在政府部门监督/执法监测的基础上，强化了排污单位自行监测要求，排污单位自行监测成为污染源监测的重要组成部分。

排污单位自行监测是排污单位依据相关法律、法规和技术规范对自身的排污状况开展监测的一系列活动。《中华人民共和国环境保护法》《中华人民共和国大气污染防治法》《中华人民共和国水污染防治法》《中华人民共和国土壤污染防治法》《中华人民共和国固体废物污染环境防治法》《中华人民共和国噪声污染防治法》《中华人民共和国环境保护税法》《排污许可管理条例》都对排污单位的自行监测提出了明确要求，排污单位开展自行监测是法律赋予的责任和义务，也是排污单位自证守法、自我保护的重要手段和途径。

为规范和指导含涂装工序工业排污单位开展自行监测，2020年1月，生态环境部颁布了《排污单位自行监测技术指南　涂装》。为进一步规范排污单位自行监测行为，提高自行监测质量，在生态环境部生态环境监测司的指导下，中国环境监测总站和机械工业第四设计研究院有限公司共同编写了《排污单位自行监测技术指南教程——涂装工业》。本书共分13章。第1章从我国污染源监测的发展历程及管理的框架出发，引出了排污单位自行监测在当前污染源监测管理中的定位及一些管理规定，并理顺了《排污单位自行监测技术指南　总则》与行业自行监测技术指南的关系。第2章主要介绍了排污单位开展自行监测的一般要求，从监测方案、监测设施、开展自行监测的要求、质量保证和质量控制、记录和保存监测数据五个方面进行了概述。第3章在分析目前涂装工业行业概况和发展趋势的基础上对含涂装工序工业的生产工艺及产排污节点进行了分析，并简要介绍了含涂装工序工业行业采用的一些常用污染预防和治理技术。第4章对含涂装工序工业自行监测技术指南自行监测方案中监测点位、监测指标、监测频次、监测要求等如何设定进行了解释说明，并选取了四个典型案例进行分析，为排污单位制定规范的自行监测方案提供了指导，在附录中给出了参考模板。第5章简要介绍了开展监测时，排污口、监测平台、自动监测设施等设施的设置和维护要求。第6章和第8章针对含涂装工序工业自行监测技术指南中废水、废气所涉及的监测指标如何采样、监测分析及注意事项进行了一一介绍。第7章和第9章对废水、废气自动监测系统从设备安装、调试、验收、运行管理及质量保证五个方面进行了介绍。第 10 章简要介绍了根据含涂装工序工业自行监测技术指南开展厂界环境噪声、环境空气、地表水、近岸海域海水、地下水和土壤等周边环境质量监测时的基本要求和注意事项。第 11 章从实验室体系管理角度出发，从人—机—料—法—环等环节对监测的质量保证和质量控制进行了简要概述，为提高自行监测数据质量奠定了基础。第 12 章介绍了自行监测信息记录、报告和信息公开方面的相关要求，并就含涂装工序工业排污单位生产和污染治理设施运行等过程中的记录信息进行了梳理。第 13 章简要介绍了全国污染源监测数据管理与共享系统的总体架构和主要功能，为排污单位自行监测数据报送提供了方便。

本书在附录中列出了与自行监测相关的标准规范，以方便排污单位在使用时查询和索引。另外，本书还给出了一些记录样表和自行监测方案模板，为排污单位提供参考。

编　者

2022 年 12 月

目　录

第 1 章　排污单位自行监测定位与管理要求......1
1.1　我国污染源监测管理框架......1
1.2　排污单位自行监测的定位......5
1.3　排污单位自行监测的管理规定......9
1.4　排污单位自行监测技术指南的定位......14
1.5　行业技术指南在自行监测技术指南体系中的定位和制定思路......15

第 2 章　自行监测的一般要求......19
2.1　制定监测方案......19
2.2　设置和维护监测设施......22
2.3　开展自行监测......24
2.4　监测质量保证与质量控制......29
2.5　记录和保存监测数据......30

第 3 章　涂装工业发展及污染排放状况......31
3.1　行业概况及发展趋势......31
3.2　典型生产工艺及产污环节......40
3.3　污染物排放状况分析......47
3.4　污染预防技术......55

3.5 污染治理技术 58

第 4 章 排污单位自行监测方案的制定 72

4.1 监测方案制定的依据 72
4.2 废水排放监测 76
4.3 废气排放监测 82
4.4 厂界环境噪声监测 93
4.5 周边环境质量影响监测 94
4.6 其他要求 96
4.7 自行监测方案案例 97

第 5 章 监测设施设置与维护要求 113

5.1 基本原则和依据 113
5.2 废水监测点位的确定及排污口规范化设置 114
5.3 废气监测点位的确定及规范化设置 119
5.4 排污口标志牌的规范化设置 131
5.5 排污口规范化的日常管理与档案记录 133

第 6 章 废水手工监测技术要点 134

6.1 流量 134
6.2 现场采样 139
6.3 监测指标测试 148

第 7 章 废水自动监测技术要点 166

7.1 水污染源在线监测系统组成 166
7.2 现场安装要求 168

7.3 调试检测......169
7.4 验收要求......170
7.5 运行管理要求......174
7.6 质量保证要求......176

第 8 章 废气手工监测技术要点......189
8.1 有组织废气监测......189
8.2 无组织废气监测......205

第 9 章 废气自动监测技术要点......214
9.1 废气自动监测系统组成及性能要求......214
9.2 CEMS 现场安装要求......216
9.3 CEMS 技术指标调试检测......216
9.4 CEMS 验收要求......217
9.5 CEMS 日常运行管理要求......222
9.6 CEMS 日常运行质量保证要求......223
9.7 数据审核和处理......229

第 10 章 厂界环境噪声及周边环境影响监测......232
10.1 厂界环境噪声监测......232
10.2 环境空气监测......235
10.3 地表水监测......237
10.4 近岸海域海水影响监测......241
10.5 地下水监测......244
10.6 土壤监测......247

第 11 章 监测质量保证与质量控制体系 249
11.1 基本概念 249
11.2 质量体系 250
11.3 自行监测质控要点 258

第 12 章 信息记录与报告 264
12.1 信息记录的目的与意义 264
12.2 信息记录的要求和内容 265
12.3 生产和污染治理设施运行状况 267
12.4 固体废物产生和处理情况 269
12.5 信息报告及信息公开 271

第 13 章 自行监测手工数据报送 273
13.1 自行监测手工数据报送系统总体架构设计 273
13.2 自行监测手工数据报送系统应用层设计 275
13.3 自行监测手工数据报送方式和内容 278
13.4 自行监测信息完善 280

附 录 291
附录 1 排污单位自行监测技术指南 总则 291
附录 2 排污单位自行监测技术指南 涂装 308
附录 3 自行监测质量控制相关模板和样表 319
附录 4 自行监测相关标准规范 332
附录 5 自行监测方案参考模板（汽车整车制造行业） 341

参考文献 359

第 1 章　排污单位自行监测定位与管理要求

污染源监测作为环境监测的重要组成部分，与我国环境保护工作同步发展，40 多年来不断发展壮大，现已基本形成了排污单位自行监测、管理部门监督/执法监测、社会公众监督的基本框架。排污单位自行监测是国家治理体系和治理能力现代化发展的需要，是排污单位应尽的社会责任，是法律明确要求的义务，也是排污许可制度的重要组成部分。我国关于排污单位自行监测的管理规定有很多，从不同层级和角度对排污单位进行了详细规定。为了保证排污单位自行监测制度的实施，指导和规范排污单位自行监测行为，我国制定了排污单位自行监测技术指南体系。《排污单位自行监测技术指南　涂装》（HJ 1086—2020）（以下简称《涂装指南》）是其中的一个行业技术指南，是按照《排污单位自行监测技术指南　总则》（HJ 819—2017）（以下简称《总则》）的要求和有关管理规定制定的，用于指导含涂装工序工业排污单位开展自行监测活动。

本章围绕排污单位自行监测定位和管理要求，对排污单位自行监测在我国污染源监测管理制度中的定位、排污单位自行监测管理要求、排污单位自行监测技术指南定位及总体思路进行介绍。

1.1　我国污染源监测管理框架

1972 年以来，我国环境保护工作经历了环境保护意识启蒙阶段（1972—1978 年）、环境污染蔓延和环境保护制度建设阶段（1979—1992 年）、环境污染加剧和规模化治理阶段（1993—2001 年）、环保综合治理阶段（2002—2012 年）。集中的污染治理，尤其是严格的主要污染物总量控制，有效遏制了环境质量恶化的趋势，但仍未实现环境质量的全面改善。“十三五”以来，我国环境保护的思路转向以环境质量改善为核心。

与环境保护工作相适应，我国环境监测大致经历了 3 个阶段：第一阶段是污染调查监测与研究性监测阶段，第二阶段是污染源监测与环境质量监测并重阶段，第三阶段是环境质量监测与污染源监督监测阶段。

根据污染源监测在环境管理中的地位和实施情况，将污染源监测划分为 3 个阶段：严格的总量控制制度之前（“十一五”之前），污染源监测主要服务于工业污染源调查和环境管理“八项制度”；严格的总量控制制度时期（“十一五”和“十二五”），污染源监测围绕总量控制制度开展总量减排监测；以环境质量改善为核心的阶段（“十三五”以来），污染源监测主要服务于环境保护执法和排污许可制实施。

目前我国基本形成了排污单位自行监测、生态环境主管部门依法监管、社会公众监督的污染源监测管理框架（图 1-1），2021 年 3 月 1 日正式实施的《排污许可管理条例》，从法律层面确立了以排污许可制为核心的固定污染源监管制度体系，进一步完善了排污单位以自行监测为主线、政府监督监测为抓手，鼓励社会公众广泛参与的污染源监测管理模式。排污单位开展自行监测，按要求向生态环境主管部门报告，向社会公众进行公开，同时接受生态环境主管部门的监管和社会公众的监督。生态环境主管部门向社会公众公布相关信息的同时受理社会公众针对有关情况的举报。

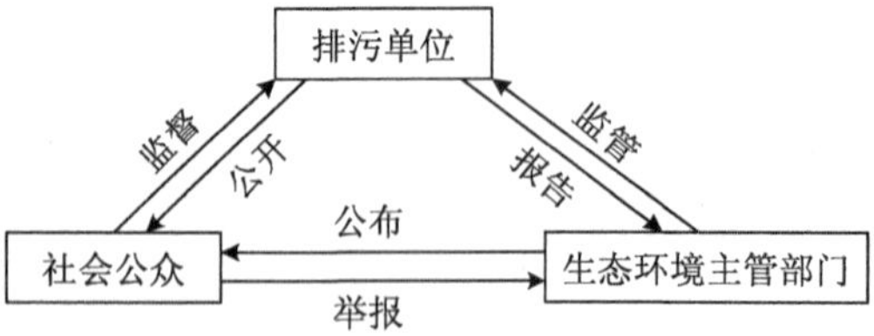

图 1-1　污染源监测管理框架

1.1.1　排污单位开展自行监测，并按照要求进行信息公开

近年来，我国大力推进排污单位自行监测和信息公开，《中华人民共和国环境保护法》《中华人民共和国大气污染防治法》《中华人民共和国水污染防治法》《中华人民共和国环境保护税法》《中华人民共和国土壤污染防治法》《中华人民共和国固体废物污染环境防治法》《中华人民共和国噪声污染防治法》等相关法律中均明确了排污单位自行监测和信息公开的责任。

在具体的生态环境管理制度上，多项制度将排污单位自行监测和信息公开的责任进行落实和明确。2013 年，环境保护部发布了《国家重点监控企业自行监测及信息公开办法（试行）》，将国家重点监控企业自行监测和信息公开率先作为主要污染物总量减排考核的一项指标。2016 年 11 月，国务院办公厅印发了《控制污染物排放许可制实施方案》（国办发〔2016〕81 号），提出控制污染物排放许可制的一项基本原则："权责清晰，强化监管。排污许可证是企事业单位在生产运营期接受环境监管和环境保护部门实施监管的主要法律文书。企事业单位依法申领排污许可证，按证排污，自证守法。环境保护部门基于企事业单位守法承诺，依法发放排污许可证，依证强化事中事后监管，对违法排污行为实施严厉打击。"

1.1.2　生态环境主管部门组织开展监督/执法监测，实现测管协同

随着各项法律明确了排污单位自行监测的主体地位，管理部门的监测活动更加聚焦于监督和执法。《生态环境监测网络建设方案》（国办发〔2015〕56 号）要求："实现生态环境监测与执法同步。各级环境保护部门依法履行对排污单位的环境监管职责，依托污染源监测开展监管执法，建立监测与监管执法联动快速响应机制，根据污染物排放和自动报警信息，实施现场同步监测与执法。"

《生态环境监测规划纲要（2020—2035 年）》（环监测〔2019〕86 号）（以下简称《纲要》）提出：构建"国家监督、省级统筹、市县承担、分级管理"格局。落实自行监测制度，强化自行监测数据质量监督检查，督促排污单位规范监测、依

证排放，实现自行监测数据真实可靠。建立完善监督制约机制，各级生态环境部门依法开展监督监测和抽查抽测。为落实《纲要》要求，各级生态环境主管部门按照“双随机、一公开”的原则，组织开展执法监测。通过排污单位证后监测监管，加强对排污单位自行监测数据质量和排放状况的监督，指导排污单位自行监测工作的改进，从而更好地提升排污单位自行监测水平。

《关于进一步加强固定污染源监测监督管理的通知》（环办监测〔2023〕5 号）进一步提出，坚持精准治污、科学治污、依法治污，以固定污染源排污许可制为核心，构建排污单位依证监测、政府依法监管、社会共同监督的固定污染源监测监督管理的新格局，为深入打好污染防治攻坚战提供有力支撑。

1.1.3 社会公众参与监督，合力提升污染源监测质量

我国污染源量大面广，仅靠生态环境主管部门的监督远远不够，因此只有发动群众、实现全民监督，才能使违法排污行为无处遁形。2014 年修订的《中华人民共和国环境保护法》更加明确地赋予了公众环保知情权和监督权：“公民、法人和其他组织依法享有获取环境信息、参与和监督环境保护的权利。各级人民政府环境保护主管部门和其他负有环境保护监督管理职责的部门，应当依法公开环境信息、完善公众参与程序，为公民、法人和其他组织参与和监督环境保护提供便利。”

排污单位通过各种方式公开自行监测结果，包括依托排污许可制度及平台、依托地方污染源监测信息公开渠道、通过本单位官方网站等。生态环境主管部门监督/执法监测结果也依托排污许可制度及平台、依托地方污染源监测信息公开渠道等方式进行公开。社会公众可通过关注各类监测数据对排污单位及管理部门进行监督，督促排污单位和管理部门提高数据质量。

1.2 排污单位自行监测的定位

1.2.1 开展自行监测是构建政府、企业、社会共治的环境治理体系的需要

（1）构建现代环境治理体系的重大意义和总体要求

生态环境治理体系和治理能力是生态环境保护工作推进的基础支撑。2018 年 5 月，习近平总书记在全国生态环境保护大会上强调，要加快建立健全以治理体系和治理能力现代化为保障的生态文明制度体系，确保到 2035 年，生态环境领域国家治理体系和治理能力现代化基本实现，美丽中国目标基本实现；到 21 世纪中叶，生态环境领域国家治理体系和治理能力现代化全面实现，建成美丽中国。

党的十九大报告中提出构建政府为主导、企业为主体、社会组织和公众共同参与的环境治理体系。党的十九届四中全会将生态文明制度体系建设作为坚持和完善中国特色社会主义制度、推进国家治理体系和治理能力现代化的重要组成部分，强调实行最严格的生态环境保护制度，严明生态环境保护责任制度，要求健全源头预防、过程控制、损害赔偿、责任追究的生态环境保护体系，构建以排污许可制为核心的固定污染源监管制度体系，完善污染防治区域联动机制和陆海统筹的生态环境治理体系。2020 年 3 月，中共中央办公厅、国务院办公厅印发了《关于构建现代环境治理体系的指导意见》，提出了建立健全的环境治理领导责任体系、企业责任体系、全民行动体系、监管体系、市场体系、信用体系和法律法规政策体系的具体要求。党的二十大报告提出深入推进环境污染防治，坚持精准治污、科学治污、依法治污，全面实行排污许可制，健全现代环境治理体系。

构建现代环境治理体系，是深入贯彻习近平生态文明思想和全国生态环境保护大会精神的重要举措，是持续加强生态环境保护、满足人民日益增长的优美生态环境需要、建设美丽中国的内在要求，是完善生态文明制度体系、推动国家治

理体系和治理能力现代化的重要内容，还将充分展现生态环境治理的中国智慧、中国方案和中国贡献，对全球生态环境治理进程产生重要影响。

坚决落实构建现代环境治理体系，要把握构建现代环境治理体系的总体要求。以习近平新时代中国特色社会主义思想为指导，深入贯彻习近平生态文明思想，坚定不移地贯彻新发展理念，以坚持党的集中统一领导为统领，以强化政府主导作用为关键，以深化企业主体作用为根本，以更好动员社会组织和公众共同参与为支撑，实现政府治理和社会调节、企业自治良性互动，完善体制机制，强化源头治理，形成工作合力。

（2）对排污单位自行监测的要求

污染源监测是污染防治的重要支撑，需要各方共同参与。为适应环境治理体系变革的需要，自行监测应发挥相应的作用，补齐短板，提供便利，为社会共治提供条件。

应改变传统生态环境治理模式中污染治理主体监测缺位现象。长期以来，污染源监测以政府部门监督性监测为主，尤其在“十一五”“十二五”总量减排时期，监督性监测得到快速发展，每年对国家重点监控企业按季度开展主要污染物监测，但排污单位在污染源监测中严重缺位。2013 年，为了解决单纯依靠环保部门有限的人力和资源难以全面掌握企业污染源状况的问题，环境保护部组织编制了《国家重点监控企业自行监测及信息公开办法（试行）》，大力推进企业开展自行监测。2014 年以来，多部生态环境保护相关法律均明确了排污单位自行监测的责任和要求。但是，自行监测数据的法定地位以及如何在环境管理中应用并没有明确，自行监测数据在环境管理中的应用更是不足，并未从根本上解决排污单位在环境治理体系中监测缺位的现象。新的环境治理体系，应改变这一现状，使自行监测数据得到充分应用，才能保持多方参与的生命力和活力。

为公众提供便于获取、易于理解的自行监测信息。公众是社会共治环境治理体系的重要主体，公众参与的基础是及时获取信息，自行监测数据是反映排放状况的重要信息。社会的变革为公众参与提供了外在便利条件，为了提高自行监测在环境治理体系中的作用，就要充分利用自媒体、社交媒体等各种先进、便利的条件，为公众提供便于获取、易于理解的自行监测数据和基于数据加工而成的相关信息，为公众高效参与提供重要依据。

1.2.2　开展自行监测是社会责任和法定义务

企业是最主要的生产者，是社会财富的创造者，企业在追求自身利润的同时，向社会提供了产品，满足了人民的日常所需，推进了社会的进步。当然，在当代社会，由于企业是社会中普遍存在的社会组织，其数量众多、类型各异、存在范围广、对社会影响大。在这种情况下，社会的发展不仅要求企业承担生产经营和创造财富的义务，还要求其承担环境保护、社区建设和消费者权益维护等多方面的责任，这也是企业的社会责任。企业社会责任具有道义责任的属性和法律义务的属性。法律作为一种调整人们行为的规则，其调整作用是通过设置权利义务而实现的。因而，法律义务并非一种道义上的宣示，其有具体的、明确的规则指引人的行为。基于此，企业社会责任一旦进入环境法视域，即被分解为具体的法律义务。

企业开展排污状况自行监测是法定的责任和义务。《中华人民共和国环境保护法》第四十二条明确提出，“重点排污单位应当按照国家有关规定和监测规范安装使用监测设备，保证监测设备正常运行，保存原始监测记录”；第五十五条要求，“重点排污单位应当如实向社会公开其主要污染物的名称、排放方式、排放浓度和总量、超标排放情况，以及防治污染设施的建设和运行情况，接受社会监督”。《中华人民共和国大气污染防治法》《中华人民共和国水污染防治法》《中华人民共和国环境保护税法》《中华人民共和国土壤污染防治法》《中华人民共和国固体废物污染环境防治法》等相关法律中也均有排污单位自行监测的相关要求。

1.2.3　开展自行监测是自证守法和自我保护的重要手段和途径

排污许可制度作为固定污染源核心管理制度，其明确了排污单位自证守法的权利和责任，排污单位可以通过以下途径进行“自证”。一是依法开展自行监测，保证数据合法有效，妥善保存原始记录；二是建立准确完整的环境管理台账，记录能够证明其排污状况的相关信息，形成一套完整的证据链；三是定期、如实向生态环境部门报告排污许可证执行情况。可以看出，自行监测贯穿自证守法的全过程，是自证守法的重要手段和途径。

首先，排污单位被允许在标准限值下排放污染物，排放状况应该透明公开且合规。随着管理模式的改变，管理部门不对企业全面开展监测，仅对企业进行抽查抽测。排污单位对排放状况进行说明时，需要开展自行监测。

其次，一旦出现排污单位向管理部门出具的监测数据或其他证明材料被质疑的情况，或者排污单位对公众举报等相关信息提出异议时，就需要出具自身排污状况的相关材料进行证明，而自行监测数据是非常重要的证明材料。

最后，自行监测可以对自身排污状况定期监控，也可对周边环境质量影响进行监测，及时掌握实际排污状况和对周边环境质量的影响，了解周边环境质量的变化趋势和承受能力，可以及时识别潜在环境风险，以便提前应对，避免引起更大的、无法挽救的环境事故或对人民群众、生态环境和排污单位自身造成的巨大损害和损失。

1.2.4 开展自行监测是排污许可制度的重要组成部分

《控制污染物排放许可制实施方案》明确了排污单位应实行自行监测和定期报告。《排污许可管理条例》第十九条规定：“排污单位应当按照排污许可证规定和有关标准规范，依法开展自行监测，并保存原始监测记录。原始监测记录保存期限不得少于 5 年。排污单位应当对自行监测数据的真实性、准确性负责，不得篡改、伪造。”

因此，自行监测既是有明确法律法规要求的一项管理制度，也是固定污染源基础与核心管理制度——排污许可制度的重要组成部分。

1.2.5　开展自行监测是精细化管理与大数据时代信息输入及信息产品输出的需要

随着环境管理向精细化发展，强化数据应用、根据数据分析识别潜在的环境问题，做出更加科学精准的环境管理决策是环境管理面临的重大命题。大数据时代信息化水平的提升，为监测数据的加工分析提供了条件，也对数据输入提出了更高要求。

自行监测数据承载了大量污染排放和治理信息，然而这些信息长期以来并没有得到充分的收集和利用，这是生态环境大数据中缺失的一项重要信息源。通过收集各类污染源长时间的监测数据，对同类污染源监测数据进行统计分析，可以更全面地判定污染源的实际排放水平，从而为制定排放标准和产排污系数提供科学依据。另外，通过监测数据与其他数据的关联分析，还能获得更多、更有价值的信息，为环境管理提供更有力的支撑。

1.3　排污单位自行监测的管理规定

我国现行法律法规、管理办法中有很多涉及排污单位自行监测的规定，具体见表 1-1。

表 1-1　我国现行与排污单位自行监测相关的法律法规和管理办法

名称	颁布机关	实施时间	主要相关内容
《中华人民共和国海洋环境保护法》	全国人民代表大会常务委员会	2024 年 1 月 1 日	规定了排污单位应当依法公开排污信息
《中华人民共和国水污染防治法》	全国人民代表大会常务委员会	2008 年 6 月 1 日	规定了实行排污许可管理的企业事业单位和其他生产经营者应当对所排放的水污染物自行监测，并保存原始监测记录，排放有毒有害水污染物的还应开展周边环境监测，上述条款均设有对应罚则

名称	颁布机关	实施时间	主要相关内容
《中华人民共和国环境保护法》	全国人民代表大会常务委员会	2015 年 1 月 1 日	规定了重点排污单位应当安装使用监测设备，保证监测设备正常运行，保存原始监测记录，并进行信息公开
《中华人民共和国大气污染防治法》	全国人民代表大会常务委员会	2016 年 1 月 1 日	规定了企业事业单位和其他生产经营者应当对大气污染物进行监测，并保存原始监测记录
《中华人民共和国环境保护税法》	全国人民代表大会常务委员会	2018 年 1 月 1 日	规定了纳税人按季申报缴纳时，向税务机关报送所排放应税污染物浓度值
《中华人民共和国土壤污染防治法》	全国人民代表大会常务委员会	2019 年 1 月 1 日	规定了土壤污染重点监管单位应制定、实施自行监测方案，并将监测数据报生态环境主管部门
《中华人民共和国固体废物污染环境防治法》	全国人民代表大会常务委员会	2020 年 9 月 1 日	规定了产生、收集、贮存、运输、利用、处置固体废物的单位，应当依法及时公开固体废物污染环境防治信息，主动接受社会监督。 生活垃圾处理单位应当按照国家有关规定，安装使用监测设备，实时监测污染物的排放情况，将污染排放数据实时公开。监测设备应当与所在地生态环境主管部门的监控设备联网
《中华人民共和国刑法修正案（十一）》	全国人民代表大会常务委员会	2021 年 3 月 1 日	规定了环境监测造假的法律责任
《中华人民共和国噪声污染防治法》	全国人民代表大会常务委员会	2022 年 6 月 5 日	规定实行排污许可管理的单位应当按照规定，对工业噪声开展自行监测，保存原始监测记录，向社会公开监测结果，对监测数据的真实性和准确性负责。噪声重点排污单位应当按照国家规定，安装、使用、维护噪声自动监测设备，与生态环境主管部门的监控设备联网
《城镇排水与污水处理条例》	国务院	2014 年 1 月 1 日	规定了排水户应按照国家有关规定建设水质、水量检测设施
《畜禽规模养殖污染防治条例》	国务院	2014 年 1 月 1 日	规定了畜禽养殖场、养殖小区应当定期将畜禽养殖废弃物排放情况报县级人民政府环境保护主管部门备案

名称	颁布机关	实施时间	主要相关内容
《中华人民共和国环境保护税法实施条例》	国务院	2018 年 1 月 1 日	规定了未安装自动监测设备的纳税人，自行对污染物进行监测所获取的监测数据符合国家有关规定和监测规范的，视同监测机构出具的监测数据，可作为计税依据
《排污许可管理条例》	国务院	2021 年 3 月 1 日	规定了持证单位自行监测责任，管理部门依证监管责任
《最高人民法院、最高人民检察院关于办理环境污染刑事案件适用法律若干问题的解释》	最高人民法院、最高人民检察院	2017 年 1 月 1 日	规定了重点排污单位篡改、伪造自动监测数据或者干扰自动监测设施的视为严重污染环境，并依据《中华人民共和国刑法》有关规定予以处罚
《环境监测管理办法》	环境保护总局	2007 年 9 月 1 日	规定了排污者必须按照国家及技术规范的要求，开展排污状况自我监测；不具备环境监测能力的排污者，应当委托环境保护部门所属环境监测机构或者经省级环境保护部门认定的环境监测机构进行监测
《污染源自动监控设施现场监督检查办法》	环境保护部	2012 年 4 月 1 日	规定了：①排污单位或运营单位应当保证自动监测设备正常运行；②污染源自动监控设施发生故障停运期间，排污单位或者运营单位应当采用手工监测等方式，对污染物排放状况进行监测，并报送监测数据
《关于加强污染源环境监管信息公开工作的通知》	环境保护部	2013 年 7 月 12 日	规定了各级环保部门应积极鼓励引导企业进一步增强社会责任感，主动自愿公开环境信息。同时严格督促超标或者超总量的污染严重企业，以及排放有毒有害物质的企业主动公开相关信息，对不依法主动公布或不按规定公布的要依法严肃查处
《关于印发〈国家重点监控企业自行监测及信息公开办法（试行）〉和〈国家重点监控企业污染源监督性监测及信息公开办法（试行）〉的通知》	环境保护部	2014 年 1 月 1 日	规定了企业开展自行监测及信息公开的各项要求，包括自行监测内容、自行监测方案，对通过手工监测和自动监测两种方式开展的自行监测分别提出了监测频次要求，自行监测记录内容，自行监测年度报告内容，自行监测信息公开的途径、内容及时间要求等

名称	颁布机关	实施时间	主要相关内容
《环境保护主管部门实施限制生产、停产整治办法》	环境保护部	2015年1月1日	规定了被限制生产的排污者在整改期间按照环境监测技术规范进行监测或者委托有条件的环境监测机构开展监测，保存监测记录，并上报监测报告
《生态环境监测网络建设方案》	国务院办公厅	2015年7月26日	规定了重点排污单位必须落实污染物排放自行监测及信息公开的法定责任，严格执行排放标准和相关法律法规的监测要求
《关于支持环境监测体制改革的实施意见》	财政部、环境保护部	2015年11月2日	规定了落实企业主体责任，企业应依法自行监测或委托社会化检测机构开展监测，及时向环保部门报告排污数据，重点企业还应定期向社会公开监测信息
《关于加强化工企业等重点排污单位特征污染物监测工作的通知》	环境保护部	2016年9月20日	规定了：①化工企业等排污单位应制定自行监测方案，对污染物排放及周边环境开展自行监测，并公开监测信息；②监测内容应包含排放标准的规定项目和涉及的列入污染物名录库的全部项目；③监测频次，自动监测的应全天连续监测，手工监测的，废水特征污染物监测每月开展一次，废气特征污染物监测每季度开展一次，周边环境监测按照环评及其批复执行，可根据实际情况适当增加监测频次
《控制污染物排放许可制实施方案》	国务院办公厅	2016年11月10日	规定了企事业单位应依法开展自行监测，安装或使用的监测设备应符合国家有关环境监测、计量认证规定和技术规范，建立准确完整的环境管理台账，安装在线监测设备的应与环境保护部门联网
《关于实施工业污染源全面达标排放计划的通知》	环境保护部	2016年11月29日	规定了：①各级环保部门应督促、指导企业开展自行监测，并向社会公开排放信息；②对超标排放的企业要督促其开展自行监测，加大对超标因子的监测频次，并及时向环保部门报告；③企业应安装和运行污染源在线监控设备，并与环保部门联网

名称	颁布机关	实施时间	主要相关内容
《关于深化环境监测改革　提高环境监测数据质量的意见》	中共中央办公厅、国务院办公厅	2017 年 9 月 21 日	规定了环境保护部要加快完善排污单位自行监测标准规范；排污单位要开展自行监测，并按规定公开相关监测信息，对弄虚作假行为要依法处罚；重点排污单位应当建设污染源自动监测设备，并公开自动监测结果
《企业环境信息依法披露管理办法》	生态环境部	2022 年 2 月 8 日	规定了企业（包括重点排污单位）应当依法披露环境信息，包括企业自行监测信息等
《关于加强排污许可执法监管的指导意见》	生态环境部	2022 年 3 月 28 日	规定了排污单位应当提高自行监测质量。确保申报材料、环境管理台账记录、排污许可证执行报告、自行监测数据的真实、准确和完整，依法如实在全国排污许可证管理信息平台上公开信息，不得弄虚作假，自觉接受监督
《污染物排放自动监测设备标记规则》	生态环境部	2022 年 7 月 19 日	排污单位应当按照相关自动监测数据标记规则对产生自动监测数据的相应时段进行标记。排污单位是审核确认自动监测数据有效性的责任主体，应当按照《设备标记规则》确认自动监测数据的有效性。排污单位的自动监测数据向社会公开时，数据标记内容应当同时公开
《环境监管重点单位名录管理办法》	生态环境部	2023 年 1 月 1 日	环境监管重点单位应当依法履行自行监测、信息公开等生态环境法律义务，采取措施防治环境污染，防范环境风险
《关于进一步加强固定污染源监测监督管理的通知》	生态环境部	2023 年 3 月 8 日	规定了生态环境部门要加强排污单位自行监测监管，督促持证排污单位按照排污许可证要求，规范开展自行监测，并公开监测结果；督促重点排污单位、实行排污许可重点管理的排污单位，依法依规安装运维自动监测设备，并与生态环境部门联网；强化排污许可管理、环境监测、环境执法联动，形成管理闭环

注：截至 2024 年 1 月 1 日。

1.4 排污单位自行监测技术指南的定位

1.4.1 排污许可制度配套的技术支撑文件

排污许可制度是各国普遍采用的控制污染的法律制度。从美国等发达国家实施排污许可制度的经验来看，监督检查是排污许可制度实施效果的重要保障；污染源监测是监督检查的重要组成部分和基础；自行监测是污染源监测的主体形式，其管理备受重视，并作为重要的内容在排污许可证中载明。

我国当前推行的排污许可制度明确了企业应“自证守法”，其中自行监测是排污单位自证守法的重要手段和方法。只有在特定监测方案和要求下的监测数据才能够支撑排污许可“自证”的要求。因此，在排污许可制度中，自行监测要求是必不可少的一部分。

重点排污单位自行监测法律地位得到明确，自行监测制度初步建立，而自行监测的有效实施还需要有配套的技术文件作为支撑，排污单位自行监测技术指南是基础且重要的技术指导性文件。因此，制定排污单位自行监测技术指南是落实相关法律法规的需要。

1.4.2 对现有标准和管理文件中关于排污单位自行监测规定的补充

对每个排污单位来说，生产工艺产生的污染物、不同监测点位执行排放标准和控制指标、环评报告要求的内容都有不同情况及独特内容。虽然各种监测技术标准与规范已从不同角度对排污单位的监测内容作出了规定，但不够全面。

为提高监测效率，应针对不同排放源污染物排放特性确定监测要求。监测是污染排放监管必不可少的技术支撑，具有重要的意义，但是监测是需要成本的，所以应在监测效果和成本间寻找合理的平衡点。“一刀切”的监测要求必然会造成部分排放源监测要求过高，从而造成浪费；或者对部分排放源要求过低，从而达不到监管需求。因此，需要专门的技术文件，从排污单位监测要求进行系统分析和设计，使监测更精细化，从而提高监测效率。

1.4.3　对排污单位自行监测行为指导和规范的技术要求

我国自 2014 年起开始推行《国家重点监控企业自行监测及信息公开办法（试行）》，从实施情况来看存在诸多问题，需要加强对排污单位自行监测行为的指导和规范。

与环境质量监测相比，污染源监测涉及的行业较多，监测内容更复杂。我国目前仅国家污染物排放标准有近 200 项，且数量还在持续增加；省级人民政府依法制定并报生态环境部备案的地方污染物排放标准也有 100 多项，数量也在不断增加。排放标准中的控制项目种类繁杂，水、气污染物均在 100 项以上。

由于国家发布的有关规定必须有普适性和原则性的特点，因此排污单位在开展自行监测过程中如何结合企业具体情况合理确定监测点位、监测项目和监测频次等实际问题时存在诸多疑问。

生态环境部在对全国各地区自行监测及信息公开平台的日常监督检查及现场检查等工作中发现，部分排污单位存在自行监测方案内容不完善、监测活动不规范、监测数据质量不高等问题。为解决排污单位开展自行监测过程中遇到的问题，需要进一步加强对排污单位自行监测的工作指导和规范行为，建立和完善排污单位自行监测相关规范内容，因此有必要制定自行监测技术指南，将自行监测要求进一步明确和细化。

1.5　行业技术指南在自行监测技术指南体系中的定位和制定思路

1.5.1　自行监测技术指南体系

排污单位自行监测技术指南体系以《总则》为统领，包括一系列重点行业排污单位自行监测技术指南、若干通用工序自行监测技术指南以及 1 个环境要素自行监测技术指南，共同组成排污单位自行监测技术体系，见图 1-2。

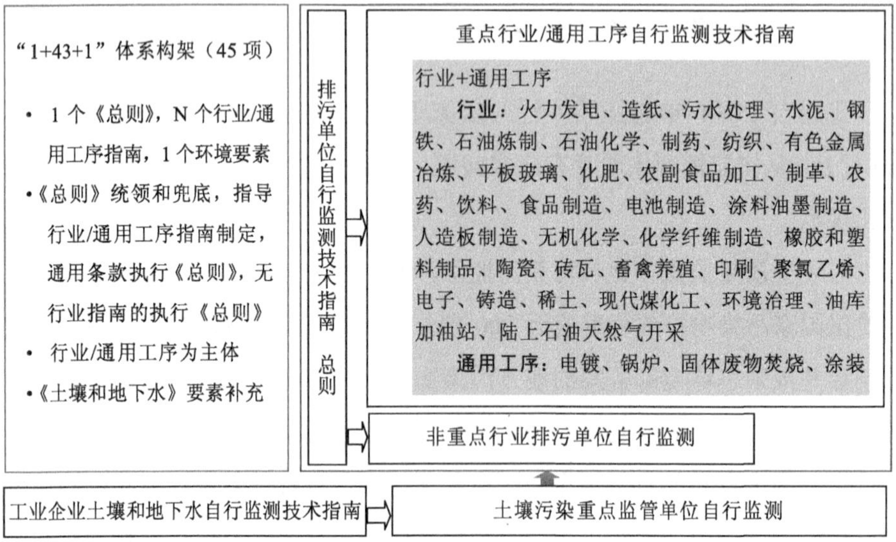

图 1-2 排污单位自行监测技术指南体系

《总则》在排污单位自行监测指南体系中属于纲领性的文件，起到统一思路和要求的作用。第一，对行业技术指南总体性原则进行规定，是行业技术指南的参考性文件；第二，对于行业技术指南中必不可少，但要求比较一致的内容，可以在《总则》中体现，在行业技术指南中加以引用，既保证一致性，也减少重复；第三，对于部分污染差异大、企业数量少的行业，单独制定行业技术指南意义不大，这类行业排污单位可以参照《总则》开展自行监测。行业技术指南未发布的，也应参照《总则》开展自行监测。

1.5.2 行业排污单位自行监测技术指南是对《总则》的细化

行业排污单位自行监测技术指南是在《总则》的统一原则要求下，考虑该行业企业所有废水、废气、噪声污染源的监测活动，在指南中进行统一规定。行业排污单位自行监测技术指南的核心内容主要包括以下两个方面：

（1）明确行业的监测方案。首先明确行业的主要污染源、各污染源的主要污染因子。针对各污染源的各污染因子提出监测方案设置的基本要求，包括监测点位、监测指标、监测频次、监测技术等。

（2）明确数据记录、报告和公开要求。根据行业特点，参照各参数或指标与校核污染物排放的相关性，提出监测相关数据记录要求。

除了行业排污单位自行监测技术指南中规定的内容，还应执行《总则》的要求。

1.5.3　含涂装工序工业排污单位自行监测技术指南制定原则与思路

1.5.3.1　以《总则》为指导，根据行业特点进行细化

含涂装工序工业排污单位自行监测技术指南中的主体内容以《总则》为指导，根据《总则》中确定的基本原则和方法，在对含涂装工序工业行业产排污环节进行分析的基础上，结合含涂装工序工业排污单位的排污特点，将监测方案、信息记录的内容具体化和明确化。

1.5.3.2　以污染物排放标准为基础，全指标覆盖

污染物排放标准规定的内容是行业自行监测技术指南制定的重要基础。在确定污染物指标时，行业排污单位自行监测技术指南主要以当前实施的、适用于含涂装工序工业的污染物排放标准为依据。同时，根据实地调研以及相关数据分析结果，对实际排放的或地方实际监管的污染物指标进行适当的考虑，在标准中列明，但标明为选测，或由排污单位根据实际监测结果判定是否排放，若实际生产中排放，则应进行监测。

1.5.3.3　以满足排污许可制度实施为主要目标

涂装工业自行监测技术指南的制定以能够满足含涂装工序工业排污单位排污

许可制度实施为主要目标。如《排污许可证申请与核发技术规范　汽车制造业》（HJ 971—2018）、《排污许可证申请与核发技术规范　家具制造工业》（HJ 1027—2019）、《排污许可证申请与核发技术规范　铁路、船舶、航空航天和其他运输设备制造业》（HJ 1124—2020）等。

由于涂装涉及行业众多，每个行业使用的涂料等原辅材料不同，实际废气、废水排放源差别较大。通过梳理行业污染物排放的共同特征，对常见废气、废水污染源监测点位、监测指标、监测频次进行规定。不同排污单位可根据实际排放或地方实际监管的污染物指标，进行适当考虑，以选测的方式进行处理。

排污许可制度对主要污染物提出排放量许可限值，对其他污染物仅有浓度限值要求。为了支撑排污许可制度实施对排放量核算的需求，有排放量许可限值的污染物，监测频次一般高于其他污染物。

第 2 章　自行监测的一般要求

按照开展自行监测活动的一般流程，排污单位应查清本单位的污染源、污染物指标及潜在的环境影响，制定监测方案，设置和维护监测设施，按照监测方案开展自行监测，做好质量保证和质量控制，记录和保存监测数据，依法向社会公开监测结果。

本章围绕排污单位自行监测流程中的关键节点，对其中的关键问题进行介绍。制定监测方案时，应重点保证监测内容、监测指标、监测频次的全面性、科学性，确保监测数据的代表性，这样才能全面反映排污单位的实际排放状况；设置和维护监测设施时，应能够满足监测要求，同时为监测的开展提供便利条件；自行监测开展过程中，应根据本单位实际情况自行监测或者委托有资质的单位开展监测，所有监测活动要严格按照监测技术规范执行；开展监测的过程中，应做好质量保证和质量控制，确保监测数据质量；监测信息记录与公开时，应保证监测过程可溯，同时按要求报送和公开监测结果，接受管理部门和公众的监督。

2.1　制定监测方案

2.1.1　自行监测内容

排污单位自行监测不仅限于污染物排放监测，还应该围绕本单位污染物排放状况、污染治理情况、对周边环境质量影响监测状况来确定监测内容。但考虑排污单位自行监测的实际情况，排污单位可根据管理要求，逐步开展自行监测。

2.1.1.1 污染物排放监测

污染物排放监测是排污单位自行监测的基本要求，包括废气污染物、废水污染物和噪声污染监测。废气污染物监测，包括对有组织排放废气污染物和无组织排放废气污染物的监测。废水污染物监测可按废水对水环境的影响程度来确定，而废水对水环境的影响程度主要取决于排放去向，即直接排入环境（直接排放）和排入公共污水处理系统（间接排放）两种方式。噪声污染监测一般是指厂界环境噪声监测。

2.1.1.2 周边环境质量影响监测

排污单位应根据自身排放对周边环境质量的影响开展周边环境质量影响状况监测，从而掌握自身排放状况对周边环境质量影响的实际情况和变化趋势。

《中华人民共和国大气污染防治法》第七十八条规定，排放前款名录中所列有毒有害大气污染物的企业事业单位，应当按照国家有关规定建设环境风险预警体系，对排放口和周边环境定期进行监测，评估环境风险，排查环境安全隐患，并采取有效措施防范环境风险。《中华人民共和国水污染防治法》第三十二条规定，排放前款名录中所列有毒有害水污染物的企业事业单位和其他生产经营者，应当对排污口和周边环境进行监测，评估环境风险，排查环境安全隐患，并公开有毒有害水污染物信息，采取有效措施防范环境风险。

目前我国已发布第一批有毒有害大气污染物名录和有毒有害水污染物名录。第一批有毒有害大气污染物包括二氯甲烷、甲醛、三氯甲烷、三氯乙烯、四氯乙烯、乙醛、镉及其化合物、铬及其化合物、汞及其化合物、铅及其化合物、砷及其化合物。第一批有毒有害水污染物包括二氯甲烷、三氯甲烷、三氯乙烯、四氯乙烯、甲醛、镉及镉化合物、汞及汞化合物、六价铬化合物、铅及铅化合物、砷及砷化合物。因此，排污单位可根据本单位实际情况，自行确定监测指标和内容。

对于污染物排放标准、环境影响评价文件及其批复或其他环境管理制度有明确要求的，排污单位应按照要求对其周边相应的空气、地表水、地下水、土壤等环境质量开展监测。对于相关管理制度没有明确要求的，排污单位应依据《中华人民共和国大气污染防治法》《中华人民共和国水污染防治法》的要求，根据实际情况确定是否开展周边环境质量影响监测。

2.1.1.3　关键工艺参数监测

污染物排放监测需要专门的仪器设备、人力及物力，经济成本较高。污染物排放状况与生产工艺、设备参数等相关指标有一定的关联性，而对这些工艺或设备相关参数的监测，有些是生产过程中必须开展的，有些虽然不是生产过程中必须监测的指标，但开展监测相对容易，成本较低。因此，在部分排放源或污染物指标监测成本相对较高、难以实现高频次监测的情况下，可以通过对与污染物产生和排放密切相关的关键工艺参数进行测试以补充污染物排放监测数据。

2.1.1.4　污染治理设施处理效果监测

有些排放标准对污染治理设施处理效果有限值要求，这就需要通过监测结果对处理效果进行评价。另外，有些情况下，排污单位需要掌握污染处理设施的处理效果，从而可以更好地调试生产和污染治理设施。因此，若污染物排放标准等环境管理文件对污染治理设施有特别要求的，或排污单位认为有必要的，应对污染治理设施处理效果进行监测。

2.1.2　自行监测方案内容

排污单位应当对本单位污染源排放状况进行全面梳理，分析潜在的环境风险，根据自行监测方案制定能够反映本单位实际排放状况的监测方案，以此作为开展自行监测的依据。

监测方案内容包括单位基本情况、监测点位及示意图、监测指标、执行标准及其限值、监测频次、采样和样品保存方法、监测分析方法和仪器、质量保证与质量控制等。

所有按照规定开展自行监测的排污单位，在投入生产或使用并产生实际排污行为之前，应完成自行监测方案的编制及相关准备工作。一旦发生排污行为，就应按照监测方案开展监测活动。

当有以下情况发生时，应变更监测方案：执行的排放标准发生变化；排放口位置、监测点位、监测指标、监测频次、监测技术中的任意一项内容发生变化；污染源、生产工艺或处理设施发生变化。

2.2 设置和维护监测设施

开展监测必须有相应的监测设施。为了保证监测活动的正常开展，排污单位应按照规定设置满足监测所需要的设施，并定期对监测设施进行维护，保证监测设施正常运行。

2.2.1 监测设施应符合监测规范要求

开展废水、废气污染物排放监测，应保证现场设施条件符合相关监测方法或技术规范的要求，确保监测数据的代表性。因此，废水排放口、废气监测断面及监测孔的设置都有相应的要求，要保证水流、气流不受干扰且混合均匀，采样点位的监测数据能够反映监测时污染物排放的实际情况。

我国废水、废气监测相关标准规范中规定了监测设施必须满足的条件，排污单位可根据具体的监测项目，对照监测方法标准和技术规范确定监测设施的具体设置要求。国家环境保护局发布的《排污口规范化整治技术要求（试行）》（环监〔1996〕470 号）对排污口规范化整治技术提出了总体要求，部分省（区、市）也对其辖区排污口的规范化管理发布了技术规定和标准，对排污单位监测设施设置要求予以明确。如北京市出台的《固定污染源监测点位设置技术规范》(DB 11/1195—2015)、山东省出台的《固定污染源废气监测点位设置技术规范》(DB 37/T 3535—2019)。中国环境保护产业协会发布的《固定污染源废气排放口监测点位设置技术规范》(T/CAEPI 46—2022),对固定污染源监测点位监测设施设置规范进行了全面规定,这也可以作为排污单位设置监测设施的重要参考。总体来说，相关标准规范对监测设施的规定比较零散、不够系统。

2.2.2 监测平台应便于开展监测活动

开展监测活动时需要一定的空间,有时还需要可供仪器设备使用的直流供电,因此排污单位应设置方便开展监测活动的平台，具体包括以下要求：一是到达监测平台要方便，可以随时开展监测活动；二是监测平台的空间要足够大，能够保证各类监测设备摆放和人员活动；三是监测平台要备有需要的电源等辅助设施，确保监测活动开展所必需的各类仪器设备和辅助设备能够正常工作。

2.2.3 监测平台应能保证监测人员的安全

开展监测活动的同时，必须保证监测人员的人身安全，因此监测平台要设有必要的防护设施。一是高空监测平台，周边要有能够保障人员安全的围栏，监测平台底部的空隙不应过大；二是监测平台附近有造成人体机械伤害、灼烫、腐蚀、触电等的危险源的，应在平台相应位置设置防护装置；三是监测平台上方有坠落物体隐患时，应在监测平台上方设置防护装置；四是排放剧毒、致癌物及对人体有严重危害物质的监测点位，应储备相应的安全防护装备。所有围栏、底板、防护装置使用的材料要符合相关质量要求，能够承受预估的最大冲击力，从而保障人员的安全。

2.2.4 废水排放量大于 100 t/d 的，应安装自动测流设施并开展流量自动监测

废水流量监测是废水污染物监测的重要内容。从某种程度来说，流量监测比

污染物浓度监测更重要。流量监测易受环境影响、监测结果存在一定的不确定性，是国际上普遍存在的技术问题。但总体来看，流量监测技术日趋成熟，能够满足各种流量监测需要，也能满足自动测流的需要。废水流量的监测方法有多种，根据废水排放形式，分为电磁流量计监测和明渠流量计监测两种。其中，电磁流量计适用于管道排放，对流量范围的适用性较广。明渠流量计中，三角堰适用于流量较小的情况，监测范围低至 1.08 m^3/h 即可满足 30 t/d 的排放量。根据环境统计数据，全国废水排放量大于 30 t/d 的企业约有 7.5 万家，约占企业总数的 79%；废水排放量大于 50 t/d 的企业约有 6.7 万家，约占企业总数的 71%；废水排放量大于 100 t/d 的企业约有 5.7 万家，约占企业总数的 60%。从监测技术稳定性和当前基础来看，建议废水排放量大于 100 t/d 的企业采取自动测流的方式。

2.3 开展自行监测

2.3.1 自行监测开展方式

在监测组织方式上，开展监测活动时可以选择依托自有人员、设备、场地自行开展监测，也可以委托有资质的社会化检测机构开展监测。在监测技术手段上，无论是自行监测还是委托监测，都可以采用手工监测和自动监测的方式。排污单位自行监测活动开展方式选择流程如图 2-1 所示。

排污单位首先根据自行监测方案明确需要开展监测的点位、项目、频次，在此基础上根据不同监测项目的监测要求分析本单位是否具备开展自行监测的条件。具备监测条件的项目，可选择自行监测或委托监测；不具备监测条件的项目，排污单位可根据自身实际情况，决定是否提升自身监测能力，以满足自行监测的条件。通过筹建实验室、购买仪器、聘用人员等方式满足自行开展监测条件的，可以选择自行监测。若排污单位委托社会化检测机构开展监测，需要按照不同监测项目检查拟委托的社会化检测机构是否具备承担委托监测任务的条件。若拟委托的社会化检测机构符合条件，则可以委托社会化检测机构开展委托监测；若不符合条件，则应更换具备条件的社会化检测机构承担相应的监测任务。由此来说，排污单位自行监测有 3 种方式：全部自行监测、全部委托监测、部分自行监测部分委托监测。同一排污单位针对不同监测项目，可委托多家社会化检测机构开展监测。

无论是自行开展监测还是委托监测，都应当按照自行监测方案要求，确定各监测点位、监测项目的监测技术手段。对于明确要求开展自动监测的点位及项目，应采用自动监测的方式。其他点位和项目可根据排污单位实际情况，确定是否采用自动监测的方式。若采用自动监测的方式，应该按照相应技术规范的要求，定期采用手工监测方式进行校验。不采用自动监测的项目，应采用手工监测方式开展监测。

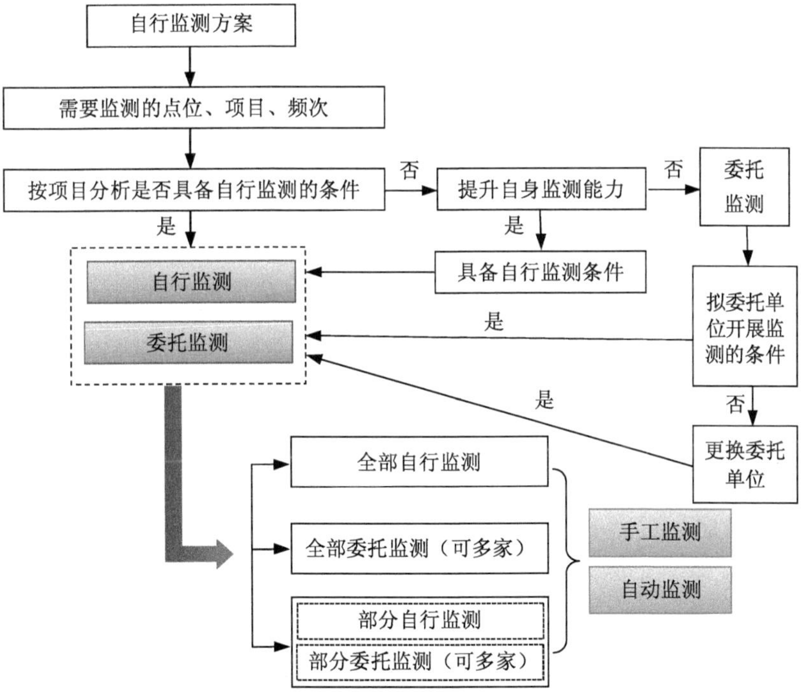

图 2-1　排污单位自行监测活动开展方式选择流程

2.3.2 监测活动开展一般要求

监测活动开展的技术依据是监测技术规范。除了监测方法中的规定，我国还有一些系统性的监测技术规范对监测全过程或者专门针对监测的某个方面进行了规定。为了保证监测数据准确、可靠，能够客观反映实际情况，无论是自行开展监测，还是委托其他社会化检测机构，都应该按照国家发布的环境监测标准、技术规范来开展。

开展监测活动的机构和人员由排污单位根据实际情况决定。排污单位可根据自身条件和能力，利用自有人员、场所和设备自行监测。排污单位自行开展监测时不需要通过国家的实验室资质认定，目前国家层面不要求检测报告必须加盖中国质量认证（CMA）印章。个别或者全部项目不具备自行监测能力时，也可委托其他有资质的社会化检测机构代其开展。

无论是排污单位自行监测，还是委托社会化检测机构开展监测，排污单位都应对自行监测数据的真实性负责。如果社会化检测机构未按照相应环境监测标准、技术规范开展监测，或者存在造假等行为，排污单位可以依据相关法律法规和委托合同条款追究所委托的社会化检测机构的责任。

2.3.3 监测活动开展应具备的条件

2.3.3.1 自行监测应具备的条件

自行开展监测活动的排污单位，应具备开展相应监测项目的能力，主要从以下几个方面考虑。

（1）人员

监测人员是指与生态环境监测工作相关的技术管理人员、质量管理人员、现场测试人员、采样人员、样品管理人员、实验室分析人员（包括样品前处理等辅助岗位人员）、数据处理人员、报告审核人员和授权签字人等各类专业技术人员的总称。

排污单位应设置承担环境监测职责的机构，落实环境监测经费，赋予相应的工作定位和职能，配备相应能力水平的生态环境监测技术人员。排污单位中开展自行监测工作人员的数量、专业技术背景、工作经历、监测能力要与所开展的监测活动相匹配。建议中级及以上专业技术职称或同等能力的人员数量不少于总数的 15%。

排污单位应与其监测人员建立固定的劳动关系，明确岗位职责、任职要求和工作关系，使其满足岗位要求并具有所需的权力和资源，履行建立、实施、保持和持续改进管理体系的职责。

排污单位监测机构最高管理者应组织和负责管理体系的建立和有效运行。排污单位应对操作设备、监测、签发监测报告等人员进行能力确认，由熟悉监测目的、程序、方法和结果评价的人员对监测人员进行质量监督。排污单位应制订人员培训计划，明确培训需求和实施人员培训，并评价培训活动的有效性。排污单位应保留技术人员的相关资质、能力确认、授权、教育、培训和监督的记录。

开展自行监测的相关人员应结合岗位设定，熟悉并掌握环境保护基础知识、法律法规、相关质量标准和排放标准、监测技术规范及有关化学安全和防护等知识。

（2）场所环境

排污单位应按照监测标准或技术规范，对现场监测或采样时的环境条件和安全保障条件予以关注，如监测或采样位置、电力供应、安全性等是否能保证监测人员安全以及监测过程的规范性。

实验室宜集中布置，做到功能分区明确、布局合理、互不干扰，对于有温湿度控制要求的实验室，建筑设计应采取相应技术措施；实验室应有相应的安全消防保障措施。

实验室设计必须执行国家现行有关安全、卫生及环境保护法规和规定，对限制人员进入的实验区域应在其显眼区域设置警告装置或标志。

凡是空间内含有对人体有害的气体、蒸汽、气味、烟雾、挥发物质的实验室，应设置通风柜，实验室需维持负压，向室外排风时必须经特殊过滤；凡是经常使用强酸、强碱，以及有化学品烧伤风险的实验室，应在出口就近设置应急喷淋器和应急洗眼器等装置。

实验室用房一般照明的照度均匀，其最低照度与平均照度之比不宜小于 0.7。微生物实验室宜设置紫外灭菌灯，其控制开关应设在门外并与一般照明灯具的控制开关分开安装。

对影响监测结果的环境条件，应制定相应的标准文件。如果规范、方法和程序有要求，或对结果的质量有影响，实验室应监测、控制和记录环境条件。当环境条件影响监测结果时，应停止监测。应将不相容活动的相邻区域进行有效隔离。对进入和使用影响监测质量的区域，应加以控制。应采取措施确保实验室的良好内务，必要时应制定专门的程序。

（3）设备设施

排污单位配备的设备种类和数量应满足监测标准规范的要求，包括现场监测设备、采样设备、制样设备、样品保存设备、前处理设备、实验室分析设备和其他辅助设备。现场监测设备主要包括便携式现场监测分析仪、气象参数监测设备等，采样设备主要有水质采样器、大气采样器、固定污染源采样器等，样品保存设备主要指样品采集后和运输过程中需要低温、冷冻或避光条件的设备，前处理设备主要指加热、烘干、研磨、消解、蒸馏、振荡、过滤、浸提等所需的设备，实验室分析设备主要有气相色谱仪、液相色谱仪、离子色谱仪、原子吸收光谱仪、原子荧光光谱仪、红外测油仪、分光光度计、万分之一天平等。设备在投入工作前应进行校准或核查，以保证其满足使用要求。

大型仪器设备应配有仪器设备操作规程和仪器设备运行与保养记录；每台仪器设备及其软件应有唯一性标识；应保存对监测具有重要影响的每台仪器设备及软件的相关记录，并存档。

（4）管理体系

排污单位应根据自行监测活动的范围，建立与之匹配的管理体系。管理体系应覆盖自行监测活动的全部场所。应将点位布设、样品采集、样品管理、现场监测、样品运输和保存、样品制备、实验分析、数据传输、记录、报告编制和档案管理等监测活动纳入管理体系。应编制并执行质量手册、程序文件、作业指导书、质量和技术记录表格等，采取质量保证和质量控制措施，确保自行监测数据可靠。

2.3.3.2　委托单位相关要求

排污单位委托社会化检测机构开展自行监测的，也应对自行监测数据的真实性负责，因此排污单位应重视对被委托单位的监督管理。其中，具备监测资质是被委托单位承接监测活动的前提和基本要求。

接受自行监测任务的单位应具备监测相应项目的资质，即所出具的监测报告必须能够加盖 CMA 印章。排污单位除应对资质进行检查外，还应该加强对被委托单位的事前、事中、事后监督管理。

选择拟委托的社会化检测机构前，应对其既往业绩、实验室条件、人员条件等进行检查，重点考虑社会化检测机构是否具备承担委托项目的能力及经验，是否存在弄虚作假的行为不良记录等。

被委托单位开展监测活动过程中，排污单位应定期或不定期抽检被委托单位的监测记录、监测报告和原始记录等，若有存疑的地方，可现场检查。

每年报送全年监测报告前，排污单位应对被委托单位的监测数据进行全面检查，包括监测的全面性、记录的规范性、监测数据的可靠性等，确保被委托单位能够按照要求开展监测。

2.4　监测质量保证与质量控制

无论是自行开展监测还是委托社会化检测机构开展监测，都应该根据相关监测技术规范、监测方法标准等要求做好质量保证与质量控制。

自行开展监测的排污单位应根据本单位自行监测的工作需求，设置监测机构，梳理制定监测方案、样品采集、样品分析、出具监测结果、样品留存、相关记录的保存等各个环节，制定工作流程、管理措施与监督措施，建立自行监测质量体系，确保监测工作质量。质量体系应包括对以下内容的具体描述：监测机构、人员、出具监测数据所需的仪器设备、监测辅助设施和实验室环境、监测方法技术能力验证、监测活动质量控制与质量保证等。

委托其他有资质的社会化检测机构代其开展自行监测的，排污单位不用建立监测质量体系，但应对社会化检测机构的资质进行确认。

2.5 记录和保存监测数据

记录监测数据与监测期间的工况信息，整理成台账资料，以备管理部门检查。手工监测时应保留全部原始记录信息，全过程留痕。自动监测时除了通过仪器全面记录监测数据，还应有运行维护记录。另外，为了更好地梳理污染物排放状况、了解监测数据的代表性、对监测数据进行交叉印证、形成完整的证据链，还应详细记录监测期间的生产和污染治理状况。

排污单位应将自行监测数据接入全国污染源监测信息管理与共享平台，公开监测信息。此外，可以采取以下一种或几种方式让公众更便捷地获取监测信息：公告或者公开发行的信息专刊，广播、电视等新闻媒体，信息公开服务、监督热线电话，本单位的资料索取点、信息公开栏、信息亭、电子屏幕、电子触摸屏等场所或者设施，其他便于公众及时、准确获得信息的方式。

第 3 章　涂装工业发展及污染排放状况

涂装是指采用合适的施工方法和工艺技术，将不同种类的涂料涂覆在物体表面并牢固附着于被涂物体的涂料成膜工艺，是现代制造业重要的通用工序之一，也是环境管理重点关注的工艺环节之一。本章介绍了含涂装工序的工业排污单位的行业及地域分布情况，并围绕典型行业（如汽车制造、家具制造、船舶制造）对社会经济贡献情况、产品产量区域分布情况、行业发展进展和趋势进行简要介绍，同时针对涂装工业主要的环境污染关注点和废水排放总体特征进行概述。分类对典型工艺过程污染物产排污节点和污染治理技术进行简要说明。涂装工业发展及污染排放状况，是开展含涂装工序的工业排污单位环境管理与制定自行监测技术指南的重要依据。

3.1　行业概况及发展趋势

3.1.1　行业及地域分布情况

涂装作业最初是小批量作坊式生产，随着生产规模的扩大，涂料、涂装技术和涂装设备的发展，推动了对涂装质量及技术要求的提高，逐步形成了由涂装前处理、涂布、涂膜固化等工序及相应的涂装设备和机械传输设施组合而成的涂装生产线。流水化作业的涂装生产线应用于工业领域已有近 500 年的历史。我国的涂装工业起源于 20 世纪 50 年代引进苏联技术之后，在长春第一汽车制造厂、南京长江大桥的建设中，流水式涂装线的运用起到了重要作用。随着我国经济的发展、国外涂装技术的革新，通过技术引进、与国外技术的交流，我国涂装技术开始飞速发展。在涂装自动化生产方面，静电喷涂、电泳工艺、粉末喷涂技术的推广应用，特别是我国家电行业、日用五金、钢制家具、铝材构件、电器产品、汽车工业等领域的蓬勃发展，使涂装工艺和技术有了明显的进步，产品、质量、品种、数量、技术装备水平都有了很大的提高。经过多年的发展，我国由开始的技术引进到后来的自主研发，现如今我国制造的工业涂装设备已经遍布全球。

在国内，含涂装工序的行业包括交通运输设备制造业、家具制造业、金属制品业、设备制造业、电器机械和器材制造业、仪器仪表制造业、金属制品设备修理业和汽车修理业等。根据《国民经济行业分类》（GB/T 4754—2017），选择 15 个可能含涂装工序的主要行业，依据环境统计数据（截至 2021 年），对我国 31 个省级行政区（不含台湾、香港、澳门）和新疆生产建设兵团（以下简称兵团）的数据进行统计分析，如图 3-1 所示。选取行业分别为：C2110 木质家具制造、C2130 金属家具制造、C3331 集装箱制造、C3411 锅炉及辅助设备制造、C3415 风能原动设备制造、C3571 拖拉机制造、C361 汽车整车制造、C3711 高铁车组制造、C3712 铁路机车车辆制造、C3713 窄轨机车车辆制造、C3731 金属船舶制造、C3732 非金属船舶制造、C3741 飞机制造、C3751 摩托车整车制造、C385 家用电力器具制造。

根据统计，截至 2021 年，我国上述 15 个主要行业中含涂装工序工业排污单位共 5 837 家。从行业和企业分布数量来看（图 3-1），木质家具制造 4 082 家、金属家具制造 419 家、家用电力器具制造 391 家、汽车整车制造 319 家、金属船舶制造 191 家、锅炉及辅助设备制造 141 家、飞机制造 65 家、集装箱制造 57 家、摩托车整车制造 57 家、风能原动设备制造 43 家、铁路机车车辆制造 30 家、拖拉机制造 21 家、非金属船舶制造 13 家、高铁车组制造 7 家、窄轨机车车辆制造 1 家。

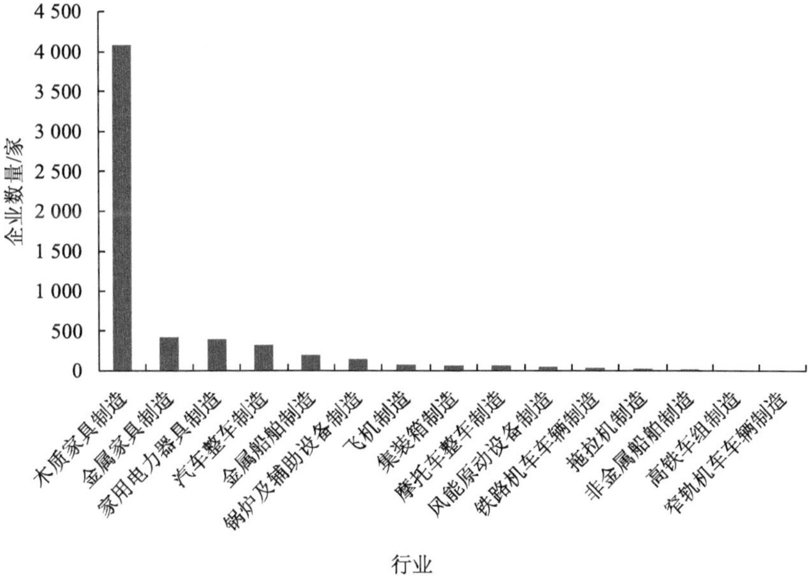

图 3-1　2021 年含涂装工序工业排污单位行业分布

从地域企业分布数量来看（图 3-2），江西 1 163 家、广东 1 007 家、浙江 657 家、四川 532 家、河北 382 家、江苏 269 家、山东 264 家、安徽 225 家、河南 225 家、福建 146 家、上海 143 家、天津 132 家、辽宁 101 家、湖北 99 家、湖南 86 家、重庆 75 家、陕西 57 家、广西 39 家、西藏 38 家、北京 36 家、吉林 30 家、山西 26 家、黑龙江 21 家、甘肃 16 家、云南 16 家、贵州 15 家、内蒙古 11 家、宁夏 11 家、新疆 9 家、海南 3 家、兵团 2 家和青海 1 家。

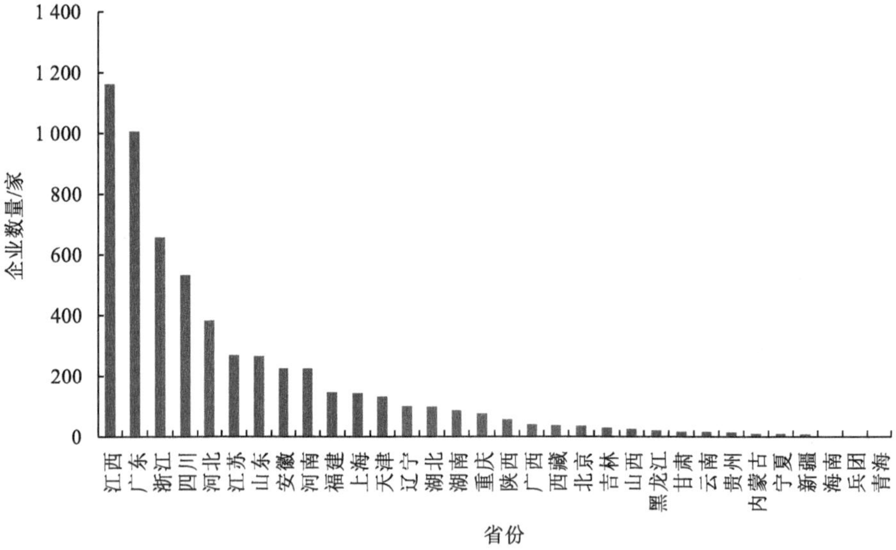

图 3-2　2021 年含涂装工序工业排污单位地域分布

3.1.2　典型行业发展情况

3.1.2.1　汽车制造业

近年来，我国汽车行业不断发展，带动了国民经济中 100 多个相关产业的发展，目前已成为支撑和拉动中国经济的支柱性产业之一。自 2013 年以来，我国汽车产量连续 8 年超过 2 000 万辆，连续多年位居全球第一。我国汽车工业已经成为世界汽车工业的重要组成部分。

我国的汽车工业起步于 1956 年 7 月——长春第一汽车制造厂诞生了第一辆“解放”牌载货汽车。60 多年来，我国汽车工业经历了从无到有、从小到大的曲折历程。我国汽车制造行业经过多年快速发展，已形成长三角、珠三角、长江中游、京津冀、山东半岛、成渝、东北等汽车产业集群，对推动企业专业化分工、有效配置生产要素，促进区域经济发展发挥了重要作用。

2020 年，我国汽车行业市场总体保持稳定。从产销规模上看，我国排名靠前的综合性汽车品牌主要有上汽、东风、一汽、北汽、广汽、长安等。根据机动车出厂合格证数据，2020 年，我国汽车产量 2 393.4 万辆，汽车销量 2 531.1 万辆，全球汽车销量占比提高至 32.5%。截至 2020 年年底，我国汽车保有量达 2.81 亿辆，占机动车保有量比例提升至 75.5%。在新能源汽车领域，北汽、比亚迪汽车 2 家企业的龙头地位较为明显。2020 年，我国新能源汽车销量 136.7 万辆，同比增长 10.9%；截至 2020 年年底，我国新能源汽车保有量达 492 万辆，占汽车总量的 1.75%；新能源汽车销售连续 3 年超过 100 万辆，呈持续高速增长态势，连续六年位居全球第一，成为全球汽车制造行业电动化转型的重要驱动力；比亚迪、吉利等汽车品牌进入全球新能源乘用车销量前十，全球影响力进一步提升。2013—2020 年我国汽车销量、产量的变化情况如表 3-1、图 3-3、图 3-4 所示。

表 3-1　2013—2020 年我国汽车产销量

年份	汽车销量/万辆	汽车产量/万辆
2013	2 198.4	2 137.2
2014	2 349.2	2 241.9
2015	2 459.8	2 299.2
2016	2 802.8	2 686.8
2017	2 887.9	2 779.9
2018	2 808.1	2 606.1
2019	2 576.9	2 425.2
2020	2 531.1	2 393.4

2020 年，汽车制造业营业收入为 8.16 万亿元，同比增长 3.4%，高于全国规模以上工业企业营业收入增长率 2.6 个百分点，占全国规模以上工业企业营业收入总额的 7.7%，在 41 个工业大类行业中位居第二，持续提高我国工业整体发展水平。汽车销售额占全国商品零售额比连续多年超过 10%。2020 年，汽车类零售额达到 3.9 万亿元，占社会消费品零售总额的 10.1%，高于上年 0.6 个百分点，汽车市场的快速回暖对消费市场稳定复苏发挥了重要支撑作用。

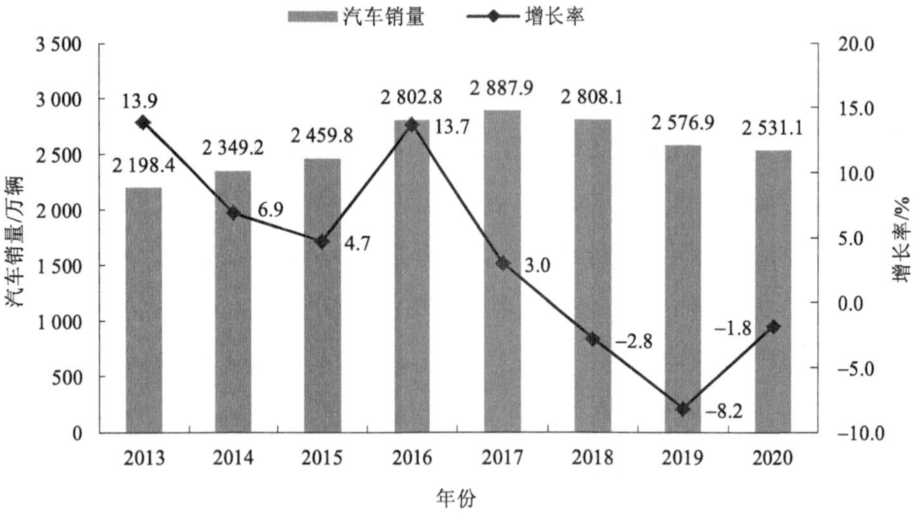

图 3-3 2013—2020 年我国汽车销量及增长率

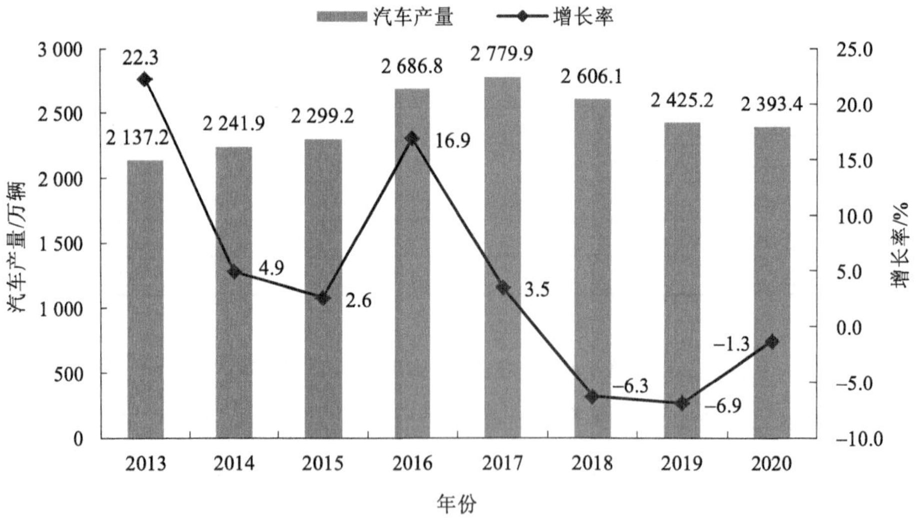

图 3-4 2013—2020 年我国汽车产量及增长率

由国务院办公厅 2020 年 10 月 20 日印发的《新能源汽车产业发展规划（2021—2035 年）》（以下简称《规划》）。《规划》提出："到 2025 年，我国新能源汽车市场竞争力明显增强，新能源汽车新车销量达到汽车新车销量的 20%左右"，"到 2035 年，我国新能源汽车核心技术达到国际先进水平，质量品牌具备较强的国际竞争力"的战略愿景。

为应对日益严峻的能源和环境压力，汽车制造行业不断提升传统动力、混合动力、整车节能技术研发和应用能力，践行绿色、低碳发展。2020 年，在第七十五届联合国大会一般性辩论上，习近平主席宣布中国将力争 2030 年前实现碳达峰、努力争取 2060 年前实现碳中和，汽车行业将积极通过节能与新能源汽车技术的研发和应用，降低化石燃料的使用，减少交通运输领域二氧化碳和气体污染物的排放，推动汽车行业绿色、低碳、可持续发展。当前，以新一代信息通信、云计算、大数据、人工智能等新兴技术快速渗透汽车行业，启发全球汽车行业深刻变革，未来将持续推动重大技术应用革新。

3.1.2.2 船舶制造业

我国船舶工业历史悠久、技术先进，船舶工业体系始建于新中国成立初期，20 世纪 70 年代末开始快速增长，但造船产量占世界份额比例不足 1%。经过多年的发展，我国造船产量占世界市场份额逐年攀升，2002 年达到 13%，2005 年达到 17%，2010 年我国三大造船指标首次同时跃居世界首位。根据英国克拉克松研究公司数据及中国统计数据，2021 年 1—12 月，我国船舶制造业造船完工量、新承接船舶订单量、手持船舶订单量的全球份额分别为 47.2%、53.8%和 47.6%，三大造船指标均居全球首位。当前，我国船舶工业整体规模进入世界大国行列，国际竞争力达到世界一流水平，基本形成了船舶现代科技创新体系，初步建立了现代高水平的船舶工业体系。

2021 年，国际船舶市场迎来了久违的成交量和成交价均大幅提升的繁荣景象。我国船舶制造业经过十多年的调整、转型和结构性改革之后，综合竞争力显著提升。当前国际船舶市场新一轮周期性复苏持续推进，市场形势长期向好，为我国船舶工业实现更高水平的发展带来了新的历史性机遇。我国船舶工业抓住全球市场回暖的有利时机，克服钢板价格上涨等不利因素，造船三大指标大幅增长，市场份额继续保持全球领先。2021 年，我国造船完工 3 970 万载重吨，同比增长 3.0%；新承接船舶订单量 6 707 万载重吨，同比增长 131.8%，较 2020 年翻了一番多；手持船舶订单量 9 584 万载重吨，同比增长 34.8%。2014—2021 年我国造船三大指标变化情况如图 3-5 所示。

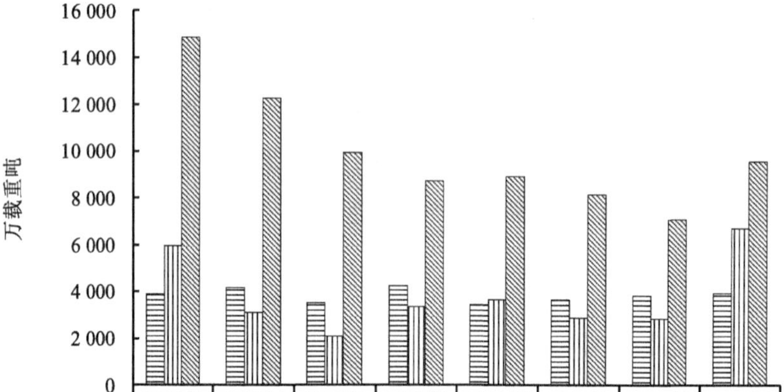

	2014年	2015年	2016年	2017年	2018年	2019年	2020年	2021年
造船完工量	3 905	4 184	3 532	4 268	3 458	3 672	3 853	3 970
新承接船舶订单量	5 995	3 126	2 107	3 373	3 667	2 907	2 893	6 707
手持船舶订单量	14 890	12 304	9 961	8 723	8 931	8 166	7 111	9 584

图 3-5 2014—2021 年我国造船三大指标变化情况

2021 年，我国船舶工业国际竞争力进一步增强，进入全球造船完工量、新承接船舶订单量和手持船舶订单量前 10 强的企业各占 6 家。产业集中度保持在较高水平，前 10 家企业造船完工量占全国总量的 69.3%；前 10 家企业新承接订单量占 69.3%；前 10 家企业手持订单量占 69.5%。同时，2021 年我国船舶工业产品结构调整成效显著，我国船企继续保持在优势船型的领先地位，全年承接散货船和集装箱船分别占全球新船订单总量的 76.4%和 60.9%；继续坚持在高端船型的细分船型市场上发力，承接化学品船、汽车运输船、海工辅助船和多用途船订单按载重吨计分别占全球总量的比重均超过 50%，在全球 18 种主要船型分类中，我国有 10 种船型新接订单量位居世界第一。

从供需两端看，2022 年起我国船舶市场将从大幅反弹期进入平稳发展期。长期来看，尤其是“十四五”时期，我国船舶工业面临推进高质量发展、建设造船强国的重大任务，必须从创新发展、绿色低碳、全面开放、助力中小企业发展等方面明确发展路径，助力我国船舶工业持续健康发展。未来十年，我国船舶工业应紧紧围绕海洋强国战略和建设世界造船强国的宏伟目标，充分发挥市场机制作用，顺应世界造船竞争和船舶科技发展的新趋势，强化创新驱动，以结构调整、转型升级为主线，以海洋工程装备和高技术船舶产品及其配套设备自主化、品牌化为主攻方向，以推进数字化、网络化、智能化制造为突破口，不断提高产业发展的层次、质量和效益。力争到 2025 年使我国成为世界海洋工程装备和高技术船舶领先国家，实现船舶工业由大到强的质的飞跃。

3.1.2.3 家具制造业

家具制造业是我国轻工业的典型代表，也是传统行业之一。中国是世界上最大的家具出口国，也是世界上最大的家具生产基地。纵览家具制造业过去几十年的发展，现已呈现出聚集效应，遍布于 16 个省（区、市）的 37 家产业园区汇集了我国家具制造业 90%以上的产能。无论是大型家具制造企业还是中小型企业，都面临着环境污染严重、环保压力加大等方面的问题。

随着近年来我国经济的不断发展和居民消费水平的提高，人们对家具等生活必需品更新换代的需求不断提升。随着智能家具、定制家具的不断发展，我国家具产量也呈现稳定增长的趋势。2021 年，我国规模以上家具制造业企业数量达 6 647 家，较 2020 年增加了 103 家，同比增长 1.57%；资产总额达 6 672.1 亿元，较 2020 年增加了 324.2 亿元，同比增长 5.11%；营业收入达 8 004.6 亿元，较 2020 年增加了 1 129.2 亿元，同比增长 16.42%；营业成本达 6 648.8 亿元，较 2020 年增加了

940.8 亿元，同比增长 16.48%；利润总额达 433.7 亿元，较 2020 年增加了 16.0 亿元，同比增长 3.83%。截至 2021 年，我国家具产量为 111 993.72 万件，同比增长 22.77%。2016—2021 年家具产量变化情况如图 3-6。

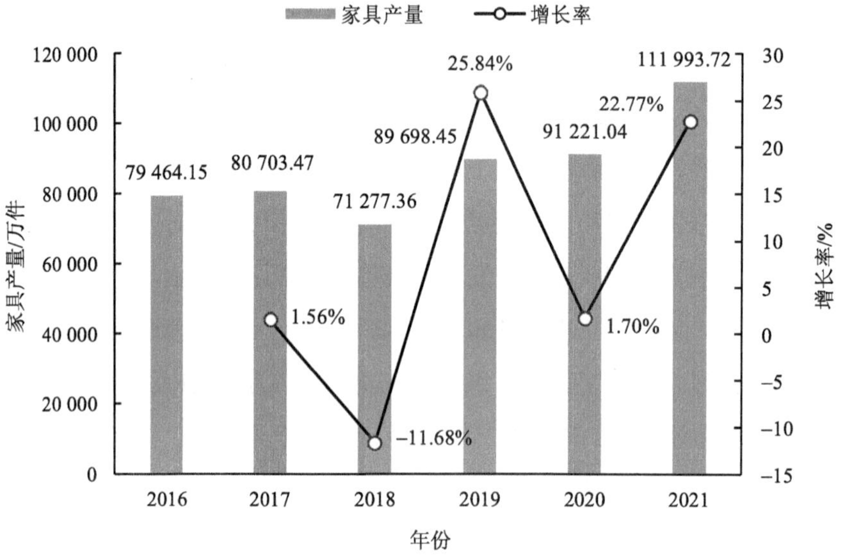

图 3-6　2016—2021 年我国家具产量及增长率

3.2　典型生产工艺及产污环节

《涂装指南》中“涂装”的定义与《面向装备制造业　产品全生命周期工艺知识　第 1 部分：通用制造工艺分类》（GB/T 22124.1—2008）中相同，即采用合适的施工方法和工艺技术，将不同种类的涂料涂覆在物体表面并牢固附着于被涂物体的涂料成膜工艺。

考虑已颁布地方标准及《涂装指南》界定范围，对涂装定义进行细化分解，包括涂料调配、机械预处理［抛丸、打磨、喷砂（丸）、清理等］、化学预处理（溶剂擦洗、酸洗除锈、擦洗除锈和化学脱脂等）、转化膜处理（磷化、钝化、锆化、硅烷化、化学氧化等）、涂覆（含底漆、中涂、面漆、清漆、胶）、流平、固化成膜等生产环节的工序。

根据《国民经济行业分类》（GB/T 4754—2017）、《固定污染源排污许可分类管理名录（2019 年版）》，主要含涂装工序的工艺行业为：C21 家具制造业，C33 金属制品业，C34 通用设备制造业，C35 专用设备制造业，C36 汽车制造业，C37 铁路、船舶、航空航天和其他运输设备制造业，C38 电气机械和器材制造业等。涂装作为通用工序，工艺与产排污特点类似，不考虑行业分类。

归纳涂装及前后相关主要污染工序即预处理、转化膜处理、涂覆、固化成膜及其他生产单元，常见工艺流程与产污节点见图 3-7，但不限于以下工艺流程。

3.2.1　预处理

预处理的目的是去除工件表面的油污、氧化皮及其他杂质等，为后续表面涂覆做准备。预处理可分为机械预处理和化学预处理。

机械预处理适用于铸件、锻件表面清理，焊接结构件、罐体、厚钢板除锈及工件表面强化等，主要有机械抛丸、打磨、喷砂（丸）、清理等工艺形式，产生的污染主要有颗粒物污染以及设备和机械噪声污染。

化学预处理工艺形式包括溶剂擦洗、酸洗除锈、擦洗除锈和化学脱脂等。

溶剂清洗又称溶剂除油，是应用较为普遍的一种除油方法，其目的是去除金属或非金属表面的油污。部分工件采用以溶剂擦洗的方式进行脱脂，所用溶剂有工业汽油、丙酮或其他溶剂。鉴于溶剂擦洗的主要污染物与涂覆一样，均为挥发性有机物［VOCs，《涂装指南》中采用非甲烷总烃（NMHC）、总挥发性有机物（TVOC）作为污染物控制项目］，且紧接涂装涂覆作业，将溶剂擦洗预处理归入涂覆生产单元。

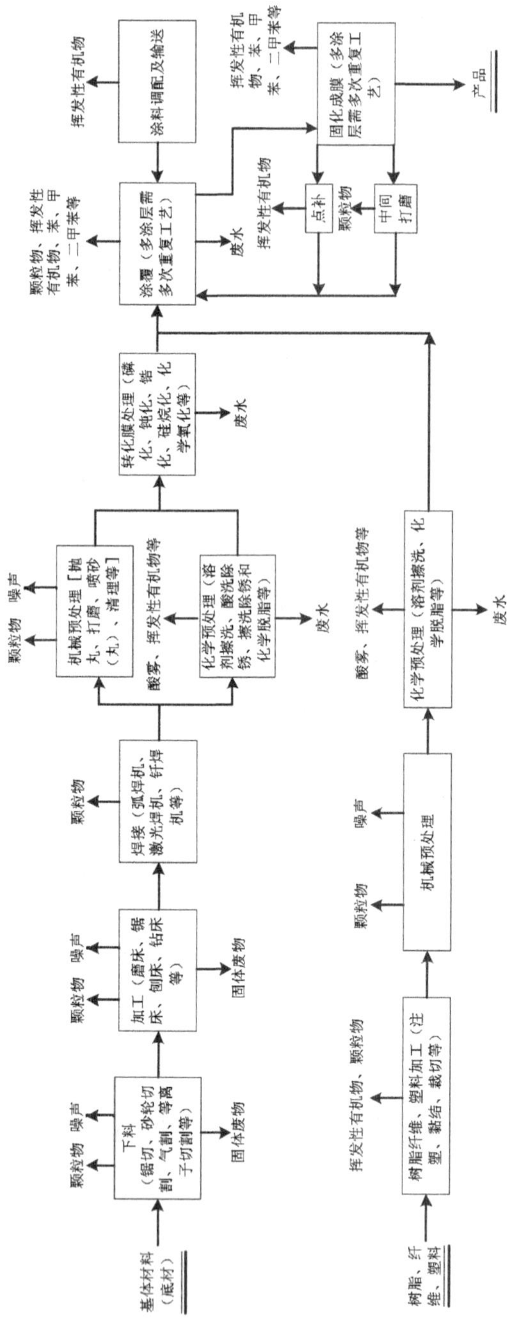

图 3-7 常见涂装工业生产工艺流程与产污节点示意图

酸洗又称化学浸蚀，利用酸溶液去除钢铁加工件表面上的氧化皮和锈蚀物的处理过程，将金属工件泡进酸溶液或酸性盐中利用化学反应的作用除去金属表面的锈层、氧化皮或氧化膜，使金属零件表面的晶体显露出来。酸洗适用于型材、厚板材及其焊接件、锻件的除锈处理，常用材料有硝酸、硫酸和盐酸等。产生的废气污染物成分与所用辅料成分有关，如氯化氢（HCl）、硫酸雾、硝酸雾（以 NO_x 计）等。工件清洗产生酸洗废水。酸洗槽液定期更换，产生酸洗废液。废水污染因子主要是 pH，部分特殊工艺会含有铬（铝制品去氧化剂和去挂灰剂可能含有铬酸或重铬酸盐）、氟化物（不锈钢去氧化皮会用到氢氟酸）。

化学脱脂包括预脱脂和脱脂两部分。对于工件表面的固体杂物，可采用人工清理。对于油脂类污染物，可采用热水预脱脂，使油脂得以预润湿，改善后续脱脂效果，提高脱脂效率。

化学脱脂适用于结构复杂的工件的预处理。常用的脱脂剂有氢氧化钠、碳酸钠、磷酸钠类、硅酸钠类等碱性脱脂剂，为改善脱脂效果，还需添加醇类、磷酸酯类、聚醚类、硅油类、石油溶剂等表面活性剂。预脱脂和脱脂均会产生脱脂废液和工件清洗脱脂废水，衡量污染物的指标主要有 pH、化学需氧量（COD）、总磷/磷酸盐、石油类、悬浮物（SS）等；产生的废气污染物主要是碱性介质的少量蒸发物等。

化学脱脂后工件表面的液膜呈碱性，在进行转化膜处理（如磷化）前需对表面液膜的 pH 进行调整，简称表调。表面调整所用材料为磷酸钛缓冲溶液，衡量废水污染物的指标主要有 pH 和总磷/磷酸盐。

3.2.2　转化膜处理

转化膜处理工艺多用于钢制工件电泳之前，其目的是改善材料的表面结构形态、为后续工序提供良好的基体。

常见的转化膜工艺有磷化、钝化、锆化、硅烷化、化学氧化等。

磷化工序在磷化槽中进行。为保证磷化槽液质量，配置槽液过滤系统（如板框压滤、袋式过滤、离心分离）对槽液进行循环过滤处理，以除去工作过程中生成的沉渣（磷化渣）；磷化槽定期清洗产生磷化废液；磷化工件清洗产生磷化废水，衡量污染物的指标主要有总锌、总锰、pH、总磷/磷酸盐及第一类污染物总镍。管路系统定期采用稀硝酸清洗，产生废硝酸。

磷化处理后，部分欧美企业设有钝化工艺。钝化是涂覆的前处理工序，是磷化处理后的补充处理，其采用含铬或不含铬的酸性水溶液对磷化膜进行处理，以进一步提高磷化膜的耐蚀性。使用含铬钝化剂时，衡量其废水（液）污染物的指标主要有 pH、总铬、六价铬等。含铬钝化剂在欧盟已经禁止使用。在我国，无铬钝化已成为行业发展趋势。

部分企业已经采用无镍磷化、无铬钝化工艺，或以锆化、硅烷化工艺代替含镍磷化工艺。

锆化、硅烷化处理过程不产生第一类重金属污染物，废水主要污染物指标是 pH 及氟化物。

3.2.3 涂覆

涂覆按涂层分类可以分为底漆或电泳、刮腻子、中涂、面漆（色漆、清漆）、胶等，按施工工艺可以分为手工涂、喷涂、浸涂、淋涂、机械辊涂、其他等，按涂料种类可以分为溶剂涂料、水性涂料、辐射固化涂料、粉末涂料等。辐射固化涂料又分为溶剂型和水性涂料。

流平（含热流平）、闪干、强冷产生的污染物主要为挥发性有机物，可根据具体工艺情况，执行涂覆或固化成膜排气筒监测要求。

电泳涂装是利用外加电场使悬浮于电泳槽液中的颜料和树脂等微粒定向迁移并沉积于电极之一的工件基底表面的施工方法，适用于大批量结构复杂的型材、板材金属焊接件（如乘用车车身、货车车架等）的底漆施工，经电泳、清洗、烘干在工件表面形成稳定的电泳漆涂层。电泳槽定期清洗产生高浓度清洗废水（简称电泳废液），电泳后工件清洗产生电泳废水，主要污染物指标有化学需氧量、悬浮物等。

部分行业因产品或生产工艺需要，设置有涂胶工序。如汽车整车制造、拖拉机等工程机械制造在底漆与中涂作业之间，需要在焊缝处涂覆密封胶，在车底涂覆防震涂料，对折边涂覆保护胶；家具制造业设置施胶车间等。

非金属件（如塑料件）及不宜采用化学脱脂的工件，采用以溶剂擦洗的方式进行脱脂，所用溶剂有煤油、汽油、丙酮、氯烷烯烃等，产生的主要污染物是挥发性有机物。

部分工艺在电泳后、喷涂前进行刮腻子、打磨或活化处理，刮腻子后需要进行表面打磨。活化主要用于塑料件。刮腻子、打磨工序会产生少量的颗粒物。部分产品（如客车车身）涂层烘干后采用湿式打磨。

溶剂型涂料涂覆过程主要为溶剂挥发产生的污染物，如非甲烷总烃、苯、甲苯、二甲苯以及其他特征污染物。水性涂料也含有一定量的有机溶剂，涂覆过程产生的污染物主要有挥发性有机物及特征污染物。喷涂施工未附着在工件表面的过喷涂料形成漆雾颗粒物。使用湿式漆雾过滤设施处理漆雾会产生含有机物废水，主要污染物指标有化学需氧量、悬浮物等。

粉末涂料不含溶剂，涂覆过程产生的污染物为颗粒物。

淋涂、辊涂过程产生的污染物为挥发性有机物，基本不会产生颗粒物。传统辐射固化涂料多采用辊涂、淋涂技术，但随着涂装技术和设施的发展，辐射固化涂料也可采用喷涂工艺，喷涂过程的污染物为挥发性有机物和颗粒物。

涂覆是与涂装有关的主要的挥发性有机物产生源之一。

3.2.4　固化成膜

固化成膜按工艺形式分为自然晾干、直接热风烘干（以燃料燃烧烟气和空气的混合气体直接进入烘干室）、间接热风烘干（以燃料燃烧烟气通过热交换器对拟进入烘干室内的空气进行加热）、热流平（用于水性中涂、色漆、面漆等）、辐射烘干、辐射固化等，采用的热源有电、天然气、轻柴油、蒸汽以及紫外光等。

采用水性涂料时，底漆、中涂、色漆、面漆（罩光漆）、胶烘干的污染物均为挥发性有机物和其他特征污染物。采用溶剂型涂料时还有甲苯、二甲苯等；烘干也是涂装生产单元主要的挥发性有机物产生源之一；采用粉末涂料时，固化成膜工序产生少量挥发性有机物。辐射固化涂料光固化过程也会排放少量的挥发性有机物。

固化成膜是与涂装有关的主要的挥发性有机物产生源之一。

3.2.5 其他

3.2.5.1 点补、调漆

点补通常在修补室进行，主要对涂层缺陷或产品表面破坏的涂层进行小范围的修补。产生涂覆和固化成膜废气，主要污染物为少量挥发性有机物。

调漆通常在调漆间进行，主要污染物为少量挥发性有机物。

如点补、调漆设置单独的废气排气筒，需按照《涂装指南》监测要求进行。

3.2.5.2 中间打磨

根据涂装工艺设置，在涂装中间环节，根据需要设置打磨工序，打磨过程产生的污染物主要是颗粒物。

3.2.5.3 工艺加热炉

为工艺生产设施提供热媒的加热装置有烘干室加热装置、空调系统加热装置和废气焚烧净化装置等。涂装各种烘干炉工作温度较低，通常采用燃烧器促进燃气的燃烧，产生的热烟气直接或间接（经换热器换热对空气进行回热）为烘干室提供热量。在室外温度较低时，采用天然气燃烧烟气与室外空气在送风管道内直接混合至所需温度后作为喷漆室空调送风使用。废气焚烧净化系统，在挥发性有机物浓度较低时，补充部分燃料维持焚烧净化系统炉膛所需要的工作温度，以达到最佳的挥发性有机物燃烧分解温度。

燃料（天然气、柴油、轻柴油、燃煤）燃烧产生的污染物主要是颗粒物、二氧化硫和氮氧化物等。

当采用电加热方式为工艺加热炉提供热源时，工艺加热炉不考虑废气污染物的产生。

3.2.5.4 下料、加工、焊接

下料：对基材（板材、型材、塑料、竹木等）进行锯切、砂轮切割、气割、等离子切割等。锯切、砂轮切割产生颗粒物；气割、等离子切割产生含尘烟气，产生的主要污染物为颗粒物。

加工：采取磨床、锯床、刨床、钻床等设备进行的去除成形加工，干式加工过程产生颗粒物，采用砂轮机等打磨时，产生的主要污染物为颗粒物。

焊接：弧焊机、激光焊机产生焊接烟气，产生的污染物主要为颗粒物。钎焊机产生的烟气，主要污染物为颗粒物。

3.2.5.5 树脂纤维、塑料加工

高分子材料树脂成形主要有注塑成形、挤塑成形、吹塑成形和发泡成形，纤维树脂成形主要有糊制成形和拉挤成形。

高分子材料、复合材料成形产生少量挥发性有机物。

纤维材料成形由于使用树脂和黏合剂，会产生一定的挥发性有机物。

织物、皮革裁切缝纫产生颗粒物。

3.3 污染物排放状况分析

3.3.1 废水

废水按来源可分为生产废水、生活污水和初期雨水。

生产废水主要有预处理工序废水、转化膜处理工序废水、涂覆工序废水等。

预处理工序酸洗过程产生酸洗废水，主要污染物为酸类物质；脱脂槽液更换

产生高浓度脱脂废水，工件清洗产生低浓度脱脂废水，主要污染物指标有石油类、化学需氧量、总磷/磷酸盐和悬浮物；化学预处理后，含镍磷化前表面调整产生含磷废水，主要污染物指标有总磷/磷酸盐。

转化膜处理工序含镍磷化槽液更换产生少量高浓度含镍废水，工件清洗产生低浓度含镍废水，主要污染物指标有总镍、总锌、总锰、总磷/磷酸盐；含铬钝化工件清洗产生含铬废水，主要污染物指标有总铬和六价铬；硅烷、锆化槽液更换产生高浓度含氟废水，工件清洗产生低浓度含氟废水，主要污染物指标有氟化物。

涂覆工序电泳槽定期清洗产生高浓度电泳废水，工件清洗产生低浓度电泳废水，工件湿式打磨产生打磨废水，喷漆室漆雾湿式分离产生喷漆废水，涂装车间格栅及工装载具或挂具清理过程产生清洗废水，主要污染物指标有悬浮物和化学需氧量。

办公室、食堂及车间生活设施产生的生活污水，主要污染物指标有化学需氧量、氨氮、总磷/磷酸盐、动植物油和悬浮物。

可能受污染的初期雨水主要污染物指标有化学需氧量、悬浮物、石油类、氨氮等。

以典型的汽车制造业为例，上述废水产生环节和水质见表 3-2。

表 3-2 典型汽车制造业废水及废水污染物指标（部分）参考一览表

工序	过程/装置	产生环节	废水类别	主要污染物指标						
				pH	化学需氧量/(mg/L)	石油类/(mg/L)	总磷/(mg/L)	氟化物/(mg/L)	总镍/(mg/L)	总铬/(mg/L)
预处理	脱脂	化学脱脂	高浓度脱脂废水	10～11	15 000～25 000	1 000～1 500	500～1 000			
		工件清洗	低浓度脱脂废水	8～10	750～1 250	50～75	25～50			
	酸洗	酸洗处理	高浓度废酸废水	<1						
		工件清洗	酸洗废水	2～5						
	含镍磷化前	表调处理	含磷废水	7～9	200～500		200～500			

工序	过程/装置	产生环节	废水类别	主要污染物指标						
				pH	化学需氧量/（mg/L）	石油类/（mg/L）	总磷/（mg/L）	氟化物/（mg/L）	总镍/（mg/L）	总铬/（mg/L）
转化膜处理	含镍磷化	磷化处理	高浓度含镍废水	2～3	200～1 000		2 000～4 000		200～400	
		工件清洗	低浓度含镍废水	6～7	20～100		5～200		1～30	
	含铬钝化	工件清洗	钝化废水	7～9						1～10
	锆化处理	锆化处理	高浓度含氟废水	2～6	300～500			250～1 000		
		工件清洗	锆化废水	4～6	20～100			50～250		
	硅烷处理	硅烷处理	高浓度含氟废水	3～10	400～600			250～1 000		
		工件清洗	低浓度含氟废水	4～6	20～100			50～250		
涂覆	电泳	电泳槽清洗	高浓度电泳废水	5～6	20 000～30 000					
		工件清洗	低浓度电泳废水	6～7	1 000～1 500					
	打磨	湿式打磨	打磨废水	7～9						
	喷涂	湿式喷漆	喷漆废水	7～9	2 000～50 000					
		输漆管线及喷枪清洗	废水性清洗溶剂	7～9	50 000～200 000					
	附属设施	滑橇、吊具清理维护	清洗废水	5～7	2 000～3 000					
其他	生活设施	食堂、办公室等	生活污水	7～9	250～1 000		4～15			

3.3.2 废气

从生产工艺来看，含涂装工序工业排污单位有组织废气包括抛丸、打磨、喷砂（丸）、清理等机械预处理产生含尘废气，化学预处理（酸洗）产生的少量酸雾，涂覆工序产生的颗粒物和/或有机废气，固化成膜工序产生的有机废气，点补、调漆产生的有机废气，涂装中间打磨产生的含尘废气，下料、加工、焊接工序产生的含尘废气，树脂纤维、塑料加工等产生的有机废气。

无组织废气排放主要存在于企业边界、敞开或半敞开的涂装工段（如涂装车间、平台、码头、船坞开放式作业）和固化车间，以及其他无法密闭的车间或生产设施。主要污染物指标有颗粒物、挥发性有机物、特征污染物。

废气污染物产生环节为：

中厚板及型材切割下料，工件机械预处理，弧焊焊接、激光焊接及焊缝打磨，车身涂层及腻子打磨等过程产生颗粒物。

化学预处理采用盐酸、硫酸、硝酸进行酸洗时分别产生氯化氢、硫酸雾和氮氧化物。

涂覆工序产生颗粒物（主要为漆雾）和挥发性有机物，其中漆雾产生于喷涂过程，颗粒物主要产生于腻子打磨、漆面打磨过程，挥发性有机物产生于喷涂、流平/热流平和固化成膜过程。此外，电泳排风、调漆、溶剂擦洗、漆膜修补、漆渣处理及干化、格栅及工装载具溶剂清洗、喷漆室清洁维护等过程产生少量的挥发性有机物，涂胶过程产生微量的挥发性有机物。

注射、挤压、发泡、拉挤、树脂纤维糊制等过程产生少量的挥发性有机物。黏合剂使用过程产生微量的挥发性有机物。

2015 年 1 月 1 日（含）后取得环境影响评价批复的排污单位还应根据环境影响评价文件及其批复或其他环境管理要求确定是否监测特征污染物。

含涂装工序工业排污单位废气排放源及污染物指标见表 3-3。

表 3-3　含涂装工序工业排污单位废气排放源及污染物指标

生产工序	废气排放源	污染物指标	排放形式
预处理	机械预处理［抛丸、打磨、喷砂（丸）、清理］	颗粒物	有组织/无组织
	化学预处理（酸洗）	氯化氢、硫酸雾、氮氧化物	有组织/无组织

生产工序	废气排放源	污染物指标	排放形式
涂覆	水性涂料涂覆	颗粒物（漆雾）、挥发性有机物、特征污染物	有组织
	溶剂擦洗	挥发性有机物	有组织/无组织
	溶剂涂料涂覆	挥发性有机物、颗粒物（漆雾）、苯、甲苯、二甲苯、特征污染物	有组织
	粉末涂料涂覆	颗粒物	有组织
	涂胶	挥发性有机物	有组织/无组织
固化成膜	水性涂料（含胶）固化成膜	挥发性有机物、特征污染物	有组织
	溶剂涂料（含胶）固化成膜	挥发性有机物、苯、甲苯、二甲苯、特征污染物	有组织
	粉末涂料固化成膜	挥发性有机物	有组织
其他	点补、调漆	挥发性有机物	有组织
	中间打磨	颗粒物	有组织/无组织
	工艺加热炉	颗粒物、二氧化硫、氮氧化物	有组织
	下料、加工、焊接	颗粒物	有组织/无组织
	树脂纤维、塑料加工（有机废气排气筒）	挥发性有机物	有组织

挥发性有机物是“十四五”时期重点控制的废气污染物之一，其产生浓度与涂料、稀释剂、固化剂、胶黏剂、清洗剂等含挥发性有机物原辅材料成分有关。涂装涉及行业较多，不同行业的涂装方法、施工水平、使用涂料类型、涂料成分差别较大，产生的挥发性有机物浓度也有所不同。

以家具制造和汽车制造业为例，典型的含挥发性有机物涂装类原辅材料类型及主要成分见表 3-4 和表 3-5。废气污染物产生浓度水平见表 3-6 和表 3-7。

表 3-4　家具制造业涂装工序含 VOCs 原辅材料的 VOCs 质量占比及特征污染物示例

材料类型	VOCs 质量占比/%	特征污染物
溶剂型涂料	20～70	间二甲苯、乙酸甲酯、乙酸丁酯、甲缩醛、乙苯、邻二甲苯、对二甲苯、乙酸仲丁酯、甲苯、二氯甲烷、乙酸乙酯、2,3-二甲基丁烷、异丁醇等
水性涂料	5～15（不扣水）	甲苯、甲缩醛、二氯甲烷、间二甲苯、邻二甲苯、乙苯、对二甲苯、异丁烷、丁烷、乙酸乙酯、乙酸丁酯、乙酸仲丁酯等
UV 固化涂料	10～30	间二甲苯、邻二甲苯、对二甲苯、乙酸乙酯、乙酸丁酯、乙苯、异丁醇、正丁醇、二氯甲烷、甲缩醛等

注：表中数据为样品在不考虑稀释配比情况下实测所得。

表 3-5 汽车制造业涂装工序含 VOCs 原辅材料成分示例

序号	名称	主要组分质量占比/%		备注
		固体分	VOCs	
1	电泳涂料	16～22	0.5～2	
2	溶剂型底漆（金属件）	40～60	40～60	
3	溶剂型底漆（塑料件）	15～25	75～85	
4	溶剂型中涂漆	50～60	40～50	
5	溶剂型底色漆	18～45	55～82	
6	溶剂型本色面漆	45～50	50～60	
7	溶剂型清漆	47～54	46～53	
8	高固体分溶剂型中涂漆	55～70	30～45	
9	高固体分溶剂型底色漆	42～60	40～58	
10	高固体分溶剂型本色面漆	50～70	30～50	
11	高固体分溶剂型清漆	52～65	35～48	
12	水性中涂漆	45～55	5～12	
13	水性底色漆	16～40	12～17	
14	水性本色面漆	40～55	10～18	
15	水性清洗溶剂	—	3～20	仅适用于水性涂料喷枪及管道清洗
16	粉末涂料	＞99	＜1	
17	UV 固化涂料	90～95	5～10	
18	胶黏剂	＞95	＜1	包括焊缝密封胶、底涂涂料等

注：以上涂料均为即用状态。

表 3-6 家具制造业涂装工序 VOCs 产污环节及浓度水平

生产单元	原辅材料	产污环节	VOCs 产生浓度水平/（mg/m^3）
涂装车间	溶剂型涂料	喷涂/辊涂/淋涂等	100～700
	水性涂料		10～100
	UV 固化涂料		10～50
	溶剂型涂料	固化成膜	50～200
	水性涂料		＜100
	UV 固化涂料		＜50

注：表中数据为正常生产工况产生水平。

表 3-7　汽车制造业涂装工序 VOCs 产污环节及浓度水平

工序	过程/装置	产污环节	主要污染物产生浓度水平/（mg/m³）					
			颗粒物	二氧化硫	氮氧化物	VOCs	氯化氢	硫酸雾
预处理	机械预处理	抛丸、喷砂、清理、抛光	500～3 000					
		打磨作业	50～200					
	化学预处理	硝酸、硫酸和盐酸等酸洗			50～500		50～200	20～200
涂覆	电泳	电泳区通风				10～60		
	涂胶	涂胶作业				微量		
	溶剂擦洗	工件和设备维护溶剂擦洗				10～60		
	喷涂	无循环风的水性涂料喷涂	5～20			10～30		
		无循环风的溶剂型涂料/高固体分溶剂型涂料喷涂	5～20			30～200		
固化成膜	流平	高固体分溶剂型涂料、溶剂型涂料流平				50～450		
	热流平	水性涂料热流平				20～200		
	烘干	电泳、胶、中涂、面漆等烘干				200～1 000		
其他	喷涂前准备	打磨作业	10～100					
	调漆间通风					5～50		
	点补、漆膜修补					5～30		
	燃油、燃气加热炉		10～80		100～500			
	燃气加热装置和废气燃烧装置等		10～30	10～50	50～200			
	中厚板、型材下料	砂轮切割、等离子切割、激光切割等	20～200					
	机械加工	干式机械加工	50～200					
	焊接	各种弧焊、激光焊接、钎焊等	10～50					
	树脂成型加工	注射、挤压、吹塑、发泡成型设备				微量		
	纤维成型加工	糊制成型、拉挤成型设备				30～100		

3.3.3　噪声

含涂装工序工业排污单位噪声源主要有两类：各类生产及配套工程噪声源，如下料、加工、抛丸、喷丸、打磨、空调机组、空压机、冷却塔等；污水处理设施的噪声源，如曝气设备、风机、水泵、污泥脱水设备等。

典型噪声污染源及噪声源声级水平见表 3-8。

表 3-8 含涂装工序工业排污单位典型噪声源及噪声级示例

噪声污染源	排放特征	距离噪声源 1 m 处声压级/dB（A）
压力机	频发	90～105
开料机	频发	75～85
切割机	频发	80～90
机加设备	频发	75～90
氩弧焊机	频发	70～80
空压机	频发	75～85
风机	频发	75～90
水泵、气泵	频发	80～95
制冷机组	频发	80～85
冷却塔	频发	75～85

3.3.4 固体废物

不同相关企业所含涂装工序不同，通常包括以下一项或多项一般固体废物来源。典型固体废物种类见表 3-9。

表 3-9 含涂装工序工业排污单位典型固体废物来源

类别	主要生产来源	固体废物种类
危险废物	生产设备维修保养	废矿物油、废润滑油、废液压油等
	预处理、转化膜处理	废酸、废碱、废有机溶剂、磷化渣、硅烷废渣、浮油渣、废过滤吸附材料等
	涂装	废有机溶剂、油性漆漆渣、废密封胶等
	废气、废水处理设施	废过滤棉、废活性炭、废沸石、含油污泥、油性漆漆渣、表面处理污泥等
	其他	废乳化液、废有机树脂、含油废抹布、含油废手套等
一般工业固体废物	各生产单元	废边角料、废包装材料、生化污泥、生活垃圾等

3.4　污染预防技术

3.4.1　水污染预防技术

3.4.1.1　无镍、无铬转化膜处理技术

主要包括无镍磷化技术、无镍磷化+无铬钝化技术、锆化处理技术和硅烷处理技术等。

与含镍磷化或含镍磷化+含铬钝化技术相比，该技术不产生含总镍、总铬和六价铬等车间或车间处理设施排放口控制污染物的废水及固体磷化渣等。该技术对工件基体的表面质量要求较高。

其中，硅烷化处理技术废渣量少，硅烷废液无须加温，可节省能耗，可共线处理铁板、镀锌板、铝板等多种基材，有效提高涂料对金属的附着力，减少污水处理的成本。

3.4.1.2　槽液质量控制技术

预处理化学脱脂、转化膜处理等工序采用固液机械分离技术、油水分离技术、磁性分离技术或其他分离技术对槽液进行处理，净化后的槽液回工作槽或回工件清洗槽循环使用，分离出的杂质需按照固体废物的危险特性进行处置。

该技术通过提高槽液质量，提高材料利用率，可减少工序生产废水产生量和固体废物产生量。

3.4.1.3　逆流清洗技术

该技术适用于部分行业酸洗、化学脱脂、转化膜处理、电泳等工序的工件清洗。两级或两级以上的清洗槽组成串联清洗自动线，由末级槽进水、第一级槽排

出清洗废水，其水流方向与工件清洗移动方向相反。与全部采用新水清洗相比，该技术可减少废水产生量30%以上。

3.4.1.4 电泳超滤技术

采用超滤技术对部分行业电泳槽槽液和工件清洗水进行超滤处理后，含电泳涂料的浓缩液回到电泳槽继续用于生产，不含电泳涂料的透过液代替纯水用于工件清洗。采用该技术可提高电泳涂料利用率，减少清洗新鲜水用量，减少固体废物产生量。

3.4.2 大气污染预防技术

3.4.2.1 原辅材料和燃料替代技术

采用无毒、无害或者低毒、低害的原辅材料，替代毒性大、危害严重的原辅材料，从源头减少VOCs的使用量，从而减少VOCs等污染物的产生。鼓励使用高固体分涂料、水性涂料、粉末涂料、紫外光（UV）固化涂料等低挥发性有机物含量涂料，其挥发性有机物含量应满足《低挥发性有机化合物含量涂料产品技术要求》（GB/T 38597—2020）及相关行业涂料中有害物质限量规定。

鼓励优化行业产品设计，在满足产品功能要求的前提下尽量减少涂装涂层作业数量和涂膜厚度。鼓励船舶及相关装置制造排污单位优化涂装工艺，将涂装工序提前至分段涂装阶段，推广采用通用型底漆；鼓励航空设备制造排污单位使用无铬底漆。

高固体分溶剂型涂料以有机溶剂为分散介质，以合成低聚物替代天然或人工合成树脂作为成膜物质并以此降低涂料黏度和减少有机溶剂用量，辅以各种颜料、填料和助剂，经过一定的配漆工艺制作而成。根据行业不同，高固体分溶剂型涂料可包括高固体分溶剂型中涂漆、高固体分溶剂型底色漆、高固体分溶剂型本色面漆和高固体分溶剂型清漆。

水性涂料以水作为溶剂或分散介质，以天然或人工合成树脂作为成膜物质，辅以各种颜料、填料及助剂，经过一定的配漆工艺制作而成。根据行业不同，水性涂料可分为水性中涂漆、水性底色漆和水性本色面漆。

水性清洗溶剂由助剂（与水混溶的醇类、胺类等物质）、表面活性剂和水配制而成。水性清洗溶剂应满足《清洗剂挥发性有机化合物含量限值》（GB 38508—2020），可用于水性涂料输漆管线和喷涂设备的清洗。

粉末涂料由固体树脂、颜料、填料及助剂等组成，不含有机溶剂。未喷涂到工件上的粉末料经回收后可循环利用。

UV 固化涂料借助于紫外光辐射照射，使涂料内的连结料发生交联反应，从而由液态转变为固态。根据行业不同，UV 固化涂料可分为水性 UV 固化涂料、溶剂 UV 固化涂料和无溶剂 UV 固化涂料。采用汞灯和紫外发光二极管（LED-UV）等作为紫外光源照射时均会产生臭氧，采用 LED-UV 产生的臭氧较少。

天然气燃料替代技术主要适用于涂装车间空调送风、热流平与烘干、燃烧法 VOCs 治理等设施中的加热装置。采用天然气替代燃煤、燃油一般可使烟气中颗粒物、二氧化硫产生浓度分别低于 20 mg/m^3 和 50 mg/m^3。与低氮燃烧技术联合使用，一般可使氮氧化物产生浓度低于 150 mg/m^3。

3.4.2.2 设备或工艺革新技术

推广采用静电喷涂、浸涂、高压无气喷涂等效率较高的涂装工艺。

鼓励排污单位做好生产组织，同色产品集中喷涂；推广机器自动喷涂技术，减少换色容量；调整长短清洗程序，减少清洗溶剂用量。

自动喷涂技术是指利用电机或机械设备控制喷枪进行自动喷涂。常用的自动喷涂设备有机械手、机器人和往复式自动喷涂箱等。该技术通过提高涂料利用率，减少涂料用量和 VOCs 产生总量。与人工喷涂相比，该技术喷涂速度稳定，涂层均匀，可提高涂料利用率，减少涂料用量和 VOCs 产生总量。该技术可采用集中供漆工艺，减少废包装物和废涂料的产生量。往复式自动喷涂箱与自动传输系统结合使用，可实现喷涂、流平过程中的废气有效收集，未喷涂到工件上的涂料经回收后可循环利用。该技术可用于连续自动生产或集中式喷漆工厂的涂装工序。

静电喷涂技术是指涂料在高压电场的作用下荷电后均匀附着于工件表面。该技术主要有静电雾化喷涂、静电辅助高速旋杯喷涂、静电辅助压缩空气喷涂和静电辅助无气喷涂等类型。该技术一般与自动喷涂技术联合使用。与人工喷涂相比，该技术可使液体涂料利用率提高至50%以上，可以减少涂料用量和VOCs产生总量。根据行业不同，该技术可用于水性涂料、溶剂型涂料、高固体分溶剂型涂料和粉末涂料的喷涂，特别是外表面的喷涂。

辊涂/淋涂技术是指通过两个转辊的转动，将转辊上的液体涂料转涂到工件表面。辊涂技术主要适用于底涂工序，淋涂技术适用于底涂和面涂工序。与人工喷涂相比，该技术可提高涂料利用率，无漆雾产生。该技术可用于表面平整、尺寸适中工件的涂装工序，适用于UV固化涂料。

低氮燃烧技术是指采用扩散燃烧器和预混燃烧器等低氮燃烧器、炉膛整体空气分级燃烧、烟气再循环等技术，减少氮氧化物等产生。该技术可使烟气中氮氧化物产生浓度低于150 mg/m^3，适用于燃油、燃气加热炉和燃气加热装置。

3.5 污染治理技术

3.5.1 废水处理技术

3.5.1.1 废水产生特点及基本处理原则

含涂装工序工业排污单位涉及行业多、废水种类繁多、污染物质复杂，含涂装工序废水水质差别较大。各类生产工艺废水应与生产结合，优先考虑回用于工艺生产，不能回用时应根据生产废水特点及污染物浓度水平，分类收集、分质处理。

废水应根据不同的排放要求选择不同的组合工艺，达到满足国家、地方或行业排放标准的要求。含涂装工序工业排污单位废水通常采用物化预处理+生化处理的组合工艺，对排放水质要求较高时可增加深度处理技术。

对不同种类的生产废水（如脱脂废水、电泳废水、酸碱废水、含氟废水、含油废水等）应先进行预处理，去除大部分污染物后，再进入混合生产废水处理系统或全厂综合废水处理系统进行处理。

物化预处理技术包括车间或生产设施排放口控制污染物废水处理技术和总排口控制污染物废水处理技术。前者有转化膜处理工序含镍磷化、含铬钝化废水处理技术，目的是满足车间或生产设施排放口废水排放标准要求；后者有含油废水处理技术、电泳废水处理技术、喷漆废水处理技术、酸碱废水处理技术、含磷废水处理技术、含氟废水处理技术等，目的是尽可能多地去除污染物，满足后续废水生化处理要求、减少后续废水生化处理的负荷。一般情况下，经过物化预处理后，废水中化学需氧量浓度能控制在 1 200 mg/L 以下。

含涂装工序生产废水可生化性较差，可混入部分生活污水提高其可生化性。

对于生化处理工艺选择，易生化的废水可以采用好氧处理工艺；生化性差的废水可采用水解酸化+好氧工艺处理，或采用水解酸化+好氧+过滤+吸附的组合工艺；对总氮有严格要求的，可采用脱氮工艺；对总磷/磷酸盐有要求的，可增加物化除磷工艺。

3.5.1.2 含一类污染物转化膜废水预处理技术

转化膜处理工序可能产生含镍磷废水、含铬钝化废水，含一类污染物六价铬、总铬、总镍的废水，应单独收集、处理，出水应满足车间或车间处理设施排放口达标排放。可采用化学沉淀、化学沉淀+离子交换组合技术、氧化还原+化学沉淀+过滤组合技术，针对不同的水质要求及出水标准可以选择不同的工艺或组合工艺。

化学沉淀技术适用于含镍、锌、三价铬的废水处理。原理是根据拟去除的重金属离子，投加化学物质，并调整废水 pH，使重金属离子生成溶度积较小的沉淀物，后经固液分离去除。投加化学物质使其与水中溶解性的污染物产生化学沉淀，并经过固液分离的过程。速度梯度 600～1 000 s^{-1}，水力负荷 0.6～2.0 $m^3/(m^2\cdot h)$，化学需氧量去除率可达 25%～50%。

化学还原+化学沉淀+过滤组合技术适用于含六价铬的废水处理。原理是先投加还原剂将高价离子还原为易沉淀的低价离子，再投加化学物质使其与低价离子生成化学沉淀，后经沉淀、过滤等固液分离去除。实际处理含六价铬废水时，先调节废水 pH 至酸性（pH 宜控制在 2.5～3.0），投加还原剂将六价铬还原为三价铬，再调节 pH 至弱碱性，采用沉淀法将其去除。

化学沉淀+离子交换组合技术是指经过化学沉淀处理后的废水，再与某种离子交换剂上的离子进行交换，从而去除重金属污染物的过程。吸附饱和的树脂应按照危险废物进行处置，或按照树脂再生的方式，使树脂恢复活性后再使用。实际处理含镍废水时，可使出水中镍离子浓度低于 0.4 mg/L。

3.5.1.3 不含第一类污染物转化膜废水预处理技术

采用无铬钝化、锆化、硅烷化转化膜处理工艺产生的废水不含第一类污染物，一般采用混凝+沉淀组合处理技术。

混凝沉淀技术是指在废水中投加混凝剂，在一定水力条件下混凝剂发生水解和缩聚反应，废水中的胶体污染物发生脱稳、凝聚和沉淀，实现与水的分离过程。设计工艺参数混凝速度梯度宜控制在 600～1 000 s^{-1}、絮凝速度梯度宜控制在 7～20 s^{-1}、沉淀水力负荷宜控制在 0.6～2.0 $m^3/(m^2\cdot h)$。

处理含铜、锌等金属离子废水时，加入碱调整 pH 使其生成金属碱性沉淀物，再沉淀分离。

处理含氟废水时，投加氯化钙和铝盐絮凝剂控制 pH 在 6.5～7.0，使其生成氟化钙或氢氧化铝沉淀物，再沉淀分离。

对不含第一类污染物转化膜废水进行单独处理，可有效避免其与其他废水混合后的处理不便性，有效削减废水污染物的排放量。

3.5.1.4　脱脂废水、电泳废水、喷漆废水预处理技术

化学脱脂废水、电泳废水、喷漆废水一般采用混凝沉淀处理技术。投加药剂破坏胶体及悬浮物在液体中形成的稳定分散系，使其聚集并增大至能通过自然重力分离，最终在沉淀槽中沉淀转化为污泥。速度梯度 600～1 000 s^{-1}；水力负荷 0.6～2.0 m^3/（m^2·h），化学需氧量去除率可达 25%～50%。

电泳槽清洗废液化学需氧量及悬浮物浓度较高，应先采用混凝沉淀+pH 调节预处理，再与其他废水混合处理。一般应采用自动运行，减少人为因素影响。

涂覆过程中过喷漆雾经水洗后形成喷漆废水，废水特性与使用的涂料有很大关系。喷漆废水水质，使用溶剂漆时化学需氧量为 2 000～10 000 mg/L，使用水性漆时化学需氧量为 10 000～200 000 mg/L。水性涂料中的溶剂及喷枪清洗溶剂中的有机物均属于难生化降解的物质。清洗溶剂应尽可能回收，单独处理。

电泳废水沉淀后出水经 pH 调节后进入后续处理工艺。脱脂废水、喷漆废水沉淀后无须调节 pH。

3.5.1.5　含磷废水处理技术

化学沉淀技术。适用于废水物化处理过程。对于浓度较高的磷酸盐废水和以磷酸盐为主的废水，如循环水系统排水，该工艺尤为适合。投加除磷药剂使其与废水中的磷酸根发生化学反应生成沉淀物后，再通过沉淀进行分离。沉淀物作为固体废物处置，上清水进行排放或进入后续生化系统处理。常用的除磷药剂为溶解性的铁盐、铝盐、钙盐。

生物除磷技术。适用于废水生化处理过程。指污泥中聚磷菌在厌氧条件下释放出磷，在好氧条件下摄取更多的磷，通过排放含磷量较高的剩余污泥去除污水中磷的过程。常用工艺为厌氧/缺氧/好氧工艺、序批式活性污泥法（SBR 法）工艺等。

3.5.1.6 综合废水生化处理技术

含涂装工序工业排污单位废水水质复杂，处理难度较大，仅采用前述物理、化学或物理化学处理技术费用较高，且出水难以达到或稳定达到国家、地方或行业排放要求。全厂综合废水处理技术可根据国家、地方或行业排放要求，采用生化或以生化为主的组合技术。综合废水生化处理技术有好氧生物处理技术、水解+好氧组合技术等。

好氧生物处理技术是指在有氧条件下，活性污泥吸附、吸收、氧化、降解废水中的有机污染物，一部分转化为无机物并提供微生物生长所需能量，另一部分转化为污泥、通过沉降分离，使废水得到净化的过程。常用的好氧生物处理技术包括生物接触氧化法、缺氧/好氧活性污泥法（A/O 法）、膜生物反应器（MBR 法）、曝气生物滤池法（BAF 法）、序批式活性污泥法等。该技术的化学需氧量、氨氮去除率可分别达 60%、50%以上，出水浓度化学需氧量低于 500 mg/L、氨氮低于 35 mg/L、磷酸盐低于 8 mg/L、悬浮物低于 100 mg/L。

水解+好氧组合技术首先在无氧条件下利用厌氧或兼性菌，将污水中悬浮性有机固体和难生物降解的大分子物质水解成溶解性有机物和易生物降解的小分子物质，小分子有机物在酸化菌作用下转化为挥发性脂肪酸。水解酸化技术水力停留时间宜控制在 4～12 小时，化学需氧量去除率一般为 10%～30%。有氧条件下细菌进一步将挥发性脂肪酸降解。该组合技术的化学需氧量、氨氮去除率可分别达 60%、50%以上，出水浓度化学需氧量低于 100 mg/L、氨氮低于 15 mg/L、磷酸盐低于 8 mg/L、悬浮物低于 50 mg/L。

3.5.1.7 综合废水深度处理技术

当综合废水采用一级或多级生化工艺后，可采用过滤、吸附和消毒等深度处理技术。

过滤技术是指利用砂滤、纤维过滤和多介质过滤等，去除水中低浓度的细微悬浮物或脱稳物质的过程。该技术化学需氧量去除率一般为 10%～30%，悬浮物去除率一般为 40%～60%。

消毒技术适用于废水经处理后进行资源化利用或废水排放对大肠杆菌有控制要求的情形，常采用二氧化氯、次氯酸钠、紫外线等进行消毒。

当对废水的磷酸盐/总磷排放要求较高时，可增加化学除磷处理。常用的除磷药剂为溶解性的铁盐、铝盐、钙盐。

含涂装工序工业排污单位典型废水类型、废水污染物指标及推荐可行技术见表 3-10。

表 3-10 含涂装工序工业排污单位典型废水类型、废水污染物指标及推荐可行技术

废水类型	废水污染物指标	推荐可行技术
含第一类污染物转化膜处理废水	总镍[a]、总铬[a]、六价铬[a]	pH 调节、氧化还原、混凝、沉淀/硫化物沉淀/重金属捕集、过滤/吸附/离子交换、蒸发
喷漆废水、打磨废水、脱脂废水、电泳废水、其他不含第一类污染物转化膜废水	pH、化学需氧量、悬浮物、氟化物[a]、总锌[a]、总锰[a]、总铜[a]	混凝、沉淀/气浮、砂滤、吸附
含油废水	石油类、化学需氧量、悬浮物	隔油、破乳、混凝、沉淀、气浮、砂滤、吸附、膜处理、氧化
排入污水综合处理设施的废水	pH、化学需氧量、氨氮、总磷、总氮、悬浮物、石油类、阴离子表面活性剂、氟化物[a]、总锌[a]、总锰[a]、总铜[a]	隔油、调节、混凝、沉淀/气浮、水解酸化、生化处理（活性污泥、生物膜等）、砂滤、活性炭吸附、膜处理、消毒等
生活污水	pH、化学需氧量、氨氮、总磷、总氮、悬浮物、五日生化需氧量	隔油+化粪池、其他生化处理

注：[a]根据原辅材料使用等实际生产情况确定特征污染物。

3.5.2 大气污染治理技术

3.5.2.1 废气收集与治理一般原则

废气收集应根据生产工艺、操作方式、废气性质和污染物类型，对工艺废气实施分类收集、分质处理。

含涂装工序工业排污单位应按照“应收尽收”的原则提高废气收集率，按照与生产设施“同启同停”或“先启后停”的原则提高治理设施运转率，按照“适宜高效”的原则提高治理设施去除率，不得稀释排放。

对产生废气污染物的设施和生产过程，宜采取密闭或负压操作等措施，实现有组织排放。当无法采用密闭或负压操作时，宜选择局部集气罩或其他适宜的收集方式，并尽可能包围或靠近污染源，必要时增设软帘围挡，减少污染物外逸。

涂装自动作业单元可采用“循环风”技术。将喷涂等单元产生的有组织废气，经去除漆雾、调温、调湿后作为送风回用到非人工作业区，减少废气排放量，提高废气 VOCs 污染物浓度。

VOCs 物料储存以及转移和输送无组织排放控制要求、设备与管线组件 VOCs 泄漏控制要求、敞开液面 VOCs 无组织排放要求、VOCs 无组织排放废气收集处理系统要求，应满足《挥发性有机物无组织排放控制标准》（GB 37822—2019）要求。

涂胶、涂覆、固化成膜等（除工程机械、钢结构大型工件室外涂装作业区外）使用含 VOCs 物料的操作应在封闭设备或密闭空间中进行，废气应排至 VOCs 收集处理系统；淋涂和辊涂工艺应采取有效措施收集滴落的涂料；采用溶剂型涂料的浸涂和辊涂工艺，不进行涂装作业时，涂料和稀释剂应保存在密闭容器内。

3.5.2.2 除尘技术

常见的除尘技术有过滤除尘、静电除尘、湿式除尘、旋风除尘、重力沉降及惯性除尘技术。

抛丸清理、清理滚筒、粉状物料生产与输送、喷砂等产生的废气中，颗粒物初始浓度较高，可采用多管旋风预处理，以降低布袋的磨损。气割、等离子切割、锯切、砂轮切割、干式机械加工、焊接车间弧焊机、干法打磨等产生的颗粒物可采用袋式除尘器净化，除尘率可达 95%以上。当采用常规针刺毡滤料，过滤风速不大于 1.1 m/min 时，颗粒物排放浓度小于 30 mg/m^3；过滤风速不大于 1.0 m/min 时，颗粒物排放浓度小于 20 mg/m^3。当采用高精过滤滤料，过滤风速不大于 0.8 m/min 时，颗粒物排放浓度小于 10 mg/m^3。

漆雾处理技术适用于涂覆工序喷涂废气的漆雾治理及 VOCs 治理的预处理。适用于大规模喷涂生产的漆雾处理技术有石灰石粉漆雾干式处理技术、迷宫式纸盒过滤漆雾干式处理技术、高效文丘里湿式漆雾处理技术和静电漆雾处理技术等，漆雾去除率可达 95%以上。适用于小规模喷涂生产的漆雾处理技术有普通文丘里、水旋喷漆室、水帘喷漆室和漆雾过滤毡（袋）等，漆雾去除率可达 85%以上。需要注意的是，文丘里、水旋喷漆室、水帘喷漆室等湿式漆雾处理技术产生喷漆废水和含水漆渣，同时增加了 VOCs 废气的含湿量，会影响吸附法 VOCs 的治理效果。石灰石粉漆雾处理技术产生含漆渣的废石灰石粉，纸盒过滤漆雾处理技术产生含漆渣的废纸盒。

高效过滤技术可用于吸附法 VOCs 治理技术的预处理，进一步去除漆雾，延长吸附材料的使用寿命。经净化去除漆雾的 VOCs 废气，采用由粗效、中效、高效过滤材料组成的高效过滤装置，进一步滤除废气中的漆雾和细颗粒物，防止吸附剂因漆雾堵塞而失效。对于含高沸点物质（沸点高于 180℃）或漆雾含量高的废气，应增加活性炭（如颗粒炭、夹碳布）过滤层，以达到颗粒物小于 1.0 mg/m^3 的要求。漆雾高效过滤装置需定期更换滤料。该技术也适用于焊接烟气经处理后回送车间、不外排的情形，焊接烟尘采用滤筒/覆膜滤料+高效过滤二级除尘，气体净化后颗粒物浓度低于车间卫生浓度限值的 30%，即 1.2 mg/m^3。

湿式除尘技术适用于高温、高湿、有爆炸性或黏性较大的气体净化，颗粒物排放浓度一般小于 40 mg/m^3。

3.5.2.3 VOCs 废气治理技术

常见的 VOCs 废气治理技术有燃烧技术、吸附技术、吸收技术和其他技术。

（1）燃烧技术

燃烧技术是处理 VOCs 废气最有效的方法，使废气中的 VOCs 转化为二氧化碳和水等物质，分为直接燃烧（或热力燃烧）和催化燃烧两种。主要包括热回收燃烧技术（TNV）、蓄热燃烧技术（RTO）、催化燃烧技术（CO）、蓄热催化燃烧技术（RCO）。

热回收燃烧技术、蓄热燃烧技术适用于连续排放的涂装工序电泳、喷涂、涂胶等烘干过程高温 VOCs 废气的治理，也适用于喷涂废气经吸附-脱附浓缩的高浓度 VOCs 废气净化。TNV 和三室及以上 RTO 的 VOCs 去除率可达 95%以上，两室 RTO 的 VOCs 去除率可达 90%以上。RTO 适用于 VOCs 浓度 1 000～3 000 mg/m^3，风量为 1×10^4～10×10^4 m^3/h 的有机废气处理；TNV 适用于 VOCs 浓度 1 000 mg/m^3～1/4 LEL（爆炸极限下限），风量为 5 000～20 000 m^3/h 的有机废气的处理。

催化燃烧技术、蓄热催化燃烧技术适用于工程机械零部件、家具制造企业或集中式喷漆工厂的高浓度 VOCs 废气的治理。CO 和 RCO 一般采用电或者天然气作为补充能源，反应温度低，不产生热力型氮氧化物，需定期更换催化剂，VOCs 去除率可达 95%以上。该技术一般不单独使用，宜与吸附技术、循环风浓缩技术配合使用。

（2）吸附技术

吸附技术是指利用吸附剂（活性炭、分子筛等）将废气中的 VOCs 在吸附剂的固体表面进行吸附浓缩，使之与废气分离的技术方法。主要包括固定床吸附技术、移动床吸附技术、流化床吸附技术、旋转式吸附技术。吸附法可用于处理低浓度的 VOCs 废气，一般需配套脱附、燃烧系统对脱附后的废气进行燃烧处理。固定床吸附装置吸附层的气体流速应根据吸附剂的形态确定。采用颗粒状吸附剂时，气体流速宜低于 0.60 m/s；采用纤维状吸附剂（活性炭纤维毡）时，气体流速宜低于 0.15 m/s；采用蜂窝状吸附剂时，气体流速宜低于 1.20 m/s。对于采用蜂窝状吸附剂的移动式吸附装置，气体流速宜低于 1.20 m/s；对于采用颗粒状吸附剂的移动床和流化床吸附装置，吸附层的气体流速应根据吸附剂的用量、粒度和体密度等确定。常用的固定床吸附技术和旋转式吸附技术入口废气颗粒物浓度宜低于 1 mg/m^3、温度宜低于 40℃、相对湿度（RH）宜低于 80%。若废气中污染物易在吸附剂中发生聚合、交联、氧化等反应，则不宜采用吸附技术。

吸附剂的再生：当使用水蒸气再生时，水蒸气的温度宜低于 140℃。当使用热空气再生时，对于活性炭和活性炭纤维吸附剂，热气流温度应低于 120℃；对于分子筛吸附剂，热气流温度宜低于 200℃。含有酮类等易燃气体时，不得采用热空气再生。脱附后气流中有机物的浓度应严格控制在其爆炸极限下限的 25%以下。

解吸气体的后处理可采用冷凝回收、液体吸收、催化燃烧或高温焚烧等方法。应根据废气中有机物的组分、回收价值和处理成本等选择后处理方法。

（3）吸收技术

吸收技术是指利用液体作为吸收剂，使废气的有害成分被吸收在液体中，其关键是选择能对被吸收物质进行有效吸收的吸收剂。该技术适用于以亲水性有机化合物（如乙醇、丙酮和电泳区废气）和高沸点有机化合物为主的废气治理。

涂装废气是多种溶剂的混合气体且成分复杂，选择吸收剂相对比较困难。

（4）工艺选择

由于含涂装工序工业排污单位产生的 VOCs 工艺废气成分复杂，常采用以上组合技术进行处理。溶剂型涂料生产线烘干废气可采用燃烧方式单独处理，具备条件的可采用回收式热力燃烧装置；大风量的喷涂、晾（风）干、流平废气可采用浓缩+燃烧技术，常用浓缩技术有循环风浓缩技术、分子筛转轮连续吸附-脱附浓缩技术、多床组合连续式活性炭吸附-浓缩技术、间歇吸附-脱附技术，小风量的可采用一次性活性炭吸附工艺；调漆废气可与喷涂、晾（风）干、流平废气一并处理。

3.5.2.4 酸碱废气治理技术

酸碱废气常采用液体吸收技术治理。以液体为吸收剂，通过洗涤吸收装置使废气中的酸碱成分被吸收或与吸收剂发生中和反应，达到净化目的的废气处理技术。

含涂装工序工业排污单位典型废气污染物及推荐可行技术见表 3-11。

表 3-11 含涂装工序工业排污单位典型废气污染物及推荐可行技术

生产工序	废气排放源	污染物类型	推荐可行技术
预处理	机械预处理抛丸、打磨、喷砂、喷丸、清理	颗粒物	旋风除尘、袋式除尘、湿式除尘
	化学预处理（酸洗）	氯化氢[a]、硫酸雾[a]、氮氧化物[a]	碱液吸收
涂覆	油漆喷涂	颗粒物（漆雾）	文丘里/水旋/水帘、石灰石粉吸附、纸盒过滤、化学纤维过滤、漆雾高效过滤技术
		苯、甲苯、二甲苯、挥发性有机物、特征污染物[a]	吸附/浓缩+热力燃烧/催化燃烧、吸附+冷凝回收
	粉末喷涂	颗粒物	旋风除尘、袋式除尘
	涂胶、溶剂擦洗	挥发性有机物	活性炭吸附、吸附/浓缩+热力燃烧/催化燃烧
	淋涂、辊涂、浸涂	苯、甲苯、二甲苯、挥发性有机物、特征污染物[a]	活性炭吸附、吸附/浓缩+热力燃烧/催化燃烧
	工程机械、钢结构大型工件室外涂装作业	苯、甲苯、二甲苯、挥发性有机物、特征污染物[a]	过滤+吸附
固化成膜	胶固化、粉末涂料固化	挥发性有机物	热力燃烧/催化燃烧、吸附/浓缩+热力燃烧/催化燃烧
	喷漆烘干、晾干、闪干	苯、甲苯、二甲苯、挥发性有机物、特征污染物[a]	热力燃烧/催化燃烧、吸附/浓缩+热力燃烧/催化燃烧、吸附+冷凝回收

生产工序	废气排放源	污染物类型	推荐可行技术
其他	点补、调漆	挥发性有机物	活性炭吸附
	中间打磨、腻子打磨	颗粒物	袋式除尘
	工艺加热炉	颗粒物、二氧化硫、氮氧化物	低氮燃烧
	下料、干式加工	颗粒物	旋风除尘、袋式除尘、滤筒除尘
	焊接	颗粒物	袋式除尘、滤筒除尘、高效除尘、静电除尘
	树脂纤维、塑料加工（有机废气排气筒）	挥发性有机物	活性炭吸附

注：[a]根据原辅材料使用等实际生产情况确定污染物类型。

3.5.3　固体废物污染治理技术

3.5.3.1　一般原则

应按照“减量化、资源化、无害化”的原则，收集、贮存、运输、利用和处置各种固体废物。

应按照易于利用和处置的原则，分类收集各种危险废物和各类工业固体废物。严禁混合收集危险废物、工业固体废物和生活垃圾。

危险废物暂存设施（仓库式）应满足《危险废物贮存污染控制标准》（GB 18597—2023）的要求，并设置警示标志。不水解和不挥发的危险废物可在贮存设施内分别堆放，其他危险废物均应采用完好无损的容器盛装。禁止将不相容的危险废物混装在同一容器内。不相容的危险废物必须分开存放，并设有隔离间隔断。无法装入常用容器的危险废物可用防漏胶袋等盛装。盛装危险废物的容器应在明显处标识危险废物名称和危险特性等。

危险废物暂存设施（仓库式）的地面与裙脚要用坚固、防渗的材料建造，建筑材料必须与危险废物相容。用于存放装载液体、半固体危险废物容器的地方，必须采取耐腐蚀的硬化地面，并设置泄漏液体收集装置；设有气体导出口、产生挥发性或有毒有害物质的危险废物应单独贮存，并设置气体收集净化装置。

一般工业固体废物宜优先资源化利用，不能资源化利用时，采用库房、包装工具（罐、桶、包装袋等）场内暂存过程应满足防渗漏、防雨淋、防扬尘等环保要求。

3.5.3.2 常用固体废物处理处置技术

（1）固液机械分离技术

固液机械分离技术包括机械离心分离减量处置技术和机械压力过滤减量处置技术。

机械离心分离减量处置技术是指利用离心力将固相和液相进行分离的过程；机械压力过滤减量处置技术是指利用静压差使固体废物中的水透过滤布将固相和液相进行分离的过程。固液机械分离技术一般可使固体废物的含水率降至85%以下，适用于废水处理污泥、浮渣、含水漆渣等固体废物的减量化处置。

转化膜磷化工艺产生的磷化渣，锆化、硅烷处理产生的含氟化物废渣，采用机械（压滤机）脱水减量，液体回工艺槽利用，滤渣按危险废物安全处置。

湿式喷漆循环水池采用机械（压滤机）脱水减量，滤液回循环水池利用，滤渣按危险废物处置。含重金属废水，转化膜废水和含油废水等物化处理产生的浮渣、污泥，采用机械（压滤机）脱水减量。废水回废水处理系统，污泥按危险废物处置。

废水生化处理污泥采用机械（压滤机）脱水减量。滤液回废水处理系统，污泥按《国家危险废物名录（2021年版）》、《危险废物鉴别技术规范》（HJ 298—2019）和危险废物鉴别标准的规定确定其危险特性后，按相关管理进行处置。

（2）污泥干化技术

采用余热或其他能源对污泥进行加热，使其中的水分蒸发，实现固体废物减量的效果。

该技术适用于脱水漆渣、磷化渣、废水处理污泥等固体废物的进一步减量化处置。联合固液机械分离技术可使固体废物的含水率从85%降至60%以下。

（3）溶剂蒸馏技术

溶剂蒸馏技术是指对收集的废溶剂及涂料混合物，采用加热方式使其部分组分经沸腾汽化和冷凝实现易挥发部分（沸点低于160℃）和难挥发部分（沸点高于160℃的溶剂及树脂、颜料等）的分离。其中易挥发性组分作为清洗溶剂回用，难挥发性组分作为危险废物处置。该技术适用于溶剂型涂料及有机溶剂使用过程中产生的废溶剂的回收利用。通过蒸馏后再利用，一般可使固体废物减量30%以上。

鼓励企业采用洗枪溶剂回收装置，降低废溶剂产生量，自行利用时应确保在综合利用过程中不产生二次污染或采取有效的二次污染防治措施。

（4）资源化利用技术

金属废料、干金属屑、木材、海绵、布料等边角料，除尘设备收集的木制、金属颗粒物等一般固体废物，以及未污染的包装材料等，均属于可再生资源，宜优先资源化利用。

（5）危险废物利用处置

含涂装工序工业排污单位产生的不能利用和处置的危险废物，应委托有危险废物处置资质的单位进行利用处置，并满足《危险废物贮存污染控制标准》（GB 18597—2023）和《危险废物转移管理办法》等危险废物环境管理有关要求。

3.5.4　噪声污染治理技术

含涂装工序工业排污单位规划布局宜采用低噪声设备，按照环境功能要求，合理布置车间总平面，使主要噪声源远离厂界和噪声敏感点。采取有效隔声降噪措施，做好设备检修与维护。

大型生产设备振动、摩擦和撞击等引发的机械噪声，可通过采取减振基础及在设备基础周围设置减振地沟，降低车间噪声10～15 dB（A）。

高噪声设备（如风机、水泵）可采用隔声罩、全封闭或带有吸声设施的单独设备间等围护结构进行隔声，隔声量可达15～20 dB（A）。

空压机、风机的空气动力学噪声，可设单独的设备间，通风系统进、出口设消声器，室内墙壁安装吸声板，隔消声量可达25～30 dB（A）。

第4章　排污单位自行监测方案的制定

立足排污单位自行监测在我国污染源监测管理制度中的定位，根据含涂装工序工业发展概况和污染排放特征，将《排污单位自行监测技术指南　总则》（HJ 819—2017）、《排污单位自行监测技术指南　火力发电及锅炉》（HJ 820—2017）、《排污单位自行监测技术指南　涂装》（HJ 1086—2020）等作为含涂装工序工业排污单位制定自行监测方案的依据。

为了让标准规范的使用者更好地理解标准中规定的内容，本章重点围绕《排污单位自行监测技术指南　涂装》（HJ 1086—2020）中的具体要求，一方面对其中主要要求的来源和考虑进行说明，另一方面对使用过程中需要注意的重点事项进行说明，以期为指南使用者提供更加详细的信息。

4.1　监测方案制定的依据

2017年4月，环境保护部发布《总则》和《排污单位自行监测技术指南　火力发电及锅炉》（HJ 820—2017）；2020年1月，生态环境部发布《涂装指南》，这是含涂装工序工业排污单位制定监测方案的重要依据。

考虑工艺之间关联程度，结合《涂装行业清洁生产评价指标体系》，涵盖了与涂装密切相关的机械预处理（抛丸、打磨、喷砂、喷丸、清理）和化学预处理（溶剂擦洗、酸洗除锈、擦洗除锈和化学脱脂）。同时为便于企业操作，将下料、加工、焊接、树脂纤维与塑料加工等常见相关通用工序覆盖进来。

根据自行监测技术指南体系设计思路，含涂装工序工业排污单位主要是按照《涂装指南》确定监测方案。《涂装指南》未包含《面向装备制造业　产品全生命周期工艺知识　第 1 部分：通用制造工艺分类》（GB/T 22124.1—2008）界定的热喷涂以及铸造、电镀等工序，其自行监测参考《总则》或其他行业指南。

另外，由于锅炉广泛分布在各类工业企业中，排污单位自备火力发电机组（厂）、配套锅炉的自行监测要求按照《排污单位自行监测技术指南　火力发电及锅炉》（HJ 820—2017）执行。

根据当前环境管理状况，对含涂装工序工业排污单位内部排口监测没有明确要求，《涂装指南》中暂未考虑，各地或排污单位有需要的，可根据《总则》确定监测点位、监测指标和监测频次。

《涂装指南》与《排污许可证申请与核发技术规范　汽车制造业》（HJ 971—2018）、《排污许可证申请与核发技术规范　家具制造工业》（HJ 1027—2019）、《排污许可证申请与核发技术规范　铁路、船舶、航空航天和其他运输设备制造业》（HJ 1124—2020）等技术规范相衔接，结合《固定污染源排污许可分类管理名录（2019 年版）》，重点考虑了汽车制造业、家具制造业、铁路、船舶、航空航天和其他运输设备制造业、集装箱制造业等。

在我国，涂装工序涉及行业众多，需要明确其对应的排污单位分类。

《中华人民共和国环境保护法》《中华人民共和国大气污染防治法》《中华人民共和国水污染防治法》对重点排污单位的监测责任提出了明确要求，并提出重点排污单位的条件由国务院环境保护主管部门规定。《涂装指南》沿用《总则》中的定义：指由设区的市级及以上地方人民政府生态环境主管部门商有关部门确定的本行政区域内的重点排污单位。

为了落实《中华人民共和国环境保护法》《中华人民共和国大气污染防治法》《中华人民共和国水污染防治法》，生态环境部印发了《环境监管重点单位名录管理办法》（生态环境部令　第 27 号），明确了环境监管重点单位的筛选条件，规范了环境监管重点单位的名录管理。

根据《环境监管重点单位名录管理办法》，重点排污单位名录由管理部门确定并公开。省级生态环境主管部门负责协调和监督本行政区域环境监管重点单位名录的确定和发布。设区的市级生态环境主管部门负责本行政区域环境监管重点单位名录的确定、管理和发布。环境监管重点单位，包括依法确定的水环境重点排污单位、地下水污染防治重点排污单位、大气环境重点排污单位、噪声重点排污单位、土壤污染重点监管单位，以及环境风险重点管控单位。同一企业事业单位可以同时属于不同类别的环境监管重点单位。

根据《涂装指南》，重点排污单位和非重点排污单位废水、废气监测频次存在差异，这主要是针对水环境重点排污单位名录和大气环境重点排污单位名录而言的。设区的市级生态环境主管部门可以根据本行政区域环境质量状况、环境质量改善要求、污染物排放情况、有毒有害物质以及环境风险管控要求等，将确有必要实施重点监管的企业事业单位列入环境监管重点单位名录。

专栏一

根据《环境监管重点单位名录管理办法》，水环境重点排污单位应当根据本行政区域的水环境容量、重点水污染物排放总量控制指标的要求以及排污单位排放水污染物的种类、数量和浓度等因素确定。

具备下列条件之一的，应当列为水环境重点排污单位：

（一）化学需氧量、氨氮、总氮、总磷中任一种水污染物近三年内任一年度排放量大于设区的市级生态环境主管部门设定的筛选排放量限值的工业企业；

（二）设有污水排放口的规模化畜禽养殖场；

（三）工业废水集中处理厂，以及日处理能力 10 万吨以上或者日处理工业废水量 2 万吨以上的城镇生活污水处理厂。

设区的市级生态环境主管部门设定筛选排放量限值，应当确保所筛选的水环境重点排污单位工业水污染物排放量之和，不低于该行政区域排放源统计调查的工业水污染物排放总量的 65%。

专栏二

根据《环境监管重点单位名录管理办法》，大气环境重点排污单位应当根据本行政区域的大气环境承载力、重点大气污染物排放总量控制指标的要求以及排污单位排放大气污染物的种类、数量和浓度等因素确定。

具备下列条件之一的，应当列为大气环境重点排污单位：

（一）二氧化硫、氮氧化物、颗粒物、挥发性有机物中任一种大气污染物近三年内任一年度排放量大于设区的市级生态环境主管部门设定的筛选排放量限值的工业企业；

（二）太阳能光伏玻璃行业企业，其他玻璃制造、玻璃制品、玻璃纤维行业中以天然气为燃料的规模以上企业；

（三）陶瓷、耐火材料行业中以煤、石油焦、油、发生炉煤气为燃料的企业；

（四）陶瓷、耐火材料行业中以天然气为燃料的规模以上企业；

（五）工业涂装行业规模以上企业，全部使用符合国家规定的水性、无溶剂、辐射固化、粉末四类低挥发性有机物含量涂料的除外；

（六）包装印刷行业规模以上企业，全部使用符合国家规定的低挥发性有机物含量油墨的除外。

设区的市级生态环境主管部门设定筛选排放量限值，应当确保所筛选的大气环境重点排污单位工业大气污染物排放量之和，不低于该行政区域排放源统计调查的工业大气污染物排放总量的65%。

除以上规定外，生产、加工使用或者排放重点管控新污染物清单中所列化学物质的企业事业单位，应当纳入重点排污单位。

排污许可分类管理名录规定的实施排污许可重点管理的企业事业单位，应当列为重点排污单位。《固定污染源排污许可分类管理名录（2019年版）》规定的实施排污许可重点管理的条件为“纳入重点排污单位名录”的企业事业单位，根据专栏一、专栏二的规定不再符合重点排污单位筛选条件的，设区的市级生态环境主管部门应当及时予以调整。

含涂装工序工业排污单位涉及行业类别较多，排污单位应根据《固定污染源排污许可分类管理名录（2019 年版）》具体行业对照其排污许可管理类别。涉及表面处理通用工序的，还需要考虑通用工序的管理类别。

4.2 废水排放监测

4.2.1 监测点位及监测指标的确定

4.2.1.1 监测点位的布设

根据我国水污染物排放标准的相关规定，污染物监控位置包括企业废水总排放口、车间或生产设施废水排放口及雨水排放口三类。对于毒性较大、环境风险较高、仅是特定工序产生的重金属等污染物，监控位置在车间或生产设施废水排放口，这样可以避免其他废水混合后造成稀释排放，在污染物未得到有效治理的情况下实现浓度达标。其他多数工序都会产生毒性相对较小、环境风险相对较低的污染物指标，监控位置多为企业废水总排放口。由于雨水冲刷会产生较多悬浮物，因此《涂装指南》规定排污单位还须监测雨水排放口。

根据第 3 章废水污染物排放情况分析，含涂装工序工业排污单位废水按来源可分为生产废水、生活污水和初期雨水。生产废水主要有预处理工序废水、转化膜处理工序废水、涂装工序废水等。

有转化膜处理工序，且产生含第一类污染物废水（其他工序产生含第一类污染物废水），须在车间或生产设施废水排放口设置监测点位。

涂装工序排放废水主要为喷漆循环水池废水，含电泳工艺的还排放电泳清洗废水，一般不含第一类污染物，此类废水排放口按要求不需要设置监测点位；特殊涂装工序可能产生含第一类污染物废水（如“达克罗”可能含铬），根据需要在车间或生产设施废水排放口设置监测点位。

含涂装工序工业排污单位须在废水总排放口设置监测点位，生活污水单独排入外环境的还须在生活污水排放口设置监测点位。

为防止雨水对周围环境造成不利影响和保证排污单位合法排污，真正做到雨污分流、清污分流，在雨水排放口设置监测点位进行常规指标监测。有多个雨水排放口的，应对全部雨水排放口设置监测点位。

4.2.1.2　监测指标的设定

目前已颁布的涂装地方行业标准均不涉及废水部分。目前大多数排污单位废水执行《污水综合排放标准》（GB 8978—1996）和《污水排入城镇下水道水质标准》（GB/T 31962—2015）。

《涂装指南》结合涂装工艺特点，对不同行业进行梳理：

磷化工序通常含总锌、总锰、磷酸盐，含镍磷化还含有总镍。

钝化工序、化学侵蚀、化学氧化等工序通常含有总铬、六价铬。

锆化、硅烷化处理过程不产生第一类重金属污染物，衡量其废水的主要污染物指标有 pH 及氟化物。

酸洗、除油、除锈工序含有大量硫酸、硝酸、氢氟酸、醋酸、柠檬酸等。

部分工序助剂含有有机物（如含醇类、磷酸酯类、聚醚类、硅油类、石油溶剂类等表面活性剂）、含氮化合物、总磷等。

石油类、阴离子表面活性剂（LAS）是机械制造行业主要污染物之一。

车间或生产设施废水排放口监测指标包括六价铬、总铬、总镍。

废水总排放口监测指标包括 pH、化学需氧量、氨氮、总磷、总氮、悬浮物、石油类、阴离子表面活性剂（LAS）、氟化物、总锌、总锰、总铜。

生活污水排放口监测指标包括 pH、化学需氧量、氨氮、悬浮物、五日生化需氧量、总磷、总氮、动植物油。

雨水排放口监测指标包括 pH、化学需氧量、悬浮物。

以上排放口开展监测时，均须同步监测流量。

由于不同企业生产工艺情况不同，可能不会涉及标准中所有的污染物指标，因此企业可根据环境影响评价文件及其批复要求以及实际的生产情况等，确定具体的特征污染物监测指标。生产工艺不产生的污染物，可不进行监测。

综上所述，将含涂装工序工业排污单位的废水排放口分为四类：废水总排放口、车间或生产设施废水排放口、生活污水排放口（如有）及雨水排放口。各排放口可能涉及的污染物指标见表 4-1。

表 4-1 废水排放监测点位、监测污染物指标

废水排放口	污染物指标
废水总排放口	流量、pH、化学需氧量、氨氮、总氮、总磷、悬浮物、石油类、阴离子表面活性剂（LAS）、氟化物、总锌、总锰、总铜
车间或生产设施废水排放口	流量、总铬、六价铬、总镍
生活污水排放口	流量、pH、化学需氧量、五日生化需氧量、动植物油、氨氮、总氮、总磷、悬浮物
雨水排放口	pH、化学需氧量、悬浮物

4.2.2 最低监测频次的确定

4.2.2.1 监测频次的一般要求

根据《涂装指南》，含涂装工序工业排污单位废水排放口各监测指标及最低监测频次按表 4-2 执行。排污单位可根据管理要求或实际情况在表 4-2 的基础上提高监测频次。

表 4-2 废水排放监测点位、监测指标及最低监测频次

<table>
<tr><th rowspan="2">监测点位</th><th rowspan="2">单位性质</th><th rowspan="2">监测指标</th><th colspan="2">监测频次</th></tr>
<tr><th>直接排放</th><th>间接排放</th></tr>
<tr><td rowspan="2">车间或生产设施废水排放口</td><td>重点排污单位</td><td rowspan="2">流量、六价铬[a]、总铬[a]、总镍[a]</td><td colspan="2">月</td></tr>
<tr><td>非重点排污单位</td><td colspan="2">季度</td></tr>
</table>

监测点位	单位性质	监测指标	监测频次	
			直接排放	间接排放
废水总排放口	重点排污单位	流量、pH、化学需氧量、氨氮、总磷	自动监测	
		总氮、悬浮物、石油类、阴离子表面活性剂（LAS）	月	季度
		氟化物[a]、总锌[a]、总锰[a]、总铜[a]	月	季度
	非重点排污单位	流量、pH、化学需氧量、氨氮、总磷、总氮、悬浮物	季度	半年
生活污水排放口	重点排污单位	流量、pH、化学需氧量、氨氮、总磷	自动监测	—
		总氮、悬浮物、五日生化需氧量、动植物油	季度	—
	非重点排污单位	流量、pH、化学需氧量、氨氮、总磷、总氮、悬浮物	季度	—
雨水排放口		pH、化学需氧量、悬浮物	月[b]	

注：《涂装指南》重点排污单位按环境要素实行分类管理，纳入水环境重点排污单位名录，按本表执行。

a 根据原辅材料使用等实际生产情况，确定具体的特征污染物监测指标。不产生的污染物，可不进行监测。

b 雨水排放口有流动水排放时按月监测。若监测一年无异常情况，可放宽至每季度开展一次监测。

4.2.2.2 《涂装指南》监测频次确定的主要考虑

《涂装指南》编制过程中，对水环境重点排污单位（含涂装工序）废水监测情况调研结果表明，监测频次普遍偏低，重金属指标基本以月为单位进行监测，化学需氧量和氨氮两个指标以自动监测为主。

因含涂装工序工业排污单位层次不一，如果统一设定频次，对于大部分废水排放量较少、对环境影响较小的小企业，监测费用较高，也不符合实际情况；以废水排放量或污染物排放量划分不同监测频次，实际生产中不便于企业操作；《环境监管重点单位名录管理办法》（生态环境部令 第 27 号）规定：排污许可分类管理名录规定的实施排污许可重点管理的企业事业单位，应当列为重点排污单位。

故《涂装指南》参照《总则》设定监测频次思路，划分为水环境重点排污单位和水环境非重点排污单位，同时考虑废水排放去向的不同，按照直接排放和间接排放两种情况，分别确定排污单位废水监测指标的监测频次。

（1）车间或生产设施废水排放口监测频次

六价铬、总铬、总镍是涂装排污单位特征污染物，属于主要监测指标，根据《涂装指南》对重点排污单位的主要监测指标确定的最低频次为月，非重点排污单位的主要监测指标确定的最低频次为季度；这三项监测指标取样与排放去向无关，因此废水间接排放与直接排放最低监测频次相同，将这三项监测指标确定监测频次如下：

①水环境重点排污单位最低监测频次为月。

②非水环境重点排污单位最低监测频次为季度。

③六价铬、总铬、总镍根据原辅材料使用等实际生产情况，确定具体的特征污染物监测指标。不产生的污染物，可不进行监测。

（2）废水总排放口监测频次

综合考虑废水总排放口各监测因子排污特征和监测要求，概括如下：

①化学需氧量、氨氮两项指标，属于主要监测指标，同时是我国污染物总量减排控制的主要污染物；酸碱是涂装排污单位预处理工序主要特征污染物，pH 是反映废水酸碱度的综合性指标；pH、化学需氧量、氨氮三项监测指标相对简单，自动监测技术也较为成熟。水环境重点排污单位不区分排放方式均采用自动监测，非水环境重点排污单位直接排放监测频次为季度，间接排放监测频次为半年。

②总磷为表面涂装工业特征污染物，根据《关于加强固定污染源氮磷污染防治的通知》（环水体〔2018〕16 号）和《关于加快重点行业重点地区的重点排污单位自动监控工作的通知》（环办环监〔2017〕61 号）文件规定，汽车制造业（有表面涂装工序的）等被划为总磷排放重点行业，要求水环境重点排污单位总磷采取自动监测。

③总氮已成为部分区域的总量控制指标，且水环境的氮污染问题日渐突出，但总氮非表面涂装工业特征污染物，故对总氮要求的监测频次有所不同。水环境重点排污单位直接排放监测频次为月，间接排放监测频次为季度。考虑与其他监

测指标取样一致性，非水环境重点排污单位直接排放监测频次为季度，间接排放监测频次为半年。

④悬浮物是反映水污染程度的重要指标，容易引起公众感官反应，但该指标造成环境影响较小，且伴随其他污染指标处理，悬浮物也会降低。水环境重点排污单位直接排放监测频次为月，间接排放监测频次为季度；考虑与其他监测指标取样一致性，非水环境重点排污单位直接排放监测频次为季度，间接排放监测频次为半年。

⑤石油类、阴离子表面活性剂（LAS）是制造业预处理工序产生污染物之一，这几项指标产生量均不大，且对环境危害较小。水环境重点排污单位直接排放监测频次为月，间接排放监测频次为季度；考虑这几类指标非所有企业均产生，对非重点排污单位不做监测要求。

⑥氟化物为部分工序如锆化、硅烷化、酸洗工序产生；总锌、总锰、总铜是涂装工序前的处理工序产生的污染物，不属于"第一类污染物"，环境危害相对较小，但需考虑《最高人民法院、最高人民检察院关于办理环境污染刑事案件适用法律若干问题的解释》（法释〔2016〕29 号）第一条中对"严重污染环境"相关行为的认定，已经将这几类重金属超标排放纳入认定范围。水环境重点排污单位直接排放监测频次为月，间接排放监测频次为季度；考虑这几类监测指标非所有企业均产生，《涂装指南》对非水环境重点排污单位不做监测要求。

（3）生活污水排放口监测频次

参考废水总排放口直接排放监测频次，对单独设置的直排外环境的生活污水排放口监测频次加以规定，生活污水水质稳定，对直接排放的水环境重点排污单位，pH、化学需氧量、氨氮、总磷采用自动监测，总氮、悬浮物、五日生化需氧量、动植物油按季度监测；非水环境重点排污单位污染量较小，所有指标按季度监测。

（4）雨水排放口监测频次

雨水排放口有流动水排放时按月监测。若监测一年无异常情况，可放宽至每季度开展一次监测。

（5）流量监测频次

与废水排放监测同步开展的流量监测，其监测频次原则上应能满足排污许可管理及污染物总量核算的需要。

有的地方为了改善本地区的环境质量，根据当地经济基础和科技水平制定了地方标准，或对工业废水进行集中处理，没有执行特定的行业标准，在方案制定时对照企业执行的排放标准，结合企业实际的生产状况，由设区的市级及以上生态环境主管部门确定其应增加的监测指标。污染物指标中出现超标的排污单位，应提高相应指标的监测频次。

4.3 废气排放监测

根据含涂装工序工业排污单位可能涉及的排放源及排放方式，分别对有组织废气、无组织废气排放的监测点位布设，对所有排放废气中的污染物及其监测频次进行了明确。

4.3.1 有组织废气

4.3.1.1 监测点位的布设

根据第 3 章的分析，按照涂装生产工序及生产设施、设备确定废气污染源及有组织废气排放监测点位，涉及废气排放的主要有机械预处理工序、化学预处理（酸洗）工序、涂覆工序、固化成膜工序、点补、调漆工序、中间打磨工序、下料、加工、焊接工序、树脂纤维、塑料加工工序、工艺加热炉等。

在此基础上，通过调研含涂装工序典型行业和相关行业排污许可证管理，进一步优化概括；监测点位统一为“排气筒”；并规定对于多个污染源或生产设备共用一个排气筒的，如排放的废气污染物相同，监测点位可布设在共用排气筒上，最低监测频次按照严格的执行；若各工序排放的废气污染物不同，监测点位应布设在排气管道混合前，监测指标应涵盖所对应的污染源或生产设备的监测指标。

4.3.1.2　监测指标的确定

由于目前没有含涂装工序工业废气排放国家行业标准，确定监测指标时，首先对目前现行的含涂装工序废气监测指标相关标准、规范进行了汇总，具体如下：

国外有关标准：美国有害空气污染物（HAPs）清单包含苯、甲苯、二甲苯；德国大气污染物排放标准包含苯。

国家标准规范：《大气污染物综合排放标准》（GB 16297—1996）包含苯、甲苯、二甲苯、颗粒物、非甲烷总烃；《挥发性有机物无组织排放控制标准》（GB 37822—2019）包含 VOCs、总挥发性有机物、非甲烷总烃；《建设项目竣工环境保护验收技术规范　汽车制造》（HJ/T 407—2007）规定：底漆电泳烘干房、密封胶烘干房排放口污染因子为非甲烷总烃，其余涂装生产线污染因子为苯、甲苯、二甲苯、非甲烷总烃；《涂装行业清洁生产评价指标体系》主要以 VOCs 为因子。

截至 2021 年，对北京、上海、天津、重庆、广东、山东、江苏、河北、陕西、四川、浙江、福建、河南等省（市）涂装行业地方标准进行汇总，统计结果见表 4-3。

表 4-3　各地方标准中大气污染物监测指标汇总

省份	标准名称	废气监测指标								备注
		苯	苯系物	VOCs [a]	非甲烷总烃	颗粒物	甲苯	二甲苯	其他	
北京市	《木质家具制造业大气污染物排放标准》（DB 11/1202—2015）	√	√		√	√				
	《工业涂装工序大气污染物排放标准》（DB 11/1226—2015）	√	√		√	√				
	《汽车整车制造业（涂装工序）大气污染物排放标准》（DB 11/1227—2015）	√	√		√	√				
	《汽车维修业大气污染物排放标准》（DB 11/1228—2015）	√	√		√	√				有组织排放无颗粒物

省份	标准名称	废气监测指标								备注
		苯	苯系物	VOCs[a]	非甲烷总烃	颗粒物	甲苯	二甲苯	其他	
上海市	《汽车制造业（涂装）大气污染物排放标准》（DB 31/859—2014）	√	√		√	√	√	√		无组织排放无苯系物
上海市	《船舶工业大气污染物排放标准》（DB 31/934—2015）	√	√		√	√	√	√		无组织排放无苯系物、非甲烷总烃、颗粒物
上海市	《家具制造业大气污染物排放标准》（DB 31/1059—2017）	√	√		√	√	√	√	氯化氢、甲醛、甲苯二异氰酸酯（TDI）	无组织排放无甲苯二异氰酸酯（TDI）
天津市	《工业企业挥发性有机物排放控制标准》（DB 12/524—2020）	√		√			√	√		有组织排放为甲苯与二甲苯合计
重庆市	《汽车整车制造表面涂装大气污染物排放标准》（DB 50/577—2015）	√	√	√	√	√	√	√	二氧化硫[b]、氮氧化物[b]	无组织排放无颗粒物，有组织排放为甲苯与二甲苯合计
重庆市	《摩托车及汽车配件制造表面涂装大气污染物排放标准》（DB 50/660—2016）	√	√	√	√	√	√	√	二氧化硫[b]、氮氧化物[b]	无组织排放无VOCs、颗粒物，有组织排放为甲苯与二甲苯合计
重庆市	《汽车维修业大气污染物排放标准》（DB 50/661—2016）	√	√		√	√				
重庆市	《家具制造业大气污染物排放标准》（DB 50/757—2017）	√	√	√	√	√	√		甲醛、二氧化硫[b]、氮氧化物[b]	无组织排放无二氧化硫、氮氧化物
广东省	《家具制造行业挥发性有机化合物排放标准》（DB 44/814—2010）	√		√			√	√		有组织排放为甲苯与二甲苯合计
广东省	《表面涂装（汽车制造业）挥发性有机化合物排放标准》（DB 44/816—2010）	√	√	√			√	√		无组织排放无苯系物，有组织排放为甲苯与二甲苯合计
广东省	《集装箱制造业挥发性有机物排放标准》（DB 44/1837—2016）	√		√			√	√		有组织排放为甲苯与二甲苯合计

省份	标准名称	废气监测指标								备注
		苯	苯系物	VOCs[a]	非甲烷总烃	颗粒物	甲苯	二甲苯	其他	
山东省	《挥发性有机污染物排放标准　第 1 部分：汽车制造业》（DB 37/2801.1—2016）	√	√	√			√	√		
江苏省	《表面涂装（汽车制造业）挥发性有机物排放标准》（DB 32/2862—2016）	√	√	√			√	√		
	《表面涂装（家具制造业）挥发性有机物排放标准》（DB 32/3152—2016）	√		√			√	√		有组织排放为甲苯与二甲苯合计
河北省	《工业企业挥发性有机物排放控制标准》（DB 13/2322—2016）	√			√		√	√		有组织排放为甲苯与二甲苯合计
陕西省	《挥发性有机物排放控制标准》（DB 61/T1061—2017）	√			√		√	√		
四川省	《固定污染源大气挥发性有机物排放标准》（DB 51/2377—2017）	√		√			√	√		
浙江省	《工业涂装工序大气污染物排放标准》（DB 33/2146—2018）	√	√	√	√	√				
福建省	《工业涂装工序挥发性有机物排放标准》（DB 35/1783—2018）	√	√		√		√	√		
河南省	《工业涂装工序挥发性有机物排放标准》（DB 41/1951—2020）	√			√		√			

注：[a] 重庆、广东、江苏、浙江标准中，VOCs 均表述为总 VOCs；

[b] 仅适用于燃烧类处理设施。

根据《大气污染物综合排放标准》（GB 16297—1996）、《挥发性有机物无组织排放控制标准》（GB 37822—2019），并参考地方及国外相关标准等对监测指标的覆盖，结合企业实地调研成果，确定了颗粒物、苯、甲苯、二甲苯、挥发性有机物、二氧化硫、氮氧化物、氯化氢、硫酸雾为《涂装指南》监测指标。根据工序产排污特点，具体选定监测指标：

（1）预处理工序：包含抛丸、打磨、喷砂（丸）、清理等机械预处理工序，主要污染物为颗粒物；硫酸、硝酸、盐酸等酸洗化学预处理工序，污染物为硫酸雾、氮氧化物、氯化氢等，企业根据实际用酸情况选择所包含的监测指标。

（2）涂覆工序：根据《中华人民共和国大气污染防治法》第四十五条："产生含挥发性有机物废气的生产和服务活动，应当在密闭空间或者设备中进行，并按照规定安装、使用污染防治设施；无法密闭的，应当采取措施减少废气排放。"故无论采用何种涂覆工艺，最终均应经排气筒收集排放（大型工件室外涂装作业无法密闭的除外）。《涂装指南》考虑按涂料类型进行划分，分为水性涂料、溶剂涂料、粉末涂料三类。鉴于溶剂擦洗的污染特征和溶剂涂料涂覆工艺产污相似，故将溶剂擦洗归入此类；目前涂胶工序并非所有企业均设排气筒，故《涂装指南》未明确提出涂胶监控点位及指标，企业可根据胶性质（水性或溶剂型）归入相应涂覆设施排气筒；部分行业对涂覆过程有温度要求，有采取燃烧化石燃料（多采用天然气）直接给室体加热，此时涂覆工序排气筒将混入燃烧废气，另外有采用燃烧法处理涂覆废气，此时也将混入燃烧废气，故《涂装指南》提出混入化石燃料排气筒。水性涂料涂覆设施废气排气筒主要污染物为挥发性有机物，特殊涂料可能会含有特征污染物，采用喷涂工艺会产生漆雾（颗粒物）；溶剂涂料涂覆设施废气排气筒主要污染物为挥发性有机物、苯、甲苯、二甲苯，特殊涂料可能会含有特征污染物，采用喷涂工艺会产生漆雾（颗粒物）；粉末涂料不含溶剂，涂覆过程产生的污染物为颗粒物。

（3）固化成膜工序：基本同涂覆工序，主要固化成膜为有机涂层干燥固化，污染物不含颗粒物指标（混入燃烧废气的除外）；粉末涂料干燥过程会产生少量挥发性有机物。

（4）其他工序：涂装中间漆膜打磨工序产生污染物为颗粒物；工艺加热炉废气为颗粒物、二氧化硫、氮氧化物；下料、加工、焊接等产生少量含尘废气；点补、调漆、树脂纤维、塑料加工等工序产生少量挥发性有机物。

由于现阶段国家还未出台挥发性有机物标准测定方法，《涂装指南》对挥发性有机物的表征物质不做规定，由企业按照行业特征和环境管理要求选取非甲烷总烃、总挥发性有机物作为监测指标。

《涂装指南》所指非甲烷总烃、总挥发性有机物定义参照《挥发性有机物无组织排放控制标准》（GB 37822—2019），即：

非甲烷总烃是指采用规定的监测方法，氢火焰离子化检测器有响应的除甲烷外的气态有机化合物的总和，以碳的质量浓度计。

总挥发性有机物是指采用规定的监测方法，对废气中的单项 VOCs 物质进行测量，加和得到 VOCs 物质的总量，以单项 VOCs 物质的质量浓度之和计。实际工作中，应按预期分析结果，对占总量 90%以上的单项 VOCs 物质进行测量，加和得出。

特征污染物根据排污许可证、所执行的污染物排放（控制）标准、环境影响评价文件及其批复等相关环境管理规定，以及生产工艺、原辅用料、中间及最终产品，确定具体的污染物指标。待国家相关行业大气污染物排放标准发布后，从其规定。地方排放标准中有要求的，按照严格的执行。

4.3.1.3　最低监测频次的确定

根据《涂装指南》，含涂装工序工业排污单位有组织废气排放监测点位、监测指标及最低监测频次按表 4-4 执行。排污单位可根据管理要求或实际情况在表 4-4 的基础上提高监测频次。

根据排污许可证申请与核发技术规范，将排放口划分为“主要排放口”和“一般排放口”，《涂装指南》也将重点排污单位设置“主要排放口”和“一般排放口”进行监测频次区分，但《涂装指南》不定义“主要排放口”，而是依据相关行业排污许可证申请与核发技术规范确定的主要排放口执行《涂装指南》要求。根据《关于印发〈重点排污单位名录管理规定（试行）〉的通知》（环办监测〔2017〕86 号），非重点排污单位不包含“实行排污许可重点管理”单位，而“实行简化管理的行业”不涉及主要排放口，故《涂装指南》非重点排污单位不对排放口类型进行区分。

表 4-4 有组织废气排放监测点位、监测指标及最低监测频次

<table>
<tr><th rowspan="3">生产工序</th><th rowspan="3">监测点位</th><th rowspan="3">监测指标</th><th colspan="3">监测频次</th></tr>
<tr><th colspan="2">重点排污单位</th><th rowspan="2">非重点排污单位</th></tr>
<tr><th>主要排放口</th><th>一般排放口</th></tr>
<tr><td rowspan="2">预处理</td><td>机械预处理抛丸、打磨、喷砂、喷丸、清理等废气排气筒</td><td>颗粒物</td><td>季度</td><td>半年</td><td>年</td></tr>
<tr><td>化学预处理（酸洗）废气排气筒[a]</td><td>氮氧化物、氯化氢、硫酸雾</td><td>季度</td><td>半年</td><td>年</td></tr>
<tr><td rowspan="5">涂覆</td><td>水性涂料涂覆设施废气排气筒</td><td>颗粒物[b]、挥发性有机物[c]、特征污染物[d]</td><td>季度</td><td>半年</td><td>年</td></tr>
<tr><td rowspan="2">溶剂涂料涂覆（含溶剂擦洗）设施废气排气筒</td><td>挥发性有机物[c]</td><td>月</td><td rowspan="2">半年</td><td rowspan="2">年</td></tr>
<tr><td>颗粒物[b]、苯、甲苯、二甲苯、特征污染物[d]</td><td>季度</td></tr>
<tr><td>粉末涂料涂覆设施废气排气筒</td><td>颗粒物</td><td>季度</td><td>半年</td><td>年</td></tr>
<tr><td>混入化石燃料燃烧废气涂覆设施废气排气筒[e]</td><td>颗粒物、二氧化硫、氮氧化物</td><td>季度</td><td>半年</td><td>年</td></tr>
<tr><td rowspan="5">固化成膜</td><td>水性涂料（含胶）固化成膜设施废气排气筒</td><td>挥发性有机物[c]、特征污染物[d]</td><td>季度</td><td>半年</td><td>年</td></tr>
<tr><td rowspan="2">溶剂涂料（含胶）固化成膜设施废气排气筒</td><td>挥发性有机物[c]</td><td>月</td><td rowspan="2">半年</td><td rowspan="2">年</td></tr>
<tr><td>苯、甲苯、二甲苯、特征污染物[d]</td><td>季度</td></tr>
<tr><td>粉末涂料固化成膜设施废气排气筒</td><td>挥发性有机物[c]</td><td>季度</td><td>半年</td><td>年</td></tr>
<tr><td>混入化石燃料燃烧废气固化成膜设施废气排气筒[e]</td><td>颗粒物、二氧化硫、氮氧化物</td><td>季度</td><td>半年</td><td>年</td></tr>
<tr><td rowspan="2">其他</td><td>点补、调漆等生产设施排气筒</td><td>挥发性有机物[c]</td><td>季度</td><td>半年</td><td>年</td></tr>
<tr><td>中间打磨生产设施废气排气筒</td><td>颗粒物</td><td>季度</td><td>半年</td><td>年</td></tr>
</table>

生产工序	监测点位	监测指标	监测频次		
			重点排污单位		非重点排污单位
			主要排放口	一般排放口	
其他	工艺加热炉生产设施排气筒	颗粒物、二氧化硫、氮氧化物	季度	半年	年
	下料、加工、焊接等含尘废气排气筒	颗粒物	季度	半年	年
	树脂纤维、塑料加工等有机废气排气筒	挥发性有机物[c]	季度	半年	年

注：1. 废气监测须按照相应监测分析方法、技术规范同步监测烟气参数。

2. 根据环境影响评价文件及其批复，结合项目工艺及产排污特点，选择项目所包含监测点位进行监测。

3.《涂装指南》重点排污单位按环境要素实行分类管理，纳入大气环境重点排污单位名录，按本表执行。

4.《涂装指南》主要排放口为相应行业“排污许可证申请与核发技术规范”确定的主要排放口。

5. 设区的地市级以上生态环境部门纳入重点排污单位名录的含涂装工序工业排污单位，主要排放口应当按期落实国发〔2018〕22 号关于安装烟气排放自动监控设施的相关要求。

[a] 根据所用原料及工艺特点，确定具体监测指标。

[b] 适用于采用喷涂工艺等产生颗粒物污染物情况。

[c] 挥发性有机物的表征物质按照所执行的排放标准确定。

本表中的监测频次适用于采用非甲烷总烃表征的情况。若以总挥发性有机物表征，监测频次为：重点排污单位的主要排放口为半年一次，重点排污单位的一般排放口和非重点排污单位为一年一次。

根据以下原则开展总挥发性有机物监测：根据企业使用的原料、生产工艺、生产的产品或副产品，结合所执行的排放标准和有关环境管理中要求，筛选确定计入总挥发性有机物的物质；单项物质无国家污染物监测方法标准的，待国家污染物监测方法标准发布后实施。

所执行的排放标准中对非甲烷总烃和总挥发性有机物均提出限值要求的，应同时满足以上监测频次要求。

[d] 根据排污许可证、环境影响评价文件及其批复等相关环境管理规定，确定具体的特征污染物监测指标；待相关行业污染物排放标准发布后，从其规定；地方排放标准有要求的，从其规定。

[e] 仅适用于排气筒混入传统化石燃料燃烧废气情况。

根据自行监测信息公开平台公开资料统计及行业实地调研结果，结合相关行业排污许可证申请与核发技术规范，在此基础上按照《总则》相关规定按以下原则设置监测频次。

（1）机械预处理抛丸、打磨、喷砂、喷丸、清理废气排气筒：污染物为颗粒物，如果涉及主要排放口即为主要监测指标，重点排污单位主要排放口监测频次为季度，一般排放口监测频次为半年，非重点排污单位监测频次为年。

（2）化学预处理（酸洗）废气排气筒：污染物为酸雾，末端治理工艺成熟，如果涉及主要排放口，氮氧化物为主要监测指标，硫酸雾和氯化氢为其他指标。考虑监测统一性，重点排污单位主要排放口监测频次为季度，一般排放口监测频次为半年，非重点排污单位监测频次为年。

（3）水性涂料涂覆设施废气排气筒：污染物为颗粒物、挥发性有机物、特征污染物。水性漆污染相对较低，频次可适当取低值。如果涉及主要排放口，挥发性有机物为主要监测指标，其余为其他指标。考虑监测统一性，重点排污单位主要排放口监测频次为季度；一般排放口监测频次为半年，非重点排污单位监测频次为年。如水性涂料涂覆和溶剂涂料涂覆共用排气筒排放，监测指标和监测频次按溶剂涂料涂覆废气排气筒执行。

（4）溶剂涂料涂覆（含溶剂擦洗）设施废气排气筒：污染物为挥发性有机物、颗粒物、苯、甲苯、二甲苯、特征污染物。如果涉及主要排放口，挥发性有机物为主要监测指标，其余为其他指标。考虑溶剂涂料污染较大及监测成本等因素进行细化区分，重点排污单位主要排放口挥发性有机物监测频次为月，其余因子为季度；一般排放口监测频次统一为半年，非重点排污单位监测频次统一为年。

（5）粉末涂料涂覆设施废气排气筒：污染物为颗粒物，如果涉及主要排放口，即为主要监测指标。重点排污单位主要排放口监测频次为季度，一般排放口监测频次为半年，非重点排污单位监测频次为年。

（6）水性涂料（含胶）固化成膜设施废气排气筒：污染物为挥发性有机物、特征污染物。水性漆污染相对较低，频次可适当取低值。如果涉及主要排放口，挥发性有机物为主要监测指标，其余为其他指标。考虑监测统一性，重点排污单位主要排放口监测频次为季度；一般排放口监测频次为半年，非重点排污单位监测频次为年。

（7）溶剂涂料（含胶）固化成膜设施废气排气筒：污染物为挥发性有机物、苯、甲苯、二甲苯、特征污染物。如果涉及主要排放口，挥发性有机物为主要监测指标，其余为其他指标。考虑溶剂涂料污染较大及监测成本等因素进行细化区分，重点排污单位主要排放口挥发性有机物监测频次为月，其余因子为季度；一般排放口监测频次统一为半年，非重点排污单位监测频次统一为年。

（8）粉末涂料固化成膜设施废气排气筒：污染物为挥发性有机物，如果涉及主要排放口即为主要监测指标。重点排污单位主要排放口监测频次为季度，一般排放口监测频次为半年，非重点排污单位监测频次为年。如采用化石燃料（如天然气）作为热源，工艺废气与燃烧废气混合共用排气筒排放，监测指标和监测频次同时满足混入化石燃料燃烧废气排气筒监测要求。

（9）混入化石燃料燃烧废气相关排气筒：污染物为颗粒物、二氧化硫、氮氧化物，如果涉及主要排放口即为主要监测指标。重点排污单位主要排放口监测频次为季度，一般排放口监测频次为半年，非重点排污单位监测频次为年。

（10）其他生产设施废气排气筒：如果涉及主要排放口即为主要监测指标，重点排污单位主要排放口监测频次为季度，一般排放口监测频次为半年，非重点排污单位监测频次为年。

以上（1）～（10）中挥发性有机物的监测频次适用于采用非甲烷总烃表征时的情况。表 4-4 中的监测频次适用于采用非甲烷总烃表征的情况。

通过了解目前第三方监测单位的监测能力、监测成本等信息，总挥发性有机物监测难度大，全成分分析费用高。在相应国家或行业排放标准出台前，对每家企业都要求监测总挥发性有机物及全成分分析，一是没有相应管理依据，二是监测结果无法对标判定达标性，增加企业运营成本。本标准作为指导所有含涂装工序的排污单位，从标准普适性、监测难度、排放标准、企业成本等方面考虑，适当降低了对总挥发性有机物监测频次的要求。规定：若以总挥发性有机物表征挥发性有机物，监测频次为：重点排污单位的主要排放口为半年一次，重点排污单位的一般排放口和非重点排污单位为一年一次。

根据以下原则开展总挥发性有机物监测：根据企业使用的原料、生产工艺、生产的产品或副产品，结合所执行的排放标准和有关环境管理中要求，筛选确定计入总挥发性有机物的物质；单项物质无国家污染物监测方法标准的，待国家污染物监测方法标准发布后实施。

若企业所执行的排放标准中对非甲烷总烃和总挥发性有机物均提出限值要求的，应同时满足以上监测频次要求。

对于多个污染源或生产设备共用一个排气筒的，监测点位可布设在共用排气筒上。当执行不同排放控制要求的废气合并排气筒排放时，应在废气混合前进行监测；若监测点位只能布设在混合后的排气筒上，监测指标应涵盖所对应污染源或生产设备的监测指标，最低监测频次按照严格的执行。

设区的地级以上生态环境部门纳入重点排污单位名录的含涂装工序工业排污单位，主要排放口应当按期落实国发〔2018〕22 号关于安装烟气排放自动监控设施的相关要求。

废气监测须按照相应监测分析方法、技术规范同步监测烟气参数，以满足排污许可管理及总量控制的需要。

有自备电厂、配套锅炉废气排放的，参照《排污单位自行监测技术指南　火力发电及锅炉》（HJ 820—2017）确定监测指标和监测频次等内容。

排污单位根据给出的最低监测频次，结合确定监测点次的基本原则以及实际管理需求，制定适用于本单位的监测方案，确定具体的监测频次。该监测方案一旦载入排污许可证中，就是对排污单位的强制要求，排污单位必须按照监测方案开展监测。

4.3.2　无组织废气

无组织废气监测指标是根据有组织实际排放的废气污染物，并兼顾对排污单位周围敏感点的影响而确定的。

根据第 3 章的分析，含涂装工序工业排污单位根据是否有相应生产工艺装置，其可能排放的无组织废气污染物主要有颗粒物、挥发性有机物、特征污染物。

为控制涂装车间（或工作间）无组织挥发，选取厂界为无组织监控位置，考虑船舶工业等大型工件行业工艺特点，一些工序必须露天涂装作业。涉及露天施工工艺的，涂装工段旁也应选为监控位置。

监测指标需根据有组织废气排放情况，确定具体的监测指标。监测频次按照《总则》要求，同时考虑到表面涂装为“十三五”国家重点关注的挥发性有机物排放行业，涉及露天涂装工艺的，无组织废气每季度至少开展一次监测，其他在密闭涂装车间进行的，无组织废气每半年开展一次监测。

无组织废气监测布点参照本书第 8.2 节执行。

含涂装工序工业排污单位无组织废气排放监测点位设置、监测指标及最低监测频次按表 4-5 执行。

表 4-5　无组织废气排放监测点位、监测指标及最低监测频次

监测点位	监测指标	监测频次
厂界	挥发性有机物[a]、颗粒物、特征污染物[b]	半年
涂装工段旁[c]	挥发性有机物[a]、颗粒物、特征污染物[b]	季度

注：若周边有敏感点，应适当增加监测频次。

[a] 挥发性有机物的表征物质按照所执行的排放标准确定。

本表中的监测频次适用于采用非甲烷总烃表征的情况。若以总挥发性有机物表征，监测频次为：重点排污单位为半年一次，非重点排污单位为一年一次。

根据以下原则开展总挥发性有机物监测：根据企业使用的原料、生产工艺、生产的产品或副产品，结合所执行的排放标准和有关环境管理中要求，筛选确定计入总挥发性有机物的物质；单项物质污染物监测无国家方法标准的，待污染物国家监测方法标准发布后实施。

所执行的排放标准中对非甲烷总烃和总挥发性有机物均提出限值要求的，应同时满足以上监测频次要求。

[b] 根据排污许可证、环境影响评价文件及其批复等相关环境管理规定，确定具体的特征污染物监测指标；待相关行业污染物排放标准发布后，从其规定；地方排放标准有要求的，从其规定。

[c] 适用于涂装工段无密闭空间情况，如船舶制造工业的船坞及码头工段，监测点位设置参考《大气污染物无组织排放监测技术导则》（HJ/T 55—2000）。

4.4　厂界环境噪声监测

厂界环境噪声监测点位设置应遵循《总则》的规定：根据厂内主要噪声源距

厂界位置布点；根据厂界周围敏感目标布点；“厂中厂”是否需要监测由内部和外围排污单位协商确定；面临海洋、大江、大河的厂界，原则上不布点；厂界紧邻交通干线不布点；厂界紧邻另一排污单位的，在临近另一排污单位是否布点由排污单位协商确定。

对于含涂装工序工业排污单位内的噪声源，主要考虑主要噪声源（如下料、加工、抛丸、喷砂、喷丸、打磨、机泵电机、冷却塔、空调机组、空压机、风机、冷冻机等）在厂区内的分布情况，若排污单位内还存在其他噪声源，应一并考虑，同时根据不同噪声源的强度选择对周边居民影响最大的位置开展监测。厂界环境噪声每季度至少开展一次昼夜监测。

监测的目的主要是促进排污单位做好降噪措施，降低对周边居民的影响，因此周边有敏感点的，应提高监测频次，具体的监测频次可由周边居民、排污单位、管理部门共同协商确定。

厂界噪声排放监测点位、监测指标及最低监测频次见表 4-6。

表 4-6　噪声排放监测点位、监测指标及最低监测频次

监测点位	监测指标	监测频次
厂界	等效连续 A 声级（L_{eq}）	季度

注：周边有敏感点，应适当增加监测频次；夜间生产的须监测夜间噪声。

4.5　周边环境质量影响监测

按照以下两种情况开展企业周边环境影响监测：

（1）法律法规或环境影响评价文件及其批复［仅限 2015 年 1 月 1 日（含）后取得环境影响评价批复的排污单位］有明确规定的，按要求执行。

（2）无明确要求的，若排污单位认为有必要，可对周边地表水、海水、地下水、土壤环境开展监测。对于废水直接排入地表水、海水的排污单位，可按照

《地表水环境质量监测技术规范》（HJ 91.2—2022）、《近岸海域环境监测技术规范 第八部分　直排海污染源及对近岸海域水环境影响监测》（HJ 442.8—2020）及受纳水体环境管理要求设置监测断面及点位开展监测；可按照《环境空气质量手工监测技术规范》（HJ 194—2017）、《环境空气质量监测点位布设技术规范（试行）》（HJ 664—2013）、《地下水环境监测技术规范》（HJ 164—2020）、《土壤环境监测技术规范》（HJ/T 166—2004）、《环境影响评价技术导则　土壤环境（试行）》（HJ 964—2018）中相关规定设置环境空气、地下水、土壤监测点位。

此种情况下，主要以废水监测指标与地表水、海水相关质量标准中环境监测指标的对应关系为依据，设定本标准中的地表水、海水环境质量监测指标；土壤环境监测指标参考《土壤环境质量　农用地土壤污染风险管控标准（试行）》（GB 15618—2018）、《土壤环境质量　建设用地土壤污染风险管控标准（试行）》（GB 36600—2018）设定。

周边环境质量影响监测指标及最低监测频次按表 4-7 执行。

表 4-7　周边环境质量影响监测指标及最低监测频次

环境要素	监测指标	监测频次
环境空气	挥发性有机物[a]、苯、甲苯、二甲苯、颗粒物、特征污染物[b]	半年
地表水	pH、溶解氧、化学需氧量、五日生化需氧量、氨氮、总氮、总磷、氟化物、石油类、阴离子表面活性剂（LAS）、锌、铜、铬（六价）等	季度
地下水	水位、pH、耗氧量、氨氮、氟化物、铬（六价）、铜、锌、锰、镍等	年
海水	pH、化学需氧量、五日生化需氧量、石油类、阴离子表面活性剂（LAS）、六价铬、总铬、铜、锌、镍等	半年
土壤	pH、铬、镍、铅、铜、锌、苯、甲苯等	年

注：[a]本表中暂时采用非甲烷总烃表征挥发性有机物的环境空气监测指标。相关行业污染物排放标准发布后，从其规定；地方标准有相关要求的，从其规定。

[b]根据环境影响评价文件及其批复等相关环境管理规定，确定具体污染物项目；待相关行业大气污染物排放标准发布后，从其规定；地方排放标准有要求的，从其规定。

4.6 其他要求

（1）《涂装指南》中未规定的污染物指标

含涂装工序工业排污单位所持的排污许可证中载明的其他污染物指标或其他环境管理明确要求管控的污染物指标，也应纳入自行监测范围内。另外，除《涂装指南》中所规定的典型工艺所涉及的污染物指标外，排污单位根据生产过程的原辅用料、生产工艺、中间及最终产品类型、监测结果确定实际排放，同时列入有毒有害或优先控制污染物相关名录中的污染物指标，或其他有毒污染物指标，也应纳入自行监测范围内。这些纳入自行监测范围的污染物指标，应参照《涂装指南》中表1～表5，以及《总则》确定监测点位和监测频次。

（2）监测频次的确定

《涂装指南》中的监测频次均为最低监测频次，排污单位在各指标的监测频次满足上述要求的基础上，可根据《总则》中监测频次的确定原则提高监测频次。对于多个污染源或生产设备共用一个排气筒的，监测点位可布设在共用排气筒上，监测指标应涵盖所对应的污染源或生产设备的监测指标，最低监测频次按照严格的执行。

监测频次的确定原则为：不应低于国家或地方发布的标准、规范性文件、规划、环境影响评价文件及其批复等明确规定的监测频次；主要排放口的监测频次高于非主要排放口；主要监测指标的监测频次高于其他监测指标；排向敏感地区的应适当增加监测频次；排放状况波动大的，应适当增加监测频次；历史稳定达标状况较差的需增加监测频次，达标状况良好的可以适当降低监测频次；监测成本应与排污企业自身能力相一致，尽量避免重复监测。

（3）其他要求

对于《涂装指南》中未规定的内容，如内部监测点位设置及监测要求、采样方法、监测分析方法、监测质量保证与质量控制、监测方案的描述和变更等按照《总则》执行。

4.7 自行监测方案案例

为了便于自行监测方案制定者更好地理解和应用，特别强调以下四点：

第一，本书附录 5 中列出了可供参考的完整的自行监测方案模板示例，排污单位可根据示例和本单位实际情况，进行相应的调整完善，作为本单位的监测方案使用。本章重点针对附录 5 中的监测点位、监测指标、监测频次等内容给出示例，对于共性较大的描述性内容和质量控制等相关内容，在本章中不再进行列举，但并不意味着不重要或者不需要。表中所列污染物的分析方法仅为示例，可根据现行有效方法选择。具体监测分析方法见附录 4。

第二，本书给出的排放限值仅用于示例，可能会存在与实际要求略有差异的情况，这既与各地实际管理要求有关，也与案例企业的特殊情况有关，本书对此不做深入解释和说明。

第三，本节中给出的排气筒和污水、雨水排放口数量仅为示例。企业制定监测方案时，需根据厂内实际情况和当地要求而定。原则上不应遗漏。

第四，本节中给出的监测指标不含特征污染物。挥发性有机物以非甲烷总烃表征。企业应根据原辅材料使用、所执行的排放标准等实际生产情况，确定具体的特征污染物和挥发性有机物监测指标。不产生的污染物，可不进行监测。

4.7.1 示例 1：某家具制造企业（非重点排污单位）

（1）企业基本情况

从全国范围看，目前家具行业油漆使用以聚氨酯漆、聚酯漆为主，水性漆和紫外线光固化漆使用比例较低。喷漆方式以手工喷涂为主。以某大型家具企业为例，该企业主要产品为木制家具和软体家具。厂区涂装车间以水性漆和紫外线光固化漆为主，设辊涂线、喷涂线、淋涂线，喷涂后设打磨、烘干等工序。有机废气采用“水帘或过滤棉+活性炭吸附”处理工艺，打磨和木加工含尘废气采用“工位集尘+滤筒除尘”处理工艺。全厂设有喷漆、喷漆后打磨、木加工、燃气锅炉排气筒。其中燃气锅炉已安装自动监测设备。无生产废水排放。生活污水经化粪池处理后排入市政污水处理厂。

该企业非当地重点排污单位。

（2）自行监测方案

①废水

该企业无生产废水排放，无须在车间或生产设施废水排放口监测。生活污水通过市政污水管网间接排放，生活污水排放口无须监测。仅对厂区雨水排放口设置监测方案。见表 4-8。

表 4-8　废水排放监测方案

排放口	监测指标	排放限值	监测方式	监测频次	分析方法（示例）	分析仪器
雨水排放口（DW001）	悬浮物	—[1]	手工监测	月[2]	《水质　悬浮物的测定　重量法》（GB 11901—89）	电子天平
	pH	—[1]	手工监测	月[2]	《水质　pH 值的测定　电极法》（HJ 1147—2020）	pH 计
	化学需氧量	—[1]	手工监测	月[2]	《水质　化学需氧量的测定　重铬酸盐法》（HJ 828—2017）	分析天平

注：1. 排放限值中“—”表示该项目暂无排放标准。

2. 雨水排放口有流动水排放时按月监测。若监测一年无异常情况，可放宽至每季度开展一次监测。

②废气

针对燃气锅炉、手工喷漆、喷漆后打磨、木加工工序等有组织废气排放设计的监测方案，见表 4-9。

表 4-9　有组织废气排放监测方案

<table>
<tr><th colspan="2">污染源信息</th><th rowspan="2">监测点位</th><th rowspan="2">监测指标</th><th rowspan="2">排放限值</th><th rowspan="2">监测方式</th><th rowspan="2">监测频次</th><th rowspan="2">分析方法</th><th rowspan="2">分析仪器</th></tr>
<tr><th>排放口</th><th>排放源类型</th></tr>
<tr><td rowspan="5">DA001</td><td rowspan="5">喷漆工序</td><td rowspan="5">设备对应排气筒</td><td>苯</td><td>12 mg/m^3</td><td>手工监测</td><td>年</td><td rowspan="3">《固定污染源废气　挥发性有机物的测定　固相吸附-热脱附/气相色谱-质谱法》（HJ 734—2014）</td><td rowspan="3">气相色谱仪</td></tr>
<tr><td>甲苯</td><td>40 mg/m^3</td><td>手工监测</td><td>年</td></tr>
<tr><td>二甲苯</td><td>70 mg/m^3</td><td>手工监测</td><td>年</td></tr>
<tr><td>非甲烷总烃</td><td>120 mg/m^3</td><td>手工监测</td><td>年</td><td>《固定污染源废气　挥发性有机物的采样　气袋法》（HJ 732—2014）</td><td>真空箱</td></tr>
<tr><td>颗粒物</td><td>120 mg/m^3</td><td>手工监测</td><td>年</td><td>《固定污染源排气中颗粒物测定与气态污染物采样方法》（GB/T 16157—1996）</td><td>天平</td></tr>
<tr><td>DA002</td><td>喷漆后打磨</td><td>设备对应排气筒</td><td>颗粒物</td><td>120 mg/m^3</td><td>手工监测</td><td>年</td><td>《固定污染源排气中颗粒物测定与气态污染物采样方法》（GB/T 16157—1996）</td><td>天平</td></tr>
<tr><td rowspan="4">DA003</td><td rowspan="4">燃气锅炉</td><td rowspan="4">设备对应排气筒</td><td>SO_2</td><td>50 mg/m^3</td><td>自动监测</td><td>连续</td><td rowspan="3">《固定污染源烟气（SO_2、NO_x、颗粒物）排放连续监测系统技术要求及检测方法》（HJ 76—2017）</td><td rowspan="3">烟气排放连续监测系统 CEMS</td></tr>
<tr><td>NO_x</td><td>150 mg/m^3</td><td>自动监测</td><td>连续</td></tr>
<tr><td>颗粒物</td><td>20 mg/m^3</td><td>自动监测</td><td>连续</td></tr>
<tr><td>烟气黑度</td><td>1 级</td><td>手工监测</td><td>季度</td><td>《固定污染源排放烟气黑度的测定　林格曼烟气黑度图法》（HJ/T 398—2007）</td><td>计时器、风向风速测定仪</td></tr>
</table>

注：根据企业所在地生态环境主管部门要求，该企业燃气锅炉需设置自动监测设施。

根据企业实际情况，在厂界设置无组织排放监测点位，具体见表 4-10。

表 4-10　无组织废气排放监测方案

监测点位	监测指标	排放限值	监测方式	监测频次	分析方法	分析仪器
厂界（上风向 1 个参照点，下风向 3 个监控点）	颗粒物	1.0 mg/m^3	手工监测	半年	《环境空气　总悬浮颗粒物的测定　重量法》（HJ 1263—2022）	分析天平
	苯	0.4 mg/m^3	手工监测	半年	《环境空气　苯系物的测定　固体吸附/热脱附-气相色谱法》（HJ 583—2010）	气相色谱仪
	甲苯	2.4 mg/m^3	手工监测	半年		
	二甲苯	1.2 mg/m^3	手工监测	半年		
	非甲烷总烃	4.0 mg/m^3	手工监测	半年	《环境空气　总烃、甲烷和非甲烷总烃的测定　直接进样-气相色谱法》（HJ 604—2017）	气相色谱仪

③厂界环境噪声

对工厂四周环境噪声开展监测，监测方案见表 4-11。

表 4-11　厂界噪声监测方案

监测点位	监测指标	排放限值/dB（A）	监测方式	监测频次	监测方法	分析仪器
厂界北外 1 m 处	等效连续 A 声级	60（昼）；50（夜）	手工监测	季度	《工业企业厂界环境噪声排放标准》（GB 12348—2008）	AWA5688 多功能声级计
厂界西外 1 m 处		60（昼）；50（夜）				
厂界南外 1 m 处		60（昼）；50（夜）				
厂界东外 1 m 处		60（昼）；50（夜）				

④周边环境质量影响监测

周边没有环境敏感区域，暂不开展周边环境质量影响监测。

4.7.2　示例 2：某船舶制造企业（大气环境重点排污单位）

（1）企业基本情况

以某船舶企业为例，该企业以生产大型轮船、海工钻井平台为主。厂区建设有钢材预处理生产线、涂装生产线、露天船坞。每条涂装生产线内分设喷（砂）涂（装）一体车间和喷漆车间。由于船舶使用环境限制且对外层防腐耐磨要求高，涂料以溶剂型为主，兼有部分水性涂料。抛丸、喷砂废气采用“旋风除尘+滤筒除尘”

处理工艺，喷漆、烘干有机废气采用“干式漆雾过滤+活性炭吸脱附+催化燃烧（电加热）”处理工艺。全厂设有钢材预处理抛丸除锈、喷漆烘干、喷砂排气筒。厂区设污水处理站一座，处理全厂生活污水和含油废水，污水站出水直接排入海水。

该企业为当地大气环境重点排污单位。

（2）自行监测方案

①废水

该企业生产废水不涉及转化膜处理及第一类污染物，无须在车间或生产设施排放口设置监测点位。在污水站排口（全厂总排口）设置监测方案，见表 4-12。

表 4-12　废水排放监测方案

排放口	监测指标	排放限值[1]	监测方式	监测频次	分析方法	分析仪器
废水总排放口（DW001）	流量	—	手工监测	季度	—	污水流量计
	pH	6～9	手工监测	季度	《水质　pH 值的测定　电极法》（HJ 1147—2020）	pH 计
	化学需氧量	500 mg/L	手工监测	季度	《水质　化学需氧量的测定　重铬酸盐法》（HJ 828—2017）	分析天平
	氨氮	—	手工监测	季度	《水质　氨氮的测定　纳氏试剂分光光度法》（HJ 535—2009）	可见分光光度计
	总磷	—	手工监测	季度	《水质　总磷的测定　钼酸铵分光光度法》（GB 11893—89）	分光光度计
	总氮	—	手工监测	季度	《水质　总氮的测定　碱性过硫酸钾消解紫外分光光度法》（HJ 636—2012）	紫外光度计
	悬浮物	400 mg/L	手工监测	季度	《水质　悬浮物的测定　重量法》（GB 11901—89）	电子天平
雨水排放口（DW002）	悬浮物	—	手工监测	月[2]	《水质　悬浮物的测定　重量法》（GB 11901—89）	电子天平
	pH	—	手工监测	月[2]	《水质　pH 值的测定　电极法》（HJ 1147—2020）	pH 计
	化学需氧量	—	手工监测	月[2]	《水质　化学需氧量的测定　重铬酸盐法》（HJ 828—2017）	分析天平

注：1. 排放限值中“—”表示该项目暂无排放标准。

2. 雨水排放口有流动水排放时按月监测。若监测一年无异常情况，可放宽至每季度开展一次监测。

②废气

针对钢板预处理车间抛丸除锈、喷漆烘干（合并排放）、喷砂工序废气有组织废气的监测方案见表4-13。

表4-13　有组织废气排放监测方案

污染源信息		监测点位	监测指标	排放限值	监测方式	监测频次	分析方法	分析仪器
排放口	排放源类型							
DA001	钢板预处理车间抛丸除锈	设备对应排气筒	颗粒物	120 mg/m^3	手工监测	半年	《固定污染源废气　低浓度颗粒物的测定　重量法》（HJ 836—2017）	智能烟尘平行采样仪
DA002	1#喷漆车间喷漆+烘干（溶剂型油漆）（主要排放口）	设备对应排气筒	苯	12 mg/m^3	手工监测	季度	《固定污染源废气　苯系物的测定　气袋采样/直接进样-气相色谱法》（HJ 1261—2022）	气相色谱仪
			甲苯	40 mg/m^3	手工监测	季度		
			二甲苯	70 mg/m^3	手工监测	季度		
			非甲烷总烃	120 mg/m^3	自动监测	连续	《固定污染源废气非甲烷总烃连续监测系统技术要求及检测方法》（HJ 1013—2018）	非甲烷总烃连续监测系统NMHC-CEMS
			颗粒物	120 mg/m^3	手工监测	季度	《固定污染源废气　低浓度颗粒物的测定　重量法》（HJ 836—2017）	智能烟尘平行采样仪
DA003	2#喷漆车间喷漆+烘干（水性油漆）	设备对应排气筒	非甲烷总烃	120 mg/m^3	手工监测	半年	《固定污染源废气　挥发性有机物的采样　气袋法》（HJ 732—2014）	真空箱
			颗粒物	120 mg/m^3	手工监测	半年	《固定污染源废气　低浓度颗粒物的测定　重量法》（HJ 836—2017）	智能烟尘平行采样仪
DA004	喷砂	设备对应排气筒	颗粒物	120 mg/m^3	手工监测	半年	《固定污染源废气　低浓度颗粒物的测定　重量法》（HJ 836—2017）	智能烟尘平行采样仪

根据《排污许可证申请与核发技术规范　铁路、船舶、航空航天和其他运输设备制造业》（HJ 1124—2020），溶剂型油漆的喷漆、烘干排气筒为主要排放口，

应安装挥发性有机物自动监测设备。其余为废气一般排放口。

船舶制造过程中，完成预舾装的分段进入船坞进行合拢，完成室外涂装，因此在设置无组织废气排放监测点位时，除厂界外，还需在露天涂装工段（船坞）旁进行监测。

无组织废气监测方案见表 4-14。

表 4-14 无组织废气排放监测方案

监测点位	监测指标	排放限值	监测方式	监测频次	分析方法	分析仪器
厂界（上风向 1 个参照点，下风向 3 个监控点）	颗粒物	1.0 mg/m^3	手工监测	半年	《环境空气 总悬浮颗粒物的测定 重量法》（HJ 1263—2022）	分析天平
	苯	0.4 mg/m^3	手工监测	半年	《环境空气 苯系物的测定 固体吸附/热脱附-气相色谱法》（HJ 583—2010）	气相色谱仪
	甲苯	2.4 mg/m^3	手工监测	半年		
	二甲苯	1.2 mg/m^3	手工监测	半年		
	非甲烷总烃	4.0 mg/m^3	手工监测	半年	《环境空气 总烃、甲烷和非甲烷总烃的测定 直接进样-气相色谱法》（HJ 604—2017）	气相色谱仪
船坞旁（上风向 1 个参照点，下风向 3 个监控点）	颗粒物	1.0 mg/m^3	手工监测	季度	《环境空气 总悬浮颗粒物的测定 重量法》（HJ 1263—2022）	分析天平
	苯	0.4 mg/m^3	手工监测	季度	《环境空气 苯系物的测定 固体吸附/热脱附-气相色谱法》（HJ 583—2010）	气相色谱仪
	甲苯	2.4 mg/m^3	手工监测	季度		
	二甲苯	1.2 mg/m^3	手工监测	季度		
	非甲烷总烃	4.0 mg/m^3	手工监测	季度	《环境空气 总烃、甲烷和非甲烷总烃的测定 直接进样-气相色谱法》（HJ 604—2017）	气相色谱仪

③厂界环境噪声

厂界环境噪声监测方案见表 4-15。

表 4-15 厂界环境噪声监测方案

监测点位	监测指标	排放限值/dB（A）	监测方式	监测频次	监测方法	分析仪器
厂界外 1 m 处	等效连续 A 声级	55（夜）；65（昼）	手工监测	季度	《工业企业厂界环境噪声排放标准》（GB 12348—2008）	AWA5688 多功能声级计

④周边环境质量影响

在排入的海水断面设置监测点位，对近海海水水质开展监测，见表 4-16。

表 4-16　周边环境监测方案

监测点位	监测指标	监测方式	监测频次	监测方法
污水入××海下游 0.5～2 km 临岸监测点位	pH	手工监测	半年	《海洋监测规范　第 4 部分：海水分析》（GB 17378.4—2007）（26）
	化学需氧量			《海洋监测规范　第 4 部分：海水分析》（GB 17378.4—2007）（32）
	五日生化需氧量			《海洋监测规范　第 4 部分：海水分析》（GB 17378.4—2007）（33.1）
	石油类			《海洋监测规范　第 4 部分：海水分析》（GB 17378.4—2007）（13.2）
	阴离子表面活性剂			《海洋监测规范　第 4 部分：海水分析》（GB 17378.4—2007）（23）
	锌			《海洋监测技术规程　第 1 部分：海水》（HY/T 147.1—2013）（5）
	铜			
	镍			
	总铬			《海洋监测规范　第 4 部分：海水分析》（GB 17378.4—2007）（10.1）
	六价铬			《海洋监测技术规程　第 1 部分：海水》（HY/T 147.1—2013）（6）

4.7.3　示例 3：某汽车制造企业（大气、水环境重点排污单位）

（1）企业基本情况

从全国范围来看，目前汽车行业涂装车间电泳底漆多为水性漆，中涂漆、面漆以水性漆和溶剂漆为主，罩光清漆多为溶剂漆。以某汽车厂为例，该企业主要产品为汽车整车。厂区建设有冲压车间、焊接车间、涂装车间、总装车间。其中涂装车间有电泳、涂胶、喷漆（中涂、色漆、罩光漆）、打磨、烘干、补漆等工序。喷漆废气采用“石灰石粉吸附+沸石转轮吸附浓缩+脱附废气 RTO 焚烧”处理工艺。污水站设单独的磷化含镍废水处理设施和全厂综合废水处理设施。根据当地生态环境部门要求，含第一类污染物镍的废水排放口设总镍在线监测，并与当地生态环境部门联网。全厂废水经污水站处理后排入市政污水处理厂。厂区燃气锅炉房已安装自动监测设施。涂装车间工艺加热炉燃料为天然气。

该企业为当地大气、水环境重点排污单位。

根据《排污许可申请与核发技术规范　汽车制造业》（HJ 971—2018），汽车整车制造排污单位喷涂、烘干废气排放口为主要排放口；转化膜处理生产设施废水排放口、厂区综合废水处理设施排放口为主要排放口。

（2）自行监测方案

①废水

该企业有转化膜处理工序，且产生第一类污染物镍，需要在车间或生产设施废水排放口监测，见表 4-17。

表 4-17　废水排放监测方案

排放口	监测指标	排放限值	监测方式	监测频次	分析方法	分析仪器
转化膜处理设施排口（DW001）	流量[1]	—	手工监测	月	—	污水流量计
	总铬	1.5 mg/L	手工监测	月	《水质　总铬的测定》（GB/T 7466—87）	分光光度计
	六价铬	0.5 mg/L	手工监测	月	《水质　六价铬的测定　流动注射-二苯碳酰二肼光度法》（HJ 908—2017）	流动注射仪
	总镍	1.0 mg/L	自动监测	连续	《水质　镍的测定　火焰原子吸收分光光度法》（GB 11912—89）	镍水质自动在线监测仪
废水总排放口（DW002）	流量[1]	—	自动监测	连续	—	污水流量计
	pH	6～9	自动监测	连续	《水质　pH 值的测定　电极法》（HJ 1147—2020）	pH 水质自动分析仪
	化学需氧量	500 mg/L	自动监测	连续	《水质　化学需氧量的测定　重铬酸盐法》（HJ 828—2017）	化学需氧量（COD_{Cr}）在线自动监测仪
	氨氮	—	自动监测	连续	《水质　氨氮的测定　纳氏试剂分光光度法》（HJ 535—2009）	氨氮水质自动分析仪

<table>
<tr><th>排放口</th><th>监测指标</th><th>排放限值</th><th>监测方式</th><th>监测频次</th><th>分析方法</th><th>分析仪器</th></tr>
<tr><td rowspan="8">废水总排放口（DW002）</td><td>总磷</td><td>—</td><td>自动监测</td><td>连续</td><td>《水质　总磷的测定　钼酸铵分光光度法》（GB 11893—89）</td><td>总磷水质自动分析仪</td></tr>
<tr><td>总氮</td><td>—</td><td>手工监测</td><td>季度</td><td>《水质　总氮的测定　碱性过硫酸钾消解紫外分光光度法》（HJ 636—2012）</td><td>紫外光度计</td></tr>
<tr><td>悬浮物</td><td>400 mg/L</td><td>手工监测</td><td>季度</td><td>《水质　悬浮物的测定　重量法》（GB 11901—89）</td><td>电子天平</td></tr>
<tr><td>石油类</td><td>20 mg/L</td><td>手工监测</td><td>季度</td><td>《水质　石油类的测定　紫外分光光度法（试行）》（HJ 970—2018）</td><td>紫外分光光度法</td></tr>
<tr><td>阴离子表面活性剂</td><td>20 mg/L</td><td>手工监测</td><td>季度</td><td>《水质　阴离子表面活性剂的测定　流动注射-亚甲基蓝分光光度法》（HJ 826—2017）</td><td>流动注射仪</td></tr>
<tr><td>总锌</td><td>5 mg/L</td><td>手工监测</td><td>季度</td><td rowspan="3">《水质　32 种元素的测定　电感耦合等离子体发射光谱法》（HJ 776—2015）</td><td rowspan="3">电感耦合等离子体发射光谱仪</td></tr>
<tr><td>总锰</td><td>5 mg/L</td><td>手工监测</td><td>季度</td></tr>
<tr><td>总铜</td><td>2 mg/L</td><td>手工监测</td><td>季度</td></tr>
<tr><td rowspan="3">雨水排放口（DW003）</td><td>悬浮物</td><td>—</td><td>手工监测</td><td>月[2]</td><td>《水质　悬浮物的测定　重量法》（GB 11901—89）</td><td>电子天平</td></tr>
<tr><td>pH</td><td>—</td><td>手工监测</td><td>月[2]</td><td>《水质　pH 值的测定　电极法》（HJ 1147—2020）</td><td>pH 计</td></tr>
<tr><td>化学需氧量</td><td>—</td><td>手工监测</td><td>月[2]</td><td>《水质　化学需氧量的测定　重铬酸盐法》（HJ 828—2017）</td><td>分析天平</td></tr>
</table>

注：1. 排放限值中“—”表示该项目暂无排放标准。

2. 雨水排放口有流动水排放时按月监测。若监测一年无异常情况，可放宽至每季度开展一次监测。

3. 根据企业所在地生态环境部门要求，该企业转化膜处理设施排放口总镍需设置自动监测设施。

②废气

仅针对涂装车间电泳、涂胶、喷漆（水性漆和溶剂型油漆共用 1 根排气筒）、烘干（含电泳烘干、胶烘干、油漆烘干）、补漆、烘干加热装置天然气燃烧废气排气筒，设计的监测方案见表 4-18。无组织废气排放监测方案见表 4-19。

表 4-18　有组织废气排放监测方案

<table>
<tr><th colspan="2">污染源信息</th><th rowspan="2">监测点位</th><th rowspan="2">监测指标</th><th rowspan="2">排放限值</th><th rowspan="2">监测方式</th><th rowspan="2">监测频次</th><th rowspan="2">分析方法</th><th rowspan="2">分析仪器</th></tr>
<tr><th>排放口</th><th>排放源类型</th></tr>
<tr><td>DA001</td><td>电泳</td><td>设备对应排气筒</td><td>非甲烷总烃</td><td>120 mg/m³</td><td>手工监测</td><td>半年</td><td>《固定污染源废气　挥发性有机物的采样　气袋法》（HJ 732—2014）</td><td>真空箱</td></tr>
<tr><td>DA002</td><td>涂胶</td><td>设备对应排气筒</td><td>非甲烷总烃</td><td>120 mg/m³</td><td>手工监测</td><td>半年</td><td>《固定污染源废气　挥发性有机物的采样　气袋法》（HJ 732—2014）</td><td>真空箱</td></tr>
<tr><td rowspan="5">DA003</td><td rowspan="5">喷漆（溶剂型油漆和水性漆共用）（主要排放口）</td><td rowspan="5">设备对应排气筒</td><td>苯</td><td>12 mg/m³</td><td>手工监测</td><td>季度</td><td rowspan="3">《固定污染源废气　苯系物的测定　气袋采样/直接进样-气相色谱法》（HJ 1261—2022）</td><td rowspan="3">气相色谱仪</td></tr>
<tr><td>甲苯</td><td>40 mg/m³</td><td>手工监测</td><td>季度</td></tr>
<tr><td>二甲苯</td><td>70 mg/m³</td><td>手工监测</td><td>季度</td></tr>
<tr><td>非甲烷总烃</td><td>120 mg/m³</td><td>手工监测</td><td>月</td><td>《固定污染源废气　挥发性有机物的采样　气袋法》（HJ 732—2014）</td><td>真空箱</td></tr>
<tr><td>颗粒物</td><td>120 mg/m³</td><td>手工监测</td><td>季度</td><td>《固定污染源废气　低浓度颗粒物的测定　重量法》（HJ 836—2017）</td><td>智能烟尘平行采样仪</td></tr>
<tr><td rowspan="7">DA004</td><td rowspan="7">烘干（含电泳烘干、胶烘干、油漆烘干）（主要排放口）</td><td rowspan="7">设备对应排气筒</td><td>苯</td><td>12 mg/m³</td><td>手工监测</td><td>季度</td><td rowspan="3">《固定污染源废气　苯系物的测定　气袋采样/直接进样-气相色谱法》（HJ 1261—2022）</td><td rowspan="3">气相色谱仪</td></tr>
<tr><td>甲苯</td><td>40 mg/m³</td><td>手工监测</td><td>季度</td></tr>
<tr><td>二甲苯</td><td>70 mg/m³</td><td>手工监测</td><td>季度</td></tr>
<tr><td>非甲烷总烃</td><td>120 mg/m³</td><td>手工监测</td><td>月</td><td>《固定污染源废气　挥发性有机物的采样　气袋法》（HJ 732—2014）</td><td>真空箱</td></tr>
<tr><td>颗粒物</td><td>120 mg/m³</td><td>手工监测</td><td>季度</td><td>《固定污染源废气　低浓度颗粒物的测定　重量法》（HJ 836—2017）</td><td>智能烟尘平行采样仪</td></tr>
<tr><td>二氧化硫</td><td>550 mg/m³</td><td>手工监测</td><td>季度</td><td>《固定污染源废气　二氧化硫的测定　非分散红外吸收法》（HJ 629—2011）</td><td>非分散红外法二氧化硫气体分析仪</td></tr>
<tr><td>氮氧化物</td><td>240 mg/m³</td><td>手工监测</td><td>季度</td><td>《固定污染源废气　氮氧化物的测定　非分散红外吸收法》（HJ 692—2014）</td><td>非分散红外法氮氧化物测定仪</td></tr>
</table>

污染源信息		监测点位	监测指标	排放限值	监测方式	监测频次	分析方法	分析仪器
排放口	排放源类型							
DA005	补漆	设备对应排气筒	非甲烷总烃	120 mg/m³	手工监测	半年	《固定污染源废气 挥发性有机物的采样 气袋法》（HJ 732—2014）	真空箱
DA006	烘干加热装置	设备对应排气筒	颗粒物	30 mg/m³	手工监测	半年	《固定污染源废气 低浓度颗粒物的测定 重量法》（HJ 836—2017）	智能烟尘平行采样仪
			二氧化硫	200 mg/m³	手工监测	半年	《固定污染源废气 二氧化硫的测定 非分散红外吸收法》（HJ 629—2011）	非分散红外法二氧化硫气体分析仪
			氮氧化物	300 mg/m³	手工监测	半年	《固定污染源废气 氮氧化物的测定 非分散红外吸收法》（HJ 692—2014）	非分散红外法氮氧化物测定仪

表 4-19 无组织废气排放监测方案

监测点位	监测指标	排放限值	监测方式	监测频次	分析方法	分析仪器
厂界（上风向 1 个参照点，下风向 3 个监控点）	颗粒物	1.0 mg/m³	手工监测	半年	《环境空气 总悬浮颗粒物的测定 重量法》（HJ 1263—2022）	分析天平
	苯	0.4 mg/m³	手工监测	半年	《环境空气 苯系物的测定 固体吸附/热脱附-气相色谱法》（HJ 583—2010）	气相色谱仪
	甲苯	2.4 mg/m³	手工监测	半年		
	二甲苯	1.2 mg/m³	手工监测	半年		
	非甲烷总烃	4.0 mg/m³	手工监测	半年	《环境空气 总烃、甲烷和非甲烷总烃的测定 直接进样-气相色谱法》（HJ 604—2017）	气相色谱仪

③厂界环境噪声

厂界环境噪声监测方案见表 4-20。

表 4-20 厂界环境噪声监测方案

监测点位	监测指标	排放限值/dB（A）	监测方式	监测频次	监测方法	分析仪器
厂界外 1 m 处	等效连续 A 声级	55（夜）；65（昼）	手工监测	季度	《工业企业厂界环境噪声排放标准》（GB 12348—2008）	AWA5688 多功能声级计

④周边环境质量影响监测

周边没有环境敏感区域，暂不开展周边环境质量影响监测。

4.7.4　示例 4：某专用设备制造企业（非重点排污单位）

（1）企业基本情况

某专用设备制造企业主要生产各类专用设备（机械式停车设备、智能物流设备、智能化立体仓库、智能化分拣设备及汽车涂装专用装备等各类专用装备）。厂区喷漆车间设抛丸、喷粉线、热固线、喷漆线、涂油等工序。喷漆烘干有机废气采用“TNV 直接燃烧装置”处理工艺，粉末固化有机废气采用“水喷淋+油烟净化器+活性炭吸附”处理工艺。全厂设有抛丸、喷漆、烘干、喷粉、粉末固化、粉末固化加热炉、焊接切割排气筒。粉末固化炉采用天然气为热源，由 2 台燃气加热炉提供。无生产废水排放。生活污水经化粪池处理后排入市政污水处理厂。

该企业非当地重点排污单位。

（2）自行监测方案

①废水

该企业无生产废水排放，无须在车间或生产设施废水排放口监测。生活污水通过市政污水管网间接排放，生活污水排放口无须监测，仅需在厂区雨水排放口设置监测方案，见表 4-21。

表 4-21　废水排放监测方案

排放口	监测指标	排放限值[1]	监测方式	监测频次	分析方法（示例）	分析仪器
雨水排放口（DW001）	悬浮物	—	手工监测	月[2]	《水质　悬浮物的测定　重量法》（GB 11901—89）	电子天平
	pH	—	手工监测	月[2]	《水质　pH 值的测定　电极法》（HJ 1147—2020）	pH 计
	化学需氧量	—	手工监测	月[2]	《水质　化学需氧量的测定　重铬酸盐法》（HJ 828—2017）	分析天平

注：1. 排放限值中“—”表示该项目暂无排放标准。

2. 雨水排放口有流动水排放时按月监测。若监测一年无异常情况，可放宽至每季度开展一次监测。

②废气

针对抛丸、喷漆、烘干、喷粉、粉末固化工序等有组织废气设计的监测方案，见表 4-22。

表 4-22　有组织废气排放监测方案

污染源信息		监测点位	监测指标	排放限值	监测方式	监测频次	分析方法	分析仪器
排放口	排放源类型							
DA001	抛丸废气	设备对应排气筒	颗粒物	120 mg/m^3	手工监测	年	《固定污染源废气　低浓度颗粒物的测定　重量法》（HJ 836—2017）	智能烟尘平行采样仪
DA002	喷漆废气	设备对应排气筒	颗粒物	120 mg/m^3	手工监测	年	《固定污染源废气　低浓度颗粒物的测定　重量法》（HJ 836—2017）	智能烟尘平行采样仪
			非甲烷总烃	50 mg/m^3	自动监测	连续	《固定污染源废气　非甲烷总烃连续监测系统技术要求及检测方法》（HJ 1013—2018）	非甲烷总烃连续监测系统 NMHC-CEMS
DA003	烘干废气	设备对应排气筒	SO_2	550 mg/m^3	手工监测	年	《固定污染源废气　二氧化硫的测定　非分散红外吸收法》（HJ 629—2011）	非分散红外法二氧化硫气体分析仪
			NO_x	240 mg/m^3	手工监测	年	《固定污染源废气　氮氧化物的测定　非分散红外吸收法》（HJ 692—2014）	非分散红外法氮氧化物测定仪
			颗粒物	120 mg/m^3	手工监测	年	《固定污染源废气　低浓度颗粒物的测定　重量法》（HJ 836—2017）	智能烟尘平行采样仪
			非甲烷总烃	50 mg/m^3	手工监测	年	《环境空气　总烃、甲烷和非甲烷总烃的测定　直接进样-气相色谱法》（HJ 604—2017）	气相色谱仪
DA004	喷粉废气	设备对应排气筒	颗粒物	120 mg/m^3	手工监测	年	《固定污染源废气　低浓度颗粒物的测定　重量法》（HJ 836—2017）	智能烟尘平行采样仪

污染源信息		监测点位	监测指标	排放限值	监测方式	监测频次	分析方法	分析仪器
排放口	排放源类型							
DA005	粉末固化废气	设备对应排气筒	非甲烷总烃	50 mg/m^3	手工监测	年	《环境空气　总烃、甲烷和非甲烷总烃的测定　直接进样-气相色谱法》（HJ 604—2017）	气相色谱仪
DA006 DA007	粉末固化加热炉废气1、2	设备对应排气筒	SO_2	200 mg/m^3	手工监测	年	《固定污染源废气　二氧化硫的测定　非分散红外吸收法》（HJ 629—2011）	非分散红外法二氧化硫气体分析仪
			NO_x	300 mg/m^3	手工监测	年	《固定污染源废气　氮氧化物的测定　非分散红外吸收法》（HJ 692—2014）	非分散红外法氮氧化物测定仪
			颗粒物	30 mg/m^3	手工监测	年	《固定污染源废气　低浓度颗粒物的测定　重量法》（HJ 836—2017）	智能烟尘平行采样仪

注：根据企业所在地生态环境部门要求，该企业喷漆废气排气筒需设置非甲烷总烃自动监测设施。

根据企业实际情况，在厂界设置无组织废气排放监测点位，具体见表4-23。

表4-23　无组织废气排放监测方案

监测点位	监测指标	排放限值	监测方式	监测频次	分析方法	分析仪器
厂界（上风向1个参照点，下风向3个监控点）	颗粒物	1.0 mg/m^3	手工监测	半年	《环境空气　总悬浮颗粒物的测定　重量法》（HJ 1263—2022）	分析天平
	非甲烷总烃	2.0 mg/m^3	手工监测	半年	《环境空气　总烃、甲烷和非甲烷总烃的测定　直接进样-气相色谱法》（HJ 604—2017）	气相色谱仪

③厂界环境噪声

对工厂四周环境噪声开展监测，监测方案见表4-24。

表 4-24　厂界噪声监测方案

监测点位	监测指标	排放限值/dB（A）	监测方式	监测频次	监测方法	分析仪器
厂界四周外 1 m 处	等效连续 A 声级	65（昼）；55（夜）	手工监测	季度	《工业企业厂界环境噪声排放标准》（GB 12348—2008）	AWA5688 多功能声级计

④周边环境质量影响监测

周边没有环境敏感区域，暂不开展周边环境质量影响监测。

第5章　监测设施设置与维护要求

监测设施是监测活动开展的重要基础，监测设施的规范性直接影响监测数据质量。我国涉及的监测设施设置与维护要求的标准规范有很多，但相对零散，且存在衔接不够紧密的地方。本章立足现有的标准规范，结合污染源监测实际开展情况，对监测设施设置与维护要求进行全面梳理和总结，供开展污染源监测的相关人员参考。

5.1　基本原则和依据

5.1.1　基本原则

排污单位应当依据国家污染源监测相关标准规范、污染物排放标准、自行监测相关技术指南和其他相关规定等进行监测点位的确定和排污口规范化设置；地方颁布执行的污染源监测标准规范、污染物排放标准等对监测点位的确定和排污口规范化设置有要求时，可按照地方规范、标准从严执行。

5.1.2　相关依据

排污单位的排污口主要包括废水排放口和废气排放口。

目前，国家有关废水监测点位确定及排污口规范化设置的标准规范主要包括

《污水监测技术规范》（HJ 91.1—2019）、《水污染物排放总量监测技术规范》（HJ/T 92—2002）、《固定污染源监测质量保证与质量控制技术规范（试行）》（HJ/T 373—2007）、《水污染源在线监测系统（COD_{Cr}、NH_3-N 等）安装技术规范》（HJ 353—2019）等。

废气监测点位确定及规范化设置的标准规范主要包括《固定污染源排气中颗粒物测定与气态污染物采样方法》（GB/T 16157—1996）、《固定源废气监测技术规范》（HJ/T 397—2007）、《固定污染源监测质量保证与质量控制技术规范（试行）》（HJ/T 373—2007）、《固定污染源烟气（SO_2、NO_x、颗粒物）排放连续监测技术规范》（HJ 75—2017）、《固定污染源烟气（SO_2、NO_x、颗粒物）排放连续监测系统技术要求及检测方法》（HJ 76—2017）等。

对于各类污染物排放口监测点位标志牌的规范化设置，主要依据国家环境保护总局发布的《排放口标志牌技术规格》（环办〔2003〕95 号），以及《环境保护图形标志　排放口（源）》（GB 15562.1—1995）等执行。

此外，原国家环境保护局发布的《排污口规范化整治技术要求（试行）》（环监〔1996〕470 号）对排污口规范化整治技术提出了总体要求，部分省、自治区、直辖市、地级市也对其辖区排污口的规范化管理发布了技术规定和标准；各行业污染物排放标准以及各重点行业的排污单位自行监测的相关技术指南则对废水、废气排放口监测点位进行了进一步明确。

5.2　废水监测点位的确定及排污口规范化设置

5.2.1　废水排放口的类型及监测点位确定

排污单位的废水排放口一般包括废水总排口、车间废水排放口、雨水排放口、生活污水单独排放口等。

废水总排口对应的治理设施排放的废水一般应包括排污单位的生产废水、生活污水、初期雨水、事故废水等，开展自行监测的排污单位均须在废水总排放口设置监测点位。

对于排放第一类污染物的排污单位，即排放环境中难以降解或能在动植物体内蓄积，对人体健康和生态环境产生长远不良影响，具有致癌、致畸、致突变污染物的排污单位，必须在车间废水排放口设置监测点位，对第一类污染物进行监测。

考虑排污单位生产过程中，可能会有部分污染物通过雨水排放系统排入外环境，因此排污单位还应在雨水排放口设置监测点位，并在雨水排放口有雨水排放时开展监测。

部分排污单位的生产废水和生活污水分别设置了排放口，对于此类排污单位，除在生产废水排放口设置监测点位外，还应在生活污水排放口设置监测点位。

此外，排污单位还应根据各行业自行监测技术指南的相关要求，设置监测点位。

5.2.2　废水排放口的规范化设置

废水排放口的设置，应满足以下要求：

（1）排放口应按照《环境保护图形标志　排放口（源）》（GB 15562.1—1995）的要求设置明显标志，废水排放口可以是矩形、圆管形或梯形，一般使用混凝土、钢板或钢管等原料。

（2）排放口应满足现场采样和流量测定要求，用暗管或暗渠排污的，应设置一段能满足采样条件和流量测量的明渠。测流段水流应平直、稳定、集中，无下游水流顶托影响，上游顺直长度应大于 5 倍测流段最大水面宽度，同时测流段水深应大于 0.1 m 且不超过 1 m。

（3）废水排放口应能够方便安装三角堰、矩形堰、测流槽等测流装置或其他计量装置。有废水自动监测设施的排放口，还应满足安装污水水量自动计量装置（如超声波明渠流量计、管道式电磁流量计等）、采样取水系统、水质自动采样器等设备、设施的要求。

（4）排污单位应单独设置各类废水排放口，避免多家不同排污单位共用一个废水排放口。

5.2.3 采样点及监测平台的规范化设置

各类废水排放口的实际采样位置即采样点，一般应设在厂界内或厂界外不超过 10 m 范围内。压力管道式排放口应安装取样阀门；废水直接从暗渠排入市政管道的，应在企业界内或排入市政管道前设置取样口。有条件的排污单位应尽量设置一段能满足采样条件的明渠，以方便采样。

污水面在地面以下超过 1 m 的排放口，应配建取样台阶或梯架。监测平台面积应不小于 1 m^2，平台应设置不低于 1.2 m 的防护栏、高度不低于 10 cm 的脚部挡板。监测平台、梯架通道及防护栏的相关设计载荷及制造安装应符合《固定式钢梯及平台安全要求　第 3 部分：工业防护栏杆及钢平台》（GB 4053.3—2009）的要求。

应保证污水监测点位场所通风、照明正常，还应在有毒有害气体的监测场所设置强制通风系统，并安装相应的气体浓度报警装置。

5.2.4 废水自动监测设施的规范化设置

5.2.4.1 监测站房

废水自动监测站房的设置，应满足以下要求：

（1）应建有专用监测站房，新建监测站房面积应满足不同监控站房的功能需要，并保证水污染源在线监测系统的摆放、运转和维护，使用面积应不小于 15 m^2，站房高度应不低于 2.8 m。

（2）监测站房应尽量靠近采样点，与采样点的距离应小于 50 m。

（3）监测站房应安装空调和冬季采暖设备，空调具有来电自启动功能，具备温湿度计，保证室内清洁，环境温度、相对湿度和大气压等应符合《工业过程测量和控制装置　工作条件　第一部分：气候条件》（GB/T 17214.1—1998）的要求。

（4）监测站房内应配置安全合格的配电设备，能提供足够的电力负荷，功率≥5 kW，站房内应配置稳压电源。

（5）监测站房内应有合格的给排水设施，使用符合实验要求的用水清洗仪器及有关装置。

（6）监测站房应有完善规范的接地装置和避雷措施、防盗和防止人为破坏的设施，接地装置安装工程的施工应满足《电气装置安装工程　接地装置施工及验收规范》（GB 50169—2016）的相关要求，建筑物防雷设计应满足《建筑物防雷设计规范》（GB 50057—2010）的相关要求。

（7）监测站房内应配备灭火器箱、手提式二氧化碳灭火器、干粉灭火器或沙桶等，并按消防相关要求布置。

（8）监测站房不应位于通信盲区，应能够实现数据传输。

（9）监测站房的设置应避免对企业安全生产和环境造成影响。

（10）监测站房内、采样口等区域应安装视频监控设施。

5.2.4.2　水质自动采样单元的设置

废水自动监测设备的水质自动采样单元设置，应满足以下要求：

（1）水质自动采样单元具有采集瞬时水样及混合水样，混匀及暂存水样、自动润洗及排空混匀桶，以及留样功能。

（2）pH 水质自动分析仪和温湿度计应原位测量或测量瞬时水样。

（3）COD_{Cr}、TOC、NH_3-N、TP、TN 水质自动分析仪应测量混合水样。

（4）水质自动采样单元的构造应保证将水样不变质地输送到各水质分析仪，应有必要的防冻和防腐设施。

（5）水质自动采样单元应设置混合水样的人工比对采样口。

（6）水质自动采样单元的管路宜设置为明管，并标注水流方向。

（7）水质自动采样单元的管材应采用优质的聚氯乙烯（PVC）、三丙聚丙烯（PPR）等不影响分析结果的硬管。

（8）采用明渠流量计测量流量时，水质自动采样单元的采水口应设置在堰槽前方，合流后充分混合的场所，并尽量设在流量监测单元标准化计量堰（槽）取水口头部的流路中央，采水口朝向与水流的方向一致，减少采水口前端的堵塞。采水装置宜设置成可随水面的涨落而上下移动的形式。

（9）采样泵应根据采样流量、水质自动采样单元的水头损失及水位差合理选择。应使用寿命长、易维护，并且对水质参数没有影响的采样泵，安装位置应便于采样泵的维护。

5.2.4.3 水污染源在线监测仪器安装要求

水污染源在线监测仪器的安装，应满足以下要求：

（1）水污染源在线监测仪器的各种电缆和管路应加保护管，保护管应在地下铺设或空中架设，空中架设的电缆应附着在牢固的桥架上，并在电缆、管路以及电缆和管路的两端设立明显标识。电缆线路的施工应满足《电气装置安装工程 电缆线路施工及验收标准》（GB 50168—2018）的相关要求。

（2）各仪器应落地或壁挂式安装，有必要的防振措施，保证设备安装牢固稳定。在仪器周围应留有足够空间，方便仪器维护。其他要求参照仪器相应说明书相关内容，应满足《自动化仪表工程施工及质量验收规范》（GB 50093—2013）的相关要求。

（3）必要时（如南方的雷电多发区），仪器和电源也应设置防雷设施。

5.2.4.4 流量计的安装要求

流量计的安装，应满足以下要求：

（1）采用明渠流量计测定流量，应按照《明渠堰槽流量计试行检定规程》（JJG 711—1990）、《城市排水流量堰槽测量标准 三角形薄壁堰》（CJ/T 3008.1—1993）、《城市排水流量堰槽测量标准 矩形薄壁堰》（CJ/T 3008.2—1993）、《城市排水流量堰槽测量标准 巴歇尔量水槽》（CJ/T 3008.3—1993）等技术要求修建或安装标准化计量堰（槽），并通过计量部门检定。主要流量堰槽的安装规范见《水污染源在线监测系统（COD_{Cr}、NH_3-N 等）安装技术规范》（HJ 353—2019）附录 D。

（2）应根据测量流量范围选择合适的标准化计量堰（槽），根据计量堰（槽）的类型确定明渠流量计的安装点位，具体要求如表 5-1 所示。

表 5-1　明渠流量计的安装点位

序号	堰槽类型	测量流量范围/（m^3/s）	流量计安装位置
1	巴歇尔槽	0.1×10^{-3}～93	应位于堰槽入口段（收缩段）1/3 处
2	三角形薄壁堰	0.2×10^{-3}～1.8	应位于堰板上游 3～4 倍最大液位处
3	矩形薄壁堰	1.4×10^{-3}～49	应位于堰板上游 3～4 倍最大液位处

（3）采用管道电磁流量计测定流量，应按照《环境保护产品技术要求　电磁管道流量计》（HJ/T 367—2007）等进行选型、设计和安装，并通过计量部门检定。

（4）电磁流量计在垂直管道上安装时，被测流体的流向应自下而上，在水平管道上安装时，两个测量电极不应在管道的正上方和正下方位置。流量计上游直管段长度和安装支撑方式应符合设计文件要求。管道设计应保证流量计测量部分管道水流时刻满管。

（5）流量计应安装牢固稳定，有必要的防振措施。仪器周围应留有足够空间，方便仪器维护与比对。

5.3　废气监测点位的确定及规范化设置

5.3.1　废气排放口类型及监测点位的确定

排污单位的废气排放口一般包括生产设施工艺废气排放口、自备火力发电机组（厂）或配套动力锅炉废气排放口、污染处理设施排放口（如污水处理设施废气排放口）等。

排气筒（烟道）是目前排污单位废气有组织排放的主要方式，因此，有组织废气的监测点位通常设置在排气筒（烟道）的横截断面（监测断面）上，并通过监测断面上的监测孔完成废气污染物的采样监测及废气工况参数的测量。

废气排放口监测点位的确定包括监测断面的设置及监测孔的设置两部分。排污单位应按照相关技术规范、标准的规定，根据所监测的污染物类别、监测技术手段的不同要求，先确定具体的废气排放口监测断面位置，再确定监测断面上监测孔的位置和数量。

5.3.2 监测断面规范化设置

5.3.2.1 基本要求

废气排放口监测断面包括手工监测断面和自动监测断面，监测断面设置应满足以下基本要求：

（1）监测断面应避开对测试人员操作有危险的场所，并在满足相关监测技术规范、标准规定的前提下，尽量选择方便监测人员操作、设备运输、安装的位置进行设置。

（2）若一个固定污染源排放的废气先通过多个烟道或管道后进入该固定污染源的总排气管，应尽可能将废气监测断面设置在总排气管上，不得只在其中的一个烟道或管道上设置监测断面开展监测并将测定值作为该源的排放结果；但允许在每个烟道或管道上均设置监测断面并同步开展废气污染物排放监测。

（3）采样位置应优先选择在垂直管段，应避开烟道弯头和断面急剧变化的部位，确保所采集样品的代表性。

5.3.2.2 手工监测断面设置的具体要求

对于废气手工监测断面，在满足 5.3.2.1 中基本要求的同时，还应按照以下具体规定进行设置：

（1）颗粒态污染物及流速、流量监测断面

①监测断面的流速应不小于 5 m/s；

②监测断面位置应设置在距弯头、阀门、变径管下游方向不小于 6 倍直径（当量直径）和距上述部件上游方向不小于 3 倍直径（当量直径）处；

对矩形烟道，其当量直径按式（5-1）计算：

$$D = \frac{2AB}{A+B} \tag{5-1}$$

式中，A、B——边长。

③现场空间位置有限，很难满足②中要求时，可选择比较适宜的管段采样。手工监测位置与弯头、阀门、变径管等的距离至少是烟道直径的 1.5 倍，并应适当增加测点的数量和采样频次。

（2）气态污染物监测断面

手工监测时若需要同步监测颗粒态污染物及流速、流量，则监测断面应按照 5.3.2.2（1）中的相关要求设置；否则，可不按上述要求设置，但要避开涡流区。

5.3.2.3 自动监测断面设置的具体要求

对于废气自动监测断面，在满足 5.3.2.1 中基本要求的同时，还应按照以下具体规定进行设置：

（1）一般要求

①位于固定污染源排放控制设备的下游和比对监测断面、比对采样监测孔的上游，且便于用参比方法进行校验；

②不受环境光线和电磁辐射的影响；

③烟道振动幅度尽可能小；

④安装位置应尽量避开烟气中水滴和水雾的干扰，如不能避开，应选用能够适用的检测探头及仪器；

⑤安装位置不漏风；

⑥固定污染源烟气净化设备设置有旁路烟道时，应在旁路烟道内安装自动监测设备采样和分析探头。

（2）颗粒态污染物及流速、流量监测断面

①监测断面的流速最好在 5 m/s 以上。

②用于颗粒物及流速自动监测设备采样和分析探头安装的监测断面位置，应设置在距弯头、阀门、变径管下游方向不小于 4 倍烟道直径，以及距上述部件上游方向不小于 2 倍烟道直径处。矩形烟道当量直径可按照式（5-1）计算。

③无法满足②中要求时，颗粒物及流速自动监测设备采样和分析探头的安装位置尽可能设置在气流稳定的断面，并采取相应措施保证监测断面烟气分布相对均匀，断面无紊流。对烟气分布均匀程度的判定采用相对均方根 σ_r 法，当 $\sigma \leqslant 0.15$ 时视为烟气分布均匀，σ_r 按式（5-2）计算：

$$\sigma_r = \sqrt{\frac{\sum_{i=1}^{n}(v_i - \bar{v})^2}{(n-1) \times \bar{v}^2}} \tag{5-2}$$

式中，v_i——测点烟气流速，m/s；

$\bar{v}$——截面烟气平均流速，m/s；

n——截面上的速度测点数目，测点的选择按照《固定污染源排气中颗粒物测定与气态污染物采样方法》（GB/T 16157—1996）执行。

（3）气态污染物监测断面

①气态污染物自动监测设备采样和分析探头的安装位置，应设置在距弯头、阀门、变径管下游方向不小于 2 倍烟道直径，以及距上述部件上游方向不小于 0.5 倍烟道直径处。矩形烟道当量直径可按照式（5-1）计算。

②无法满足①中要求时，应按照 5.3.2.3（2）③中的相关要求及式（5-2）计算，设置监测断面。

③同步进行颗粒态污染物及流速、流量监测的，应优先满足颗粒态污染物及流速、流量监测断面的设置条件，监测断面的流速最好在 5 m/s 以上。

5.3.3　监测孔的规范化设置

5.3.3.1　监测孔规范化设置的基本要求

监测孔一般包括用于废气污染物排放监测的手工监测孔、用于废气自动监测设备校验的参比方法采样监测孔。

监测孔的设置应满足以下基本要求：

（1）监测孔位置应便于人员开展监测工作，应设置在规则的圆形或矩形烟道上，不宜设置在烟道的顶层。

（2）对于输送高温或有毒有害气体的烟道，监测孔应开在烟道的负压段；若负压段不能满足开孔需求，对正压下输送高温和有毒气体的烟道应安装带有闸板阀的密封监测孔。

（3）监测孔的内径一般不小于 80 mm，新建或改建污染源废气排放口监测孔的内径应不小于 90 mm；监测孔管长不大于 50 mm（安装闸板阀的监测孔管除外）。监测孔在不使用时用盖板或管帽封闭，在监测使用时应易开合（图 5-1）。

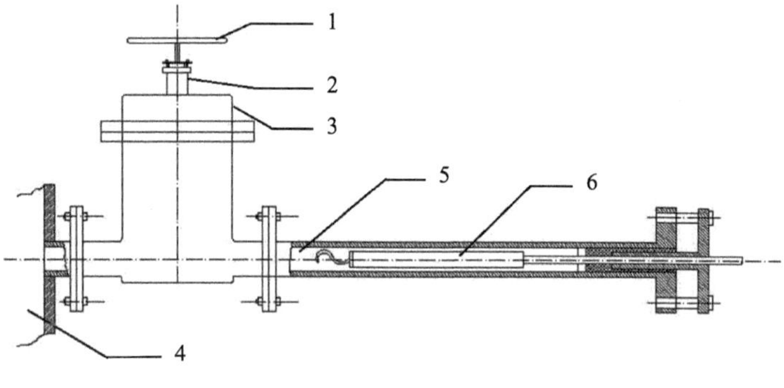

1—闸板阀手轮；2—闸板阀阀杆；3—闸板阀阀体；4—烟道；5—监测孔管；6—采样枪。

图 5-1　带有闸板阀的密封监测孔

5.3.3.2 手工监测开孔的具体要求

在确定的监测断面上设置手工监测的监测孔时，应在满足 5.3.3.1 中基本要求的同时，按照以下具体规定设置：

（1）若监测断面为圆形的烟道，监测孔应设在包括各测点在内的互相垂直的直径线上，其中，断面直径小于 3 m 时，应设置相互垂直的 2 个监测孔；断面直径大于 3 m 时，应尽量设置相互垂直的 4 个监测孔，见图 5-2。

（2）若监测断面为矩形烟道，监测孔应设在包括各测点在内的延长线上，其中，监测断面宽度大于 3 m 时，应尽量在烟道两侧对开监测孔，具体监测孔数量按照《固定污染源排气中颗粒物测定与气态污染物采样方法》（GB/T 16157—1996）的要求确定，见图 5-3。

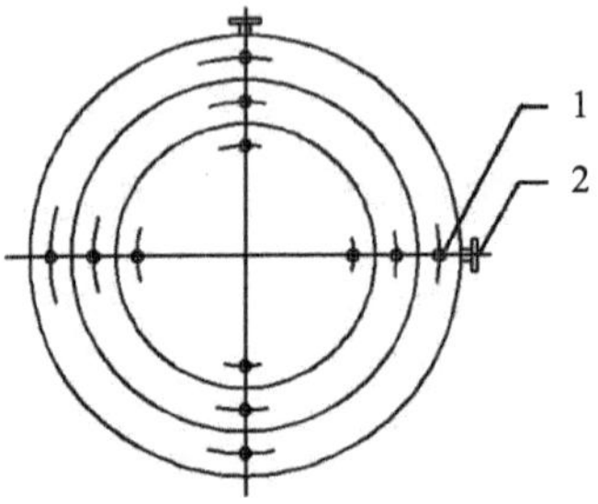

1—测点；2—监测孔。

图 5-2 圆形断面测点与监测孔

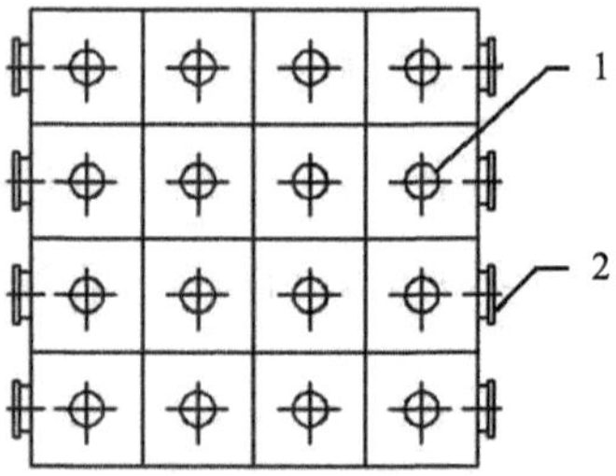

1—测点；2—监测孔。

图 5-3 矩形断面测点与监测孔

5.3.3.3 自动监测设备参比方法采样监测开孔的具体要求

废气自动监测设备参比方法采样监测孔的设置，在满足 5.3.3.1 中基本要求的同时，还应按照以下具体规定设置：

（1）应在自动监测断面下游预留参比方法采样监测孔，在互不影响测量的前提下，参比方法采样监测孔应尽可能靠近废气自动监测断面，距离以 0.5 m 为宜。

（2）对于监测断面为圆形的烟道，参比方法采样监测孔应设在包括各测点在内的互相垂直的直径线上，其中，断面直径小于 4 m 时，应设置相互垂直的 2 个监测孔；断面直径大于 4 m 时，应尽量设置相互垂直的 4 个监测孔。

（3）若监测断面为矩形烟道，参比方法采样监测孔应设在包括各测点在内的延长线上，监测断面宽度大于 4 m 时，应尽量在烟道两侧对开监测孔，具体监测孔数量按照《固定污染源排气中颗粒物测定与气态污染物采样方法》（GB/T 16157—1996）的要求确定。

5.3.4　监测平台的规范化设置

监测平台应设置在监测孔的正下方 1.2～1.3 m 处，应安全、便于开展监测活动，必要时应设置多层平台以满足与监测孔距离的要求。

仅用于手工监测的平台可操作面积至少应大于 1.5 m^2（长度、宽度均不小于 1.2 m），最好应在 2 m^2 以上。用于安装废气自动监测设备和进行参比方法采样监测的平台面积至少在 4 m^2 以上（长度、宽度均不小于 2 m），或不小于采样枪长度外延 1 m。

监测平台应易于人员和监测仪器到达。应根据平台高度，按照《固定式钢梯及平台安全要求　第 1 部分：钢直梯》（GB 4053.1—2009）、《固定式钢梯及平台安全要求　第 2 部分：钢斜梯》（GB 4053.2—2009）的要求，设置直梯或斜梯。当监测平台距离地面或其他坠落面超过 2 m 时，不应设置直梯，应有通往平台的斜梯、旋梯或通过升降梯、电梯到达，斜梯、旋梯宽度应不小于 0.9 m，梯子倾角不超过 45°，其他具体指标详见 GB 4053.1—2009 和 GB 4053.2—2009。监测平台距离地面或其他坠落面超过 20 m 时，应有通往平台的升降梯，见图 5-4。

监测平台、通道的防护栏杆的高度应不低于 1.2 m，踢脚板不低于 10 cm。监测平台、通道、防护栏的设计载荷、制造安装、材料、结构及防护要求应符合《固定式钢梯及平台安全要求　第 3 部分：工业防护栏杆及钢平台》（GB 4053.3—2009）的要求，见图 5-5。

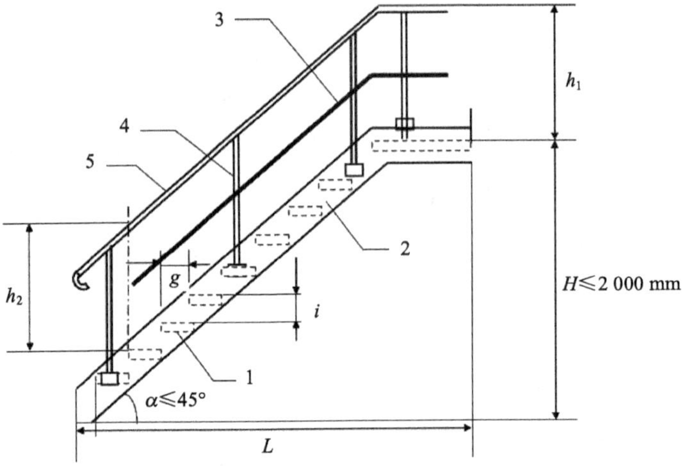

1—踏板；2—梯梁；3—中间栏杆；4—立柱；5—扶手；H—梯高；L—梯跨；

h_1—栏杆高；h_2—扶手高；α—梯子倾角；i—踏步高；g—踏步宽。

图 5-4 固定式钢斜梯

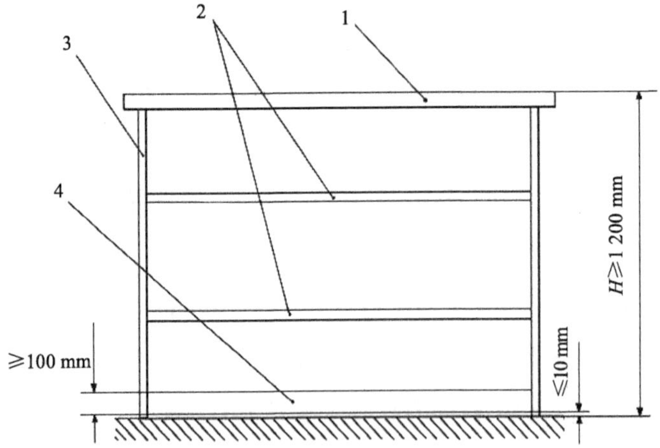

1—扶手（顶部栏杆）；2—中间栏杆；3—立柱；4—踢脚板；H—栏杆高度。

图 5-5 防护栏杆

监测平台应设置一个防水低压配电箱，内设漏电保护器、不少于 2 个 16 A 插座及 2 个 10 A 插座，保证监测设备所需电力。

监测平台附近有造成人体机械伤害、灼烫、腐蚀、触电等危险源的，应在平台相应位置设置防护装置。监测平台上方有坠落物体隐患时，应在监测平台上方高处设置防护装置。防护装置的设计与制造应符合《机械安全　防护装置　固定式和活动式防护装置的设计与制造一般要求》（GB/T 8196—2018）的要求。

排放剧毒、致癌物及对人体有严重危害物质的监测点位应储备相应安全防护装备。

5.3.5　废气自动监测设施的规范化设置

5.3.5.1　监测站房的设置

废气自动监测站房的设置，应满足以下要求：

（1）应为室外的废气连续监测系统（CEMS）提供独立站房，监测站房与采样点之间距离应尽可能近，原则上不超过 70 m。

（2）监测站房的基础荷载强度应≥2 000 kg/m^2。若站房内仅放置单台机柜，面积应≥（2.5×2.5）m^2。若同一站房放置多套分析仪表的，每增加一台机柜，站房面积应至少增加 3 m^2，以便于开展运维操作。站房空间高度应≥2.8 m，站房建在标高不小于 0 m 处。

（3）监测站房内应安装空调和采暖设备，室内温度应保持在 15～30℃，相对湿度应≤60%，空调应具有来电自动重启功能，站房内应安装排风扇或其他通风设施。

（4）监测站房内配电功率能够满足仪表实际要求，功率不少于 8 kW，至少预留三孔插座 5 个、稳压电源 1 个、UPS 电源 1 个。

（5）监测站房内应配备不同浓度的有效期内的有证标准气体。标准气体应当包含零气（含二氧化硫、氮氧化物浓度均≤0.1 μmol/mol 的标准气体，一般为高纯氮气，纯度≥99.999%；当测量烟气中二氧化碳时，零气中二氧化碳浓度≤400 μmol/mol，含有其他气体的浓度不得干扰仪器的读数）和 CEMS 测量的各种气体（SO_2、NO_x、O_2）的量程标气，以满足日常零点、量程校准、校验的需要。低浓度标准气体可由高浓度标准气体通过经校准合格的等比例稀释设备获得（精密度≤1%），也可单独配备。

（6）监测站房应有必要的防水、防潮、隔热、保温措施，在特定场合还应具备防爆功能。

（7）监测站房应具有能够满足废气连续监测系统数据传输要求的通信条件。

5.3.5.2 自动监测设备的安装施工要求

（1）废气自动监测系统安装施工应符合《自动化仪表工程施工及质量验收规范》（GB 50093—2013）、《电气装置安装工程电缆线路施工及验收标准》（GB 50168—2018）的规定。

（2）施工单位应熟悉废气自动监测系统的原理、结构、性能，应编制施工方案、施工技术流程图、设备技术文件、设计图样、监测设备及配件货物清单交接明细表、施工安全细则等有关文件。

（3）设备技术文件应包括资料清单、产品合格证、机械结构、电气、仪表安装的技术说明书、装箱清单、配套件、外购件检验合格证和使用说明书等。

（4）设计图样应符合技术制图、机械制图、电气制图、建筑结构制图等标准的规定。

（5）设备安装前的清理、检查及保养应符合以下要求。

①按交货清单和安装图样明细表清点检查设备及零部件，缺损件应及时处理，更换补齐；

②运转部件如取样泵、压缩机、监测仪器等，滑动部位均须清洗、注油润滑防护；

③因运输造成变形的仪器、设备的结构件应校正，并重新涂刷防锈漆及表面油漆，保养完毕后应恢复原标记。

（6）现场端连接材料（垫片、螺母、螺栓、短管、法兰等）为焊件组对成焊时，壁（板）的错边量应符合以下要求：

①管子或管件对口、内壁齐平，最大错边量≤1 mm；

②采样孔的法兰与连接法兰几何尺寸极限偏差不超过±5 mm，法兰端面的垂直度极限偏差≤0.2%；

③采用透射法原理颗粒物监测仪器发射单元和颗粒物监测仪反射单元，测量光束从发射孔的中心出射到对面中心线相叠合的极限偏差≤0.2%。

（7）从探头到分析仪的整条采样管线的铺设应采用桥架或穿管等方式，保证整条管线具有良好的支撑。管线倾斜度≥5°，防止管线内积水，在每隔 4～5 m 处装线卡箍。当使用伴热管线时应具备稳定、均匀加热和保温的功能；其设置加热温度≥120℃，且应高于烟气露点温度 10℃以上，其实际温度值应能够在机柜或系统软件中显示查询。

（8）电缆桥架安装应满足最大直径电缆的最小弯曲半径要求。电缆桥架的连接应采用连接片。配电套管应采用钢管和 PVC 管材质配线管，其弯曲半径应满足最小弯曲半径要求。

（9）应将动力与信号电缆分开敷设，保证电缆通路及电缆保护管的密封，自控电缆应符合输入和输出分开、数字信号和模拟信号分开配线和敷设的要求。

（10）安装精度和连接部件坐标尺寸应符合技术文件和图样规定。监测站房仪器应排列整齐，监测仪器顶平直度和平面度应不大于 5 mm，监测仪器牢固固定，可靠接地。二次接线正确、牢固可靠，配导线的端部应标明回路编号。配线工艺整齐，绑扎牢固，绝缘性好。

（11）各连接管路、法兰、阀门封口垫圈应牢固完整，均不得有漏气、漏水现象。保持所有管路畅通，保证气路阀门、排水系统安装后应畅通和启闭灵活。自动监测系统空载运行 24 小时后，管路不得出现脱落、渗漏、振动强烈的现象。

（12）反吹气应为干燥清洁气体，反吹系统应进行耐压强度试验，试验压力为常用工作压力的 1.5 倍。

（13）电气控制和电气负载设备的外壳防护应符合《外壳防护等级（IP 代码）》（GB/T 4208—2017）的技术要求，户内达到防护等级 IP 24 级，户外达到防护等级 IP 54 级。

（14）防雷、绝缘要求。

①系统仪器设备的工作电源应有良好的接地措施，接地电缆应采用大于 4 mm^2 的独芯护套电缆，接地电阻小于 4 Ω，且不能和避雷接地线共用。

②平台、监测站房、交流电源设备、机柜、仪表和设备金属外壳、管缆屏蔽层和套管的防雷接地，可利用厂内区域保护接地网，采用多点接地方式。厂区内不能提供接地线或提供的接地线达不到要求的，应在子站附近重做接地装置。

③监测站房的防雷系统应符合《建筑物防雷设计规范》（GB 50057—2010）的规定，电源线和信号线设防雷装置。

④电源线、信号线与避雷线的平行净距离≥1 000 mm，交叉净距离≥300 m，见图 5-6。

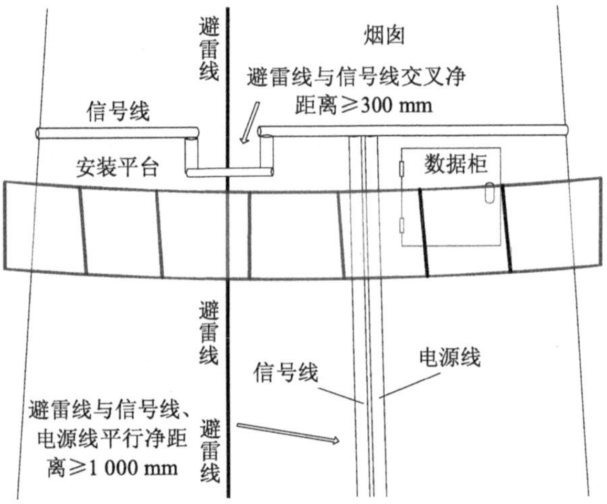

图 5-6 电源线、信号线与避雷线距离示意图

⑤由烟囱或主烟道上数据柜引出的数据信号线要经过避雷器引入监测站房，应将避雷器接地端同站房保护地线可靠连接。

⑥信号线为屏蔽电缆线，屏蔽层应有良好绝缘，不可与机架、柜体发生摩擦、打火，屏蔽层两端及中间均需做接地连接（图 5-7）。

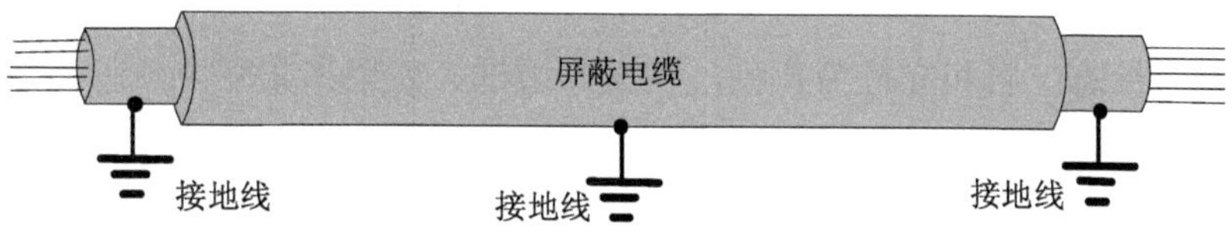

图 5-7　信号线接地示意图

5.4　排污口标志牌的规范化设置

5.4.1　标志牌设置的基本要求

排污单位应在排污口及监测点位设置标志牌，标志牌分为提示性标志牌和警告性标志牌两种。提示性标志牌用于向人们提供某种环境信息，警告性标志牌用于提醒人们注意污染物排放可能会造成危害。

一般性污染物排放口及监测点位应设置提示性标志牌。排放剧毒、致癌物及对人体有严重危害物质的排放口及监测点位应设置警告性标志牌，警告标志图案应设置在警告性标志牌的下方。

标志牌应设置在距污染物排放口及监测点位较近且醒目处，并能长久保留。

排污单位可根据监测点位情况，设置立式或平面固定式标志牌。

5.4.2　标志牌技术规格

5.4.2.1　环保图形标志

（1）环保图形标志必须符合《环境保护图形标志　排放口（源）》（GB 15562.1—

1995）的要求。

（2）图形颜色及装置颜色

①提示标志：底和立柱为绿色，图案、边框、支架和文字为白色；

②警告标志：底和立柱为黄色，图案、边框、支架和文字为黑色。

（3）辅助标志内容

①排放口标志名称；

②单位名称；

③排放口编号；

④污染物种类；

⑤××生态环境局监制；

⑥排放口经纬度坐标、排放去向、执行的污染物排放标准、标志牌设置依据的技术标准等。

（4）辅助标志字型为黑体字

（5）标志牌尺寸

①平面固定式标志牌外形尺寸：提示标志牌为 480 mm×300 mm；警告标志牌边长为 420 mm；

②立式固定式标志牌外形尺寸：提示标志牌为 420 mm×420 mm；警告标志牌边长为 560 mm，高度均为标志牌最上端距地面 2 m。

5.4.2.2 其他要求

（1）标志牌材料

①标志牌采用 1.5～2 mm 冷轧钢板；

②立柱采用 38×4 无缝钢管；

③表面采用搪瓷或者反光贴膜。

（2）标志牌的表面处理

①搪瓷处理或贴膜处理；

②标志牌的端面及立柱要经过防腐处理。

（3）标志牌的外观质量要求

①标志牌、立柱无明显变形；

②标志牌表面无气泡，膜或搪瓷无脱落；

③图案清晰，色泽一致，不得有明显缺损；

④标志牌的表面不应有开裂、脱落及其他破损。

5.5　排污口规范化的日常管理与档案记录

排污单位应将排污口规范化建设纳入企业生产运行的管理体系中，制定相应的管理办法和规章制度，选派专职人员对排污口及监测点位进行日常管理和维护，并保存相关管理记录。

排污单位应建立排污口及监测点位档案。档案内容除包括排污口及监测点位的位置、编号、污染物种类、排放去向、排放规律、执行的排放标准等基本信息外，还应包括相关日常管理的记录，如标志牌的内容是否清晰完整，监测平台、各类梯架、监测孔、自动监测设施等是否能够正常使用，废水排放口是否损坏，排气筒有无漏风、破损现象等方面的检查记录，以及相应的维护、维修记录。

排污口及监测点位一经确认，排污单位不得随意变动。监测点位位置、排污口排放的污染物发生变化的，或排污口须拆除、增加、调整、改造或更新的，应按相关要求及时向生态环境主管部门报备，并及时设立新的标志牌或更换标志牌相应内容。

第 6 章　废水手工监测技术要点

废水手工监测是一个全面性、系统性的工作。为了规范手工监测活动的开展，我国发布了一系列监测技术规范和方法标准。总体来说，废水手工监测要按照相关的技术规范和方法标准开展。为了便于理解和应用，本章立足现有的技术规范和标准，结合日常工作经验，分别从流量监测、现场手工监测和实验室分析 3 个方面归纳总结了常见的方法和操作要求，以及方法使用过程中的重点注意事项。对于一些虽然适用，但不够便捷，目前实际应用很少的方法，本书中未进行列举，若排污单位根据实际情况确实需要采用这类方法，应严格按照方法的适用条件和要求开展相关监测活动。

6.1　流量

流量是排污单位排污总量核算的重要指标，在废水排放监测和管理中有着重要的地位。流量测量最初始于水文水利领域对天然河流、人工运河、引水渠道等的流量监测。对于工业废水的流量监测，目前常用的方法有自动测量和手工测量两种方式。

6.1.1　自动测量

自动测量是采用污水流量计进行测量，通常包括明渠流量计和管道流量计。

通过污水流量计来测量渠道内和管道内废水（或污水）的体积流量。

（1）明渠流量计

利用明渠流量计进行自动测量时，采用超声波液位计和巴歇尔量水槽（以下简称巴氏槽）配合使用进行流量测定，并根据不同尺寸巴氏槽的经验公式计算出流量。需要注意的事项如下：

①巴氏槽安装前，应测算废水排放量并充分考虑污水处理设施的远期扩容，确保巴氏槽能满足最大流量下的测量。巴氏槽的材质要根据污水性质考虑防腐蚀。

②巴氏槽应安装于顺直平坦的渠道段，该段渠道长度不小于槽宽的 10 倍，下游渠道应无阻塞、不壅水，确保巴氏槽的水流处于自由出流状态。渠道应保持清洁，底部无障碍物，水槽应保持牢固可靠、不受损坏，凡有漏水部位应及时修补，每年应校验 1 次液位计的精度和水头零点。详细的安装和维护要求见《城市排水流量堰槽测量标准　巴歇尔量水槽》（CJ/T 3008.3—1993）。

③与巴氏槽配合使用的超声波液位计应注意日常维护，确保稳定运行，出现故障应及时更换。

（2）管道流量计

利用管道流量计测量时，可选择电磁流量计或超声流量计，宜优先选择电磁流量计。需要注意的事项如下：

①电磁流量计的选型应充分考虑测量精度、污水性质、流量范围、排水规律等。流量计的口径通常与管道相同，也可以根据设计流量、流速范围来选择流量计和配套管道，管道中的流速通常以 2～4 m/s 为宜。

②电磁流量计选型时，应充分考虑废水的电导率、最大流量、常用流量、最小流量、工艺管径、管内温度、压力，以及是否有负压存在等信息。

③电磁流量计一定要安装在管路的最低点或者管路的垂直段且务必保证管内满流，若安装在垂直管线，要求水流自下而上，尽量不要自上而下，否则容易出现非满流，导致读数波动变化较大。流量计前后应避免有阀门、弯头、三通等结

构存在，以防产生涡流或气泡，影响测流。

④电磁流量计应避免安装在温度变化很大或受到设备高温辐射的场所，若必须安装时，须有隔热、通风的措施；电磁流量计最好安装在室内，若必须安装于室外，应避免雨水淋浇、积水受淹及太阳暴晒，须有防潮和防晒的措施；避免安装在含有腐蚀性气体的环境中，必须安装时，须有通风的措施；为了安装、维护、保养方便，在电磁流量计周围需有充裕的空间；避免有磁场及强振动源，如管道振动大，在电磁流量计两边应有固定管道的支座。

⑤应对电磁流量计进行周期性检查，定期扫除尘垢确保无沾污，检查接线是否良好。

6.1.2 手工测量

手工测量方法是相对于自动测量方法而言的，这种方法操作复杂、准确度较低，仅建议在不满足自动测流条件或自动测流设施损坏时使用，不建议用作长期自行监测手段。常用的流量测量方法有明渠流速仪、便携式超声波管道测流仪和容积法。

（1）明渠流速仪

明渠流速仪适用于明渠排水流量的测量，它是通过流速仪测量过水断面不同位置的流速，计算平均流速，再乘以断面面积即得测量时刻的瞬时流量，见图 6-1。

用这种方法测量流量时，排污截面底部需硬质平滑，截面形状为规则的几何形，排污口处有不小于 3 m 的平直过流水段，且水位高度不小于 0.1 m。在明渠流量计自动测量断电或损坏时，可用此法临时测量排水流量。

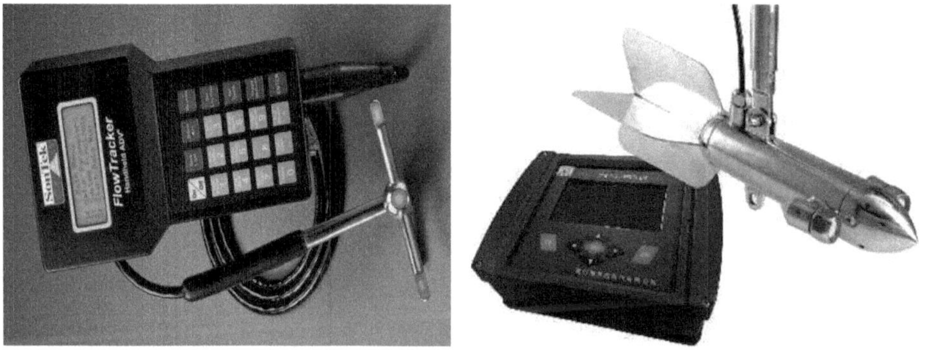

便携式超声波流速仪

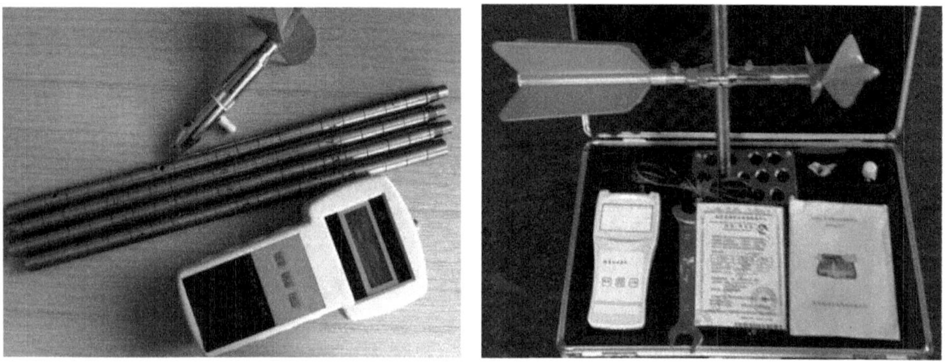

便携式旋桨流速仪

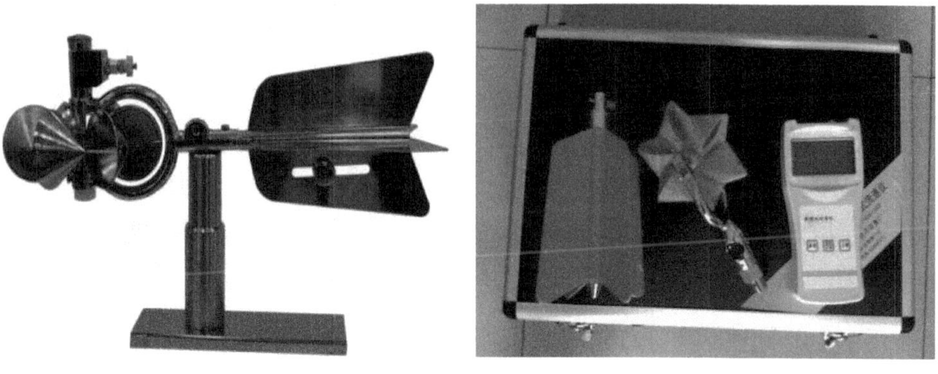

便携式旋杯流速仪

图 6-1　明渠流速仪

（2）便携式超声波管道测流仪

便携式超声波管道测流仪的使用条件与电磁式自动测流仪一致，适用于顺直管道的满流测量，见图 6-2。测量时，沿着管道的流向，将 2 个传感器分别贴合于管道，错开一定距离，通过 2 个传感器的时差测量流速，再乘以管道截面积，最终得出流量。测量的管壁应为能传导超声波的密实介质，如铸铁、碳钢、不锈钢、玻璃钢、PVC 等。测点应避开弯头、阀门等，确保流态稳定，无气泡和涡流。测点应避开大功率变频器和强磁场设备，以免产生干扰。在电磁流量计断电或损坏时，可用此法临时测量排水流量。

图 6-2　便携式超声波管道测流仪

（3）容积法

容积法是将废水纳入已知容量的容器中，测定其充满容器所需要的时间，从而计算水量的方法。该方法简单易行，适用于计量污水量较小的连续或间歇排放的污水。用此法测量流量时，溢流口与受纳水体应有适当的落差或能用导水管形成落差。

用手工测量时，一般遵循以下原则：

①如果排放污水的“流量-时间”排放曲线波动较小，即用瞬时流量代表平均流量所引起的误差小于 10%，则在某一时段内的任意时间测得的瞬时流量乘以该时间即为该时段的流量；

②如果排放污水的“流量-时间”排放曲线虽有明显波动，但其波动有固定的规律，可以用该时段中几个等时间间隔的瞬时流量来计算出平均流量，然后再乘以时间得到流量；

③如果排放污水的“流量-时间”排放曲线既有明显波动又无规律可循，则必须连续测定流量，流量对时间的积分即为总量。

6.2　现场采样

采样前要根据采样任务确定监测点位、各监测点位的监测指标、各监测指标需要使用的采样容器、采样要求和保存运输要求等。

6.2.1　采样点位

《涂装指南》对每个监测点位的监测指标进行了明确规定。对于属于第一类污染物的六价铬、总铬和总镍的采样点位一律设在车间或专门处理此类污染物设施的排放口。对于第二类污染物 pH、化学需氧量、五日生化需氧量、氨氮、总磷、总氮、悬浮物、石油类、动植物油、阴离子表面活性剂（LAS）、氟化物、总锌、总锰、总铜等监测指标则在相应的废水总排放口、生活污水排放口和雨水排放口进行采样。

排污单位设置内部监测点位时，根据实际情况在便于采样的地方进行布点采样。

排污单位需要考核污水处理设施处理效率时，采样点位的布设要求如下：

（1）对整体污水处理设施效率监测时，在各种进入污水处理设施污水的入口和污水设施的总排放口设置采样点。

（2）对各污水处理单元效率监测时，在各种进入处理设施单元污水的入口和设施单元的排放口设置采样点。

6.2.2 采样方法

废水的监测项目根据行业类型有不同的要求，排污单位根据含涂装工序及其他行业自行监测技术指南要求设置。采集样品时应设在废水混合均匀处，避免引入其他干扰。

在分时间单元采集样品时，测定 pH、化学需氧量、五日生化需氧量、油类、悬浮物，不同时间采集的样品不能混合，应分别保存并进行分析。

根据监测项目选择不同的采样器，主要包括聚乙烯塑料桶、不锈钢采水器、有机玻璃水质采样器、泵式采水器、油类采样器、自动采样装置及用采样容器直接灌装。当水深很浅，以上采样器均不适用时，可考虑使用不锈钢或塑料水瓢采集水样，采样人员距水面较远时可使用长柄瓢。废水排口有较大落差的，可使用上方开口的容器，如吊桶、提桶等采集水样。不同的采样器见图 6-3。

有需求和条件的排污单位可配备水质自动采样装置进行时间比例采样和流量比例采样。当污水排放量较稳定时可采用时间比例采样，否则必须采用流量比例采样。所用自动采样器必须符合生态环境部颁布的污水采样技术要求。

不锈钢采水器

有机玻璃水质采样器

油类采样器

塑料水瓢

长柄瓢

吊桶

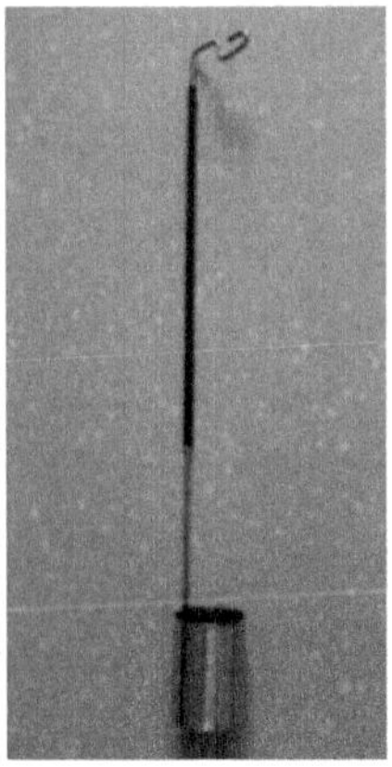

提桶

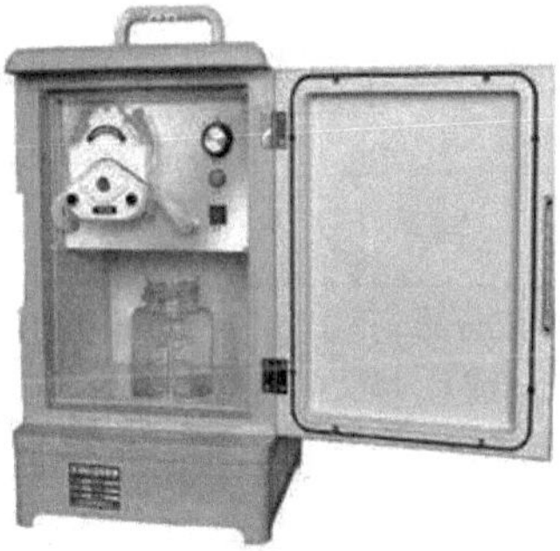

水质自动采样装置

图 6-3　不同的废水采样器

样品采集时应针对具体的监测项目注意以下事项：

（1）采样时应去除表面的杂物、垃圾等漂浮物，不可搅动水底的沉积物。

（2）采样前先用水样荡涤采样容器和样品容器 2～3 次（动植物油类、石油类、挥发性有机物、微生物不可涤荡）。

（3）部分监测项目在不同时间采集的水样不能混合，如水温、pH、色度、动植物油类、石油类、五日生化需氧量、硫化物、挥发性有机物、氰化物、余氯、微生物、放射性等。

（4）部分监测项目须单独采集储存，如动植物油类、石油类、硫化物、挥发酚、氰化物、余氯、微生物等。

（5）部分监测项目水样采集须注满容器，不留顶上空间，如五日生化需氧量、挥发性有机物等。

（6）采样结束后，核对监测方案、现场记录与实际样品数，如有错误或遗漏，应立即补采或重采。如采样现场水体很不均匀，无法采到有代表性的样品，则应详细记录不均匀的情况和实际采样情况，供使用该数据者参考。

（7）对于 pH 和流量需现场监测的项目，应进行现场监测。

（8）采样时应认真填写“污水采样记录表”，表中应包括以下内容：采样点位、采样口位置、采样时间、监测项目、样品编号、样品类别、样品表观、污水流量、采样人姓名等。具体格式可由各排污单位制定，见表 6-1。

表 6-1　污水采样记录

采样点位	采样口位置（车间或总排口）	采样时间	监测项目	样品编号	样品类别	样品表观	污水流量/（m^3/s）	采样人

6.2.3 采样容器

当前市面上常见的采样容器按材质主要分为硬质玻璃瓶和聚乙烯瓶，在表 6-2 中分别用 G、P 表示，硬质玻璃瓶有透明和棕色两种。硬质玻璃瓶适用于化学需氧量、总有机碳、悬浮物、氨氮、总氮、总磷、石油类、动植物油等监测项目的样品采集。聚乙烯瓶则适用于氟化物、总铜、总锌、总镍、总锰等金属元素的样品采集。五日生化需氧量采集时应用专门的溶解氧瓶采集。悬浮物、氨氮、总磷、总氮、总镍、总铬等项目两种材质的瓶子均可使用。对于采样容器选择分析方法中已有要求的按照分析方法来处理，没有明确要求的可按表 6-2 执行。

表 6-2　样品保存和容器洗涤

项目	采样容器	保存方法及保存剂用量	保存期	最少采样量/mL	容器洗涤
pH*	G 或 P		12 h	250	I
悬浮物	G 或 P	1～5℃冷藏，避光	14 d	500	I
化学需氧量	G	加 H_2SO_4，pH≤2	2 d	500	I
	P	−20℃冷冻	30 d	100	
五日生化需氧量	溶解氧瓶	1～5℃冷藏，避光	12 h	250	I
	P	−20℃冷冻	30 d	1 000	
总磷	G 或 P	加 HCl，H_2SO_4，pH≤2	24 h	250	IV
	P	−20℃冷冻	30 d	250	
氨氮	G 或 P	加 H_2SO_4，pH≤2	24 h	250	I
总氮	G 或 P	加 H_2SO_4，pH≤2	7 d	250	I
	P	−20℃冷冻	30 d	500	
阴离子表面活性剂(LAS)	G 甲醇清洗	1～5℃冷藏	2 d	500	
	G 或 P	1～5℃冷藏，加 H_2SO_4，pH=1～2	2 d	500	IV
氟化物	P	1～5℃冷藏，避光	14 d	250	I
六价铬	G 或 P	NaOH，pH=8～9	14 d	250	酸洗III
总铬	G 或 P	1 L 水样中加浓 HNO_3 10 mL 酸化	30 d	100	III
总镍	G 或 P	1 L 水样中加浓 HNO_3 10 mL 酸化	14 d	250	III
总锰	G 或 P	1 L 水样中加浓 HNO_3 10 mL 酸化	14 d	250	III
总铜	P	1 L 水样中加浓 HNO_3 10 mL 酸化	14 d	250	III

项目	采样容器	保存方法及保存剂用量	保存期	最少采样量/mL	容器洗涤
总锌	P	1 L水样中加浓 HNO_3 10 mL酸化	14 d	250	Ⅲ
石油类和动植物油类	G	加入HCl至pH≤2	7 d	250	Ⅱ

注：1. *表示应尽量现场测定。

2. G为硬质玻璃瓶，P为聚乙烯瓶。

3. Ⅰ、Ⅱ、Ⅲ、Ⅳ表示4种洗涤方法，分别为

Ⅰ：洗涤剂洗1次，自来水洗3次；

Ⅱ：洗涤剂洗1次，自来水洗2次，1+3 HNO_3（硝酸和水的体积比为1∶3）荡洗1次，自来水洗3次；

Ⅲ：洗涤剂洗1次，自来水洗2次，1+3 HNO_3 荡洗1次，自来水洗3次；

Ⅳ：铬酸洗液洗1次，自来水洗3次。

在采样之前，采样容器应经过相应的清洗和处理，采样之后要对其进行适当的封存。企业可根据监测项目自行选择采样容器并按照合适的方法进行清洗和处理。常用的采样容器见图6-4。

图6-4 采样容器（透明硬质玻璃瓶、棕色硬质玻璃瓶和聚乙烯瓶）

选择采样容器时一般遵守以下原则：

（1）最大限度防止容器及瓶塞对样品的污染。由于一般的玻璃瓶在贮存水样时可溶出钠、钙、镁、硅、硼等元素，在测定这些项目时应避免使用玻璃容器，以防止新的污染。一些有色瓶塞也会含有大量的重金属，因此采集金属项目时最好选用聚乙烯瓶。

（2）容器壁应易于清洗和处理，以减少（如重金属）对容器的表面污染。

（3）容器或容器塞的化学和生物性质应该是惰性的，以防止容器与样品组分发生反应。

（4）防止容器吸收或吸附待测组分，引起待测组分浓度的变化。微量金属易受这些因素的影响。

（5）选用深色玻璃能降低光敏作用。

准备采样容器时，应遵循以下原则：

（1）所有的采样容器准备都应确保不发生正负干扰。

（2）尽可能使用专用容器。如不能使用专用容器，最好准备一套容器进行特定污染物的测定，以减少交叉污染。同时应注意防止曾经用于采集高浓度分析物的容器因洗涤不彻底污染随后采集的低浓度污染物的样品。

（3）对于新容器，一般应先用洗涤剂清洗，再用纯水彻底清洗。但是，用于清洁的清洁剂和溶剂可能引起干扰，如当分析营养物质时，含磷酸盐的清洁剂的残渣污染。如果使用，应确保洗涤剂和溶剂的质量。如果测定硅、硼和表面活性剂，则不能使用洗涤剂。所用的洗涤剂类型和选用的容器材质要根据待测组分来确定。测磷酸盐不能使用含磷洗涤剂；测重金属的玻璃容器及聚乙烯容器通常用盐酸或硝酸（c=1 mol/L）洗净并浸泡 1～2 天后用蒸馏水或去离子水冲洗。

采样容器清洗时，应注意以下几点：

（1）用清洁剂清洗塑料或玻璃容器：用水和清洗剂的混合稀释溶液清洗容器和容器帽；用实验室用水清洗两次；控干水并盖好容器帽。

（2）用溶剂洗涤玻璃容器：用水和清洗剂的混合稀释溶液清洗容器和容器帽；用自来水彻底清洗；用实验室用水清洗两次；用丙酮清洗并干燥；用与分析方法匹配的溶剂清洗并立即盖好容器帽。

（3）用酸洗玻璃或塑料容器：用自来水和清洗剂的混合稀释溶液清洗容器和容器帽；用自来水彻底清洗；用 10%硝酸溶液清洗；控干后，注满 10%硝酸溶液；密封贮存至少 24 小时；用实验室用水清洗，并立即盖好容器帽。

6.2.4 样品保存与运输

6.2.4.1 样品保存

水样采集后应尽快送到实验室进行分析，样品如果长时间放置，易受生物、化学、物理等因素影响，某些组分的浓度可能会发生变化。一般可通过冷藏、冷冻、添加保存剂等方式对样品进行保存。

（1）样品的冷藏、冷冻

在大多数情况下，从采集样品到运输最后到实验室期间，样品在1～5℃冷藏并暗处保存就足够了，−20℃的冷冻温度一般能延长贮存期，但冷冻需要掌握冷冻和融化技术，以使样品在融化时能迅速地、均匀地恢复其原始状态，用干冰快速冷冻效果较好。一般选用聚氯乙烯或聚乙烯等塑料容器。

（2）添加保存剂

添加的保存剂一般包括酸、碱、抑制剂、氧化剂和还原剂，样品保存剂如酸、碱或其他试剂在采样前应进行空白试验，其纯度和等级必须达到分析的要求。

①加入酸和碱：控制溶液pH，测定金属离子的水样常用硝酸酸化至pH为1～2，这样既可以防止重金属的水解沉淀，又可以防止金属在器壁表面上吸附，同时在pH为1～2的酸性介质中还能抑制生物的活动。用此法保存，大多数金属可稳定数周或数月。测定氰化物的水样须加氢氧化钠调至pH为12。测定六价铬的水样应加氢氧化钠调至pH为8，因在酸性介质中，六价铬的氧化电位高，易被还原。保存总铬的水样，应加硝酸或硫酸至pH为1～2。

②加入抑制剂：在样品中加入抑制剂抑制生物作用。如在测定氨氮、硝酸盐氮和化学需氧量的水样中，加入氯化汞或三氯甲烷、甲苯作为防护剂以抑制生物对亚硝酸盐、硝酸盐和铵盐的氧化还原作用。

③加入氧化剂：水样中痕量汞易被还原，引起汞的挥发性损失，加入硝酸-重铬酸钾溶液可使汞维持在高氧化态，从而改善汞的稳定性。

④加入还原剂：测定硫化物的水样，加入抗坏血酸对保存有利。含余氯水样能氧化氢离子，可使酚类等物质氯化生成相应的衍生物，在采样时加入适当的硫代硫酸钠予以还原，可除去余氯干扰。

加入一些化学试剂可固定水样中的某些待测组分，保存剂可事先加入空瓶中，也可在采样后立即加入水样中。所加入的保存剂不能干扰待测成分的测定，如有疑义应先做必要的试验。

当加入保存剂的样品经过稀释后，在分析计算结果时要充分考虑。但如果加入足够浓的保存剂，若加入体积很小，可以忽略其稀释影响。固体保存剂由于会引起局部过热，反而影响样品的测定，所以应该避免使用。

所加入的保存剂有可能改变水中组分的化学或物理性质，因此选用保存剂时一定要考虑对测定项目的影响。如待测项目是溶解态物质，酸化会引起胶体组分和固体的溶解，则必须在过滤后酸化保存。

必须要做保存剂空白试验，特别是对微量元素的检测，要充分考虑加入保存剂所引起待测元素数量的变化。例如，酸类物质会增加砷、铅、汞的含量。因此，样品中加入保存剂后，应保留做空白试验。

针对《涂装指南》中涉及的不同的监测项目应选用的容器材质、保存剂及其加入量、保存期、采样体积和容器洗涤的方法见表 6-2。

6.2.4.2　样品运输

水样采集后必须立即送回实验室。应根据采样点的地理位置和每个项目分析前最长可保存时间，选择适当的运输方式，在现场工作开始之前，就要安排好水样的运输工作，以防延误。

水样运输前应将容器的外（内）盖盖紧。装箱时应使用泡沫塑料等分隔，以防破损。同一采样点的样品应装在同一包装箱内，如需分装在 2 个或几个箱中，应在每个箱内放入相同的现场采样记录表。运输前应检查现场记录上的所有水样是否全部装箱。要用醒目的色彩在包装箱顶部和侧面标上“切勿倒置”的标记。每个水样瓶均需贴上标签，标签内容包括采样点位编号、采样日期和时间、测定项目。

装有水样的容器必须妥善保存和密封，并装在包装箱内固定，以防在运输途中破损。除防振、避免日光照射和低温运输外，还要防止新的污染物进入容器或沾污瓶口使水样变质。

在水样运输过程中，应有押运人员，每个水样都要附有一张管理程序管理卡。在转交水样时，转交人和接收人都必须清点和检查水样并在登记卡上签字，注明日期和时间。管理程序登记卡是水样在运输过程中的文件，应防止差错并妥善保管以备查。

6.2.5 留样

有污染物排放异常等特殊情况要留样分析时，应针对具体项目的分析用量同时采集留样样品，并填写留样记录表，表中应涵盖以下内容：污染源名称、监测项目、采样点位、采样时间、样品编号、污水性质、污水流量、采样人姓名、留样时间、留样人姓名、固定剂添加情况、保存时间、保存条件及其他有关事项。

6.3 监测指标测试

6.3.1 测试方法概述

含涂装工序排污单位自行监测项目包括理化指标（如 pH、色度、悬浮物等）、无机阴离子（如氟化物等）、有机污染综合指标（如化学需氧量、五日生化需氧量等）、金属及其化合物（如总铬、六价铬、总镍）等几大类。这些监测项目所涉及的分析方法主要包括重量法、分光光度法、容量分析法、原子吸收分光光度法、电感耦合等离子体发射光谱法、电感耦合等离子体质谱法、离子色谱法、原子荧光法、气相色谱法和气相色谱-质谱法等。

（1）重量法

重量法是将被测组分从试样中分离出来，经过精确称量来确定待测组分含量的分析方法。它是分析方法中最直接的测定方法，可以直接称量得到分析结果，无须用标准试样或基准物质进行比较，具有精确度高等特点。图 6-5 为重量法所用的分析天平。

（2）分光光度法

分光光度法测定样品的基本原理是利用朗伯-比尔定律，根据不同浓度样品溶液对光信号具有不同的吸光度，对待测组分进行定量测定。分光光度法是环境监测中常用的方法，具有灵敏度高、准确度高、适用范围广、操作简便和快速及价格低廉等特点。图 6-6 为分光光度法所用的分光光度计。

图 6-5　分析天平

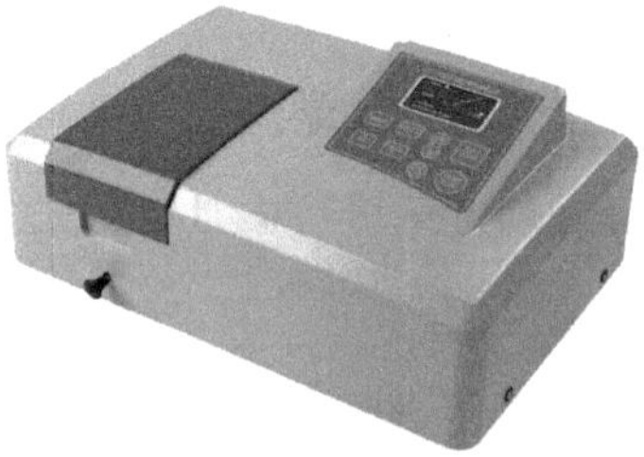

图 6-6　分光光度计

（3）容量分析法

容量分析法是将一种已知准确浓度的标准溶液滴加到被测物质的溶液中，直到所加的标准溶液与被测物质按化学计量定量反应为止，然后根据标准溶液的浓度和用量计算被测物质的含量。按反应的性质，容量分析法可分为酸碱滴定法、氧化还原滴定法、络合滴定法和沉淀滴定法。容量分析法具有操作简便、快速、比较准确和仪器普通易得等特点。图 6-7 为滴定时所使用的套件。

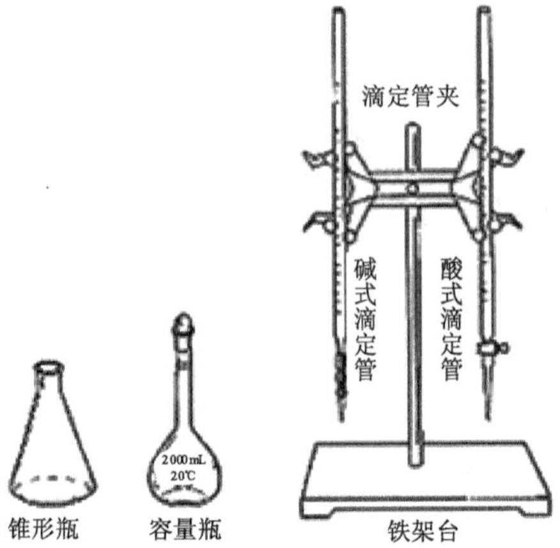

图 6-7 滴定套件

适合容量分析的化学反应应该具备的条件有以下几种：

①反应必须定量进行而且进行完全。

②反应速度快。

③有比较简便、可靠的方法确定理论终点（或滴定终点）。

④共存物质不干扰滴定反应，采用掩蔽剂等方法能予以消除。

（4）原子吸收分光光度法

原子吸收分光光度法的测量对象是呈原子状态的金属元素和部分非金属元素，是由待测元素灯发出的特征谱线通过供试品经原子化产生的原子蒸气时，被蒸气中待测元素的基态原子所吸收，通过测定辐射光强度减弱的程度，求出供试品中待测元素的含量，并能够灵敏、可靠地测定微量或痕量元素。原子吸收分光光度法由光源、原子化器（分为火焰原子化器、石墨炉原子化器、氢化物发生原子化器及冷蒸气发生原子化器 4 种）、单色器、背景校正系统、自动进样系统和检测系统等组成。根据原子化器的不同，又可分为火焰原子吸收分光光度法、石墨炉原子吸收分光光度法、冷原子吸收分光光度法、氢化物发生原子吸收分光光度法。图 6-8 为原子吸收分光光度法所用的仪器设备。

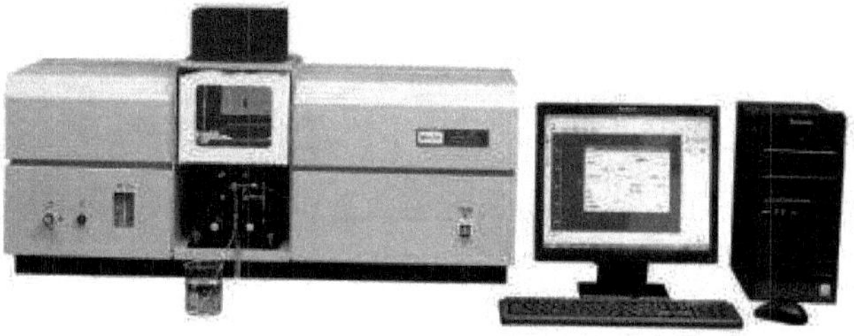

图 6-8 原子吸收分光光度法所用的火焰原子吸收光谱仪

①火焰原子吸收分光光度法是最常用的技术，非常适合含有目标分析物的液体或溶解样品，非常适用于 mg/L 级的痕量元素检测。缺点是原子化效率低，灵敏度不够高，一般不能直接分析固体样品。

②石墨炉原子吸收分光光度法能够分析小体积的液体样品，适用于实验室处理日常工作中的复杂基质，可高效去除干扰，敏感度高于火焰原子吸收分光光度法分析数个数量级，可以检测低至μg/L 级的痕量元素。缺点是试样组成不均匀性的影响较大，共存化合物的干扰比火焰原子分光光度法大，干扰背景比较严重，一般都需要校正背景。

③冷原子吸收分光光度法由汞蒸气发生器和原子吸收池组成，专门用于汞的测定。

（5）电感耦合等离子体发射光谱法

电感耦合等离子体发射光谱法是指以电感耦合等离子体作为激发光源，根据处于激发态的待测元素原子回到基态时发射的特征谱线对待测元素进行分析的仪器，具有检出限低、准确度及精密度高、分析速度快等优点。图 6-9 为电感耦合等离子体光谱仪。

（6）电感耦合等离子体质谱法

电感耦合等离子体质谱法是以独特的接口技术将电感耦合等离子体的高温电离特性与质谱检测器的灵敏快速扫描的优点相结合而形成的一种高灵敏度的分析

技术。水样经预处理后，采用电感耦合等离子体质谱进行检测，根据元素的质谱图或特征离子进行定性，内标法定量。其具有灵敏度高、速度快等优点，可在几分钟内完成几十个元素的定量测定，常用于测定地下水中微量、痕量和超痕量的金属元素，以及某些卤素元素、非金属元素。图 6-10 为电感耦合等离子体质谱仪。

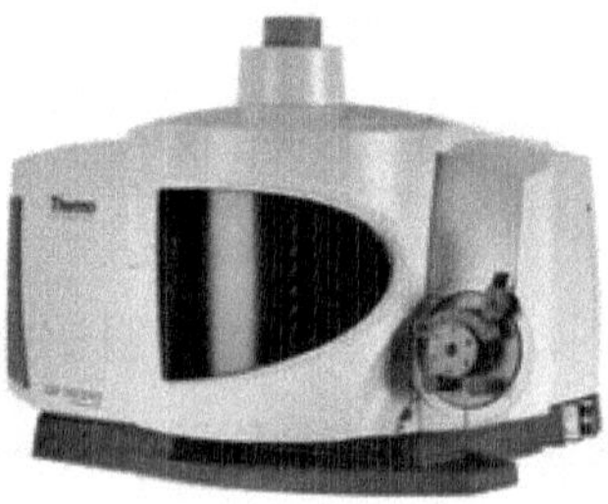

图 6-9 电感耦合等离子体光谱仪

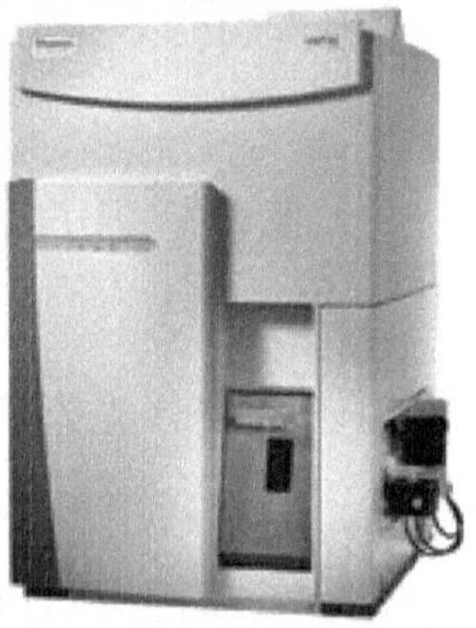

图 6-10 电感耦合等离子体质谱仪

（7）离子色谱法

离子色谱法是以低交换容量的离子交换树脂为固定相对离子性物质进行分离，用电导检测器连续检测流出物电导变化的一种色谱方法。其主要用于环境样品的分析，包括地表水、饮用水、雨水、生活污水和工业废水、酸沉降物和大气颗粒物等样品中的阴、阳离子，与微电子工业有关的水和试剂中痕量杂质的分析。图 6-11 为离子色谱仪。

（8）原子荧光法

原子荧光法是根据测量待测元素的原子蒸气在一定波长的辐射能激发下发射的荧光强度进行定量分析的方法，是测定微量元素砷、锑、铋、汞、硒、碲、锗等最成功的分析方法之一。图 6-12 为原子荧光光谱仪。

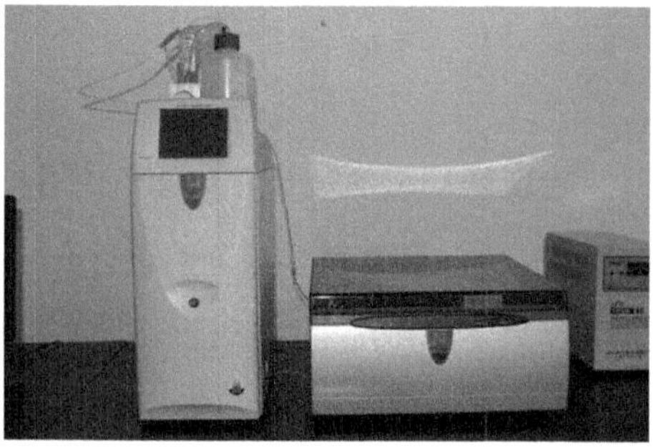

图 6-11　离子色谱仪

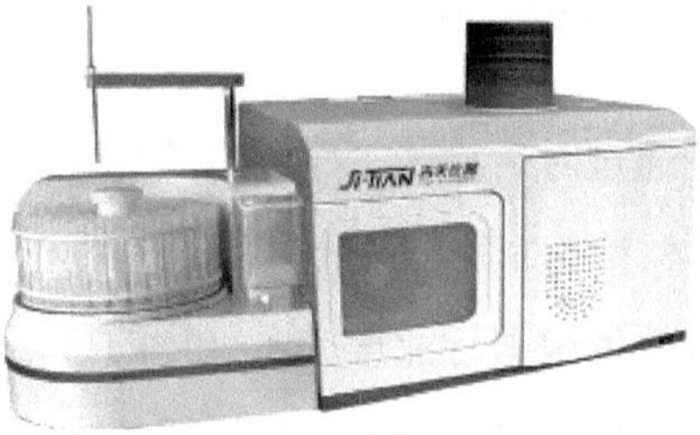

图 6-12　原子荧光光谱仪

（9）气相色谱法

气相色谱法的原理是利用物质的沸点、极性及吸附性质的差异实现混合物的分离，然后利用检测器依次检测已分离出来的组分。其具有快速、有效、灵敏度高等优点，直接用于气相色谱分析的样品必须是气体或液体，常用的前处理方法有索氏提取法、超声提取法、振荡提取法、微波提取法等。图 6-13 为气相色谱仪。

（10）气相色谱-质谱法

气相色谱-质谱法中气相色谱对有机化合物具有有效的分离、分辨能力，而质谱则是准确鉴定化合物的有效手段。由两者结合构成的色谱-质谱联用技术，是分离和检测复杂化合物最有力的工具，可实现复杂体系中有机物的定性及定量测定。气相色谱-质谱法分析虽然结果准确、可靠，但相对于光谱分析等方法其预处理、分析步骤较为复杂。图 6-14 为气相色谱-质谱联用仪。

图 6-13　气相色谱仪

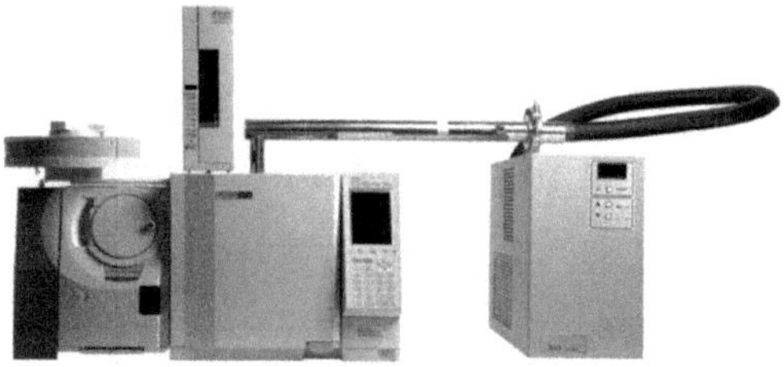

图 6-14　气相色谱-质谱联用仪

6.3.2 指标测定

通过对含涂装工序废水监测项目的梳理，除现场测量的流量在前面已有介绍外，本节将对其余的16项监测指标的常用监测分析方法和注意事项分别进行介绍，排污单位根据行业排放污染物的特征及单位实验室实际情况选择适合的监测方法开展自行监测。若有其他适用的方法，经过开展相关验证也可以使用。

6.3.2.1 pH

（1）常用方法

pH是水中氢离子活度的负对数，$\mathrm{pH}=-\lg a_{\mathrm{H^+}}$。pH是环境监测中比较常用且十分重要的检验项目之一，可间接表示水的酸碱程度，测量常用的分析方法是《水质 pH值的测定 电极法》（HJ 1147—2020）和便携式pH计法［《水和废水监测分析方法》（第四版）］。

（2）注意事项

①pH最好能够现场测定，否则样品采集后，应保持在0～4℃，并在6小时内进行测定。当pH大于12或小于2时，不宜使用便携式pH计方法，以免损伤电极。

②便携式pH计由不同的复合电极构成，其浸泡方式会有所不同，有些电极要用蒸馏水浸泡，有些则严禁用蒸馏水浸泡，应当严格遵守操作手册，以免损伤电极。

③玻璃电极在使用前先放入蒸馏水中浸泡24小时以上。使用后要冲洗干净，浸泡在纯水中。

④测定pH时，玻璃电极的球泡应全部浸入溶液中，并使其稍高于甘汞电极的陶瓷芯端，以免搅拌时碰坏。

⑤必须注意玻璃电极的内电极与球泡之间、甘汞电极的内电极和陶瓷芯之间不得有气泡，以防短路。

⑥测定pH时，为减少空气和水样中二氧化碳的溶入或挥发，在测水样之前，

不应提前打开水样瓶。

⑦玻璃电极表面受到污染时，需进行处理。如果附着无机盐结垢，可用温稀盐酸溶解；对钙、镁等难溶性结垢，可用 EDTA 二钠溶液溶解；沾有油污时，可用丙酮清洗。电极按上述方法处理后，应在蒸馏水中浸泡一昼夜再使用。注意忌用无水乙醇、脱水性洗涤剂处理电极。

6.3.2.2　悬浮物

（1）常用方法

水质中的悬浮物是指水样通过孔径为 0.45 μm 的滤膜，截留在滤膜上并以 103～105℃烘干至恒重的物质。悬浮物的测定常用方法见《水质　悬浮物的测定　重量法》（GB 11901—89）。

（2）注意事项

①所用聚乙烯瓶或硬质玻璃瓶要用洗涤剂清洗，再依次用自来水和蒸馏水冲洗干净。采样前用即将采集的水样清洗 3 次。采集 500～1 000 mL 样品，盖严瓶塞。

②采样时漂浮或浸没的不均匀固体物质不属于悬浮物，应从水样中除去。

③样品应尽快分析，如需放置，应贮存在 4℃冷藏箱中，但最长不得超过 7 天。采样时不能加任何保存剂，以防破坏物质在固液间的分配平衡。

④滤膜上截留过多的悬浮物可能夹带过多的水分，除延长干燥时间外，还可能造成过滤困难，遇此情况，可酌情少取试样。

⑤滤膜上的悬浮物过少，则会增大称量误差，影响测定精度，必要时可增大试样体积，一般以 5～100 mg 悬浮物量作为量取试样体积的使用范围。

6.3.2.3　氟化物

（1）常用方法

地面水和工业废水中氟化物的测定常用方法见《水质　氟化物的测定　离子选择电极法》（GB 7484—87）和《水质　氟化物的测定　氟试剂分光光度法》

（HJ 488—2009）。

（2）注意事项

①温度会影响电极的点位和样品的离解，须使试样与标准溶液的温度相同，并注意调节仪器的温度补偿装置使之与溶液的温度一致。每日测定电极的实际斜率。

②三价铁、铝和四价硅等高价阳离子及氢离子能与氟离子络合产生干扰，所产生的干扰程度取决于络合离子的种类和浓度、氟化物的浓度及溶液的 pH 等。

③电极使用后应用水充分冲洗干净，并用滤纸吸去水分，放在空气中或者放在稀的氟化物标准溶液中。如果短时间内不再使用，应洗净，吸去水分，套上保护电极敏感部位的保护帽，使用前充分冲洗，并去掉水分。

④插入电极前不要搅拌溶液，以免电极表面附着气泡影响测定准确度。测定过程中应连续搅拌，搅拌时速度应适中、稳定，不要形成涡流。

⑤如果电极的膜表面被有机物等沾污，必须先清洗干净才能使用。

6.3.2.4 化学需氧量

（1）常用方法

化学需氧量（COD_{Cr}）是指在强酸并加热条件下，用重铬酸钾作为氧化剂处理水样时所消耗氧化剂的量。化学需氧量常用分析方法见《水质　化学需氧量的测定　重铬酸盐法》（HJ 828—2017）、《水质　化学需氧量的测定　快速消解分光光度法》（HJ/T 399—2007）和《高氯废水　化学需氧量的测定　氯气校正法》（HJ/T 70—2001）。

（2）注意事项

①实验试剂硫酸汞剧毒，实验人员应避免与其直接接触。样品前处理过程应在通风橱中进行。该方法的主要干扰物为氯化物，可加入硫酸汞溶液去除。经回流后，氯离子可与硫酸汞结合成可溶性的氯汞配合物。硫酸汞溶液的用量可根据水样中氯离子的含量，按质量比 $m[HgSO_4]:m[Cl^-]\geqslant 20:1$ 的比例加入，最大加入量为 2 mL（按照氯离子最大允许浓度 1 000 mg/L 计）。水样中氯离子的含量可采用《水质　氯化物的测定　硝酸银滴定法》（GB 11896—89）或《水质　化学

需氧量的测定　重铬酸盐法》（HJ 828—2017）附录 A 进行测定或粗略判定。

②采集水样的体积不得小于 100 mL，采集的水样应置于玻璃瓶中，并尽快分析。如不能立即分析时，应加入硫酸至 pH<2，置于 4℃以下保存，保存时间不能超过 5 天。

③对于污染严重的水样，可选取所需体积的 1/10 的水样放入硬质玻璃管，加入 1/10 的试剂，摇匀后加热沸腾数分钟，观察溶液是否变成蓝绿色。若呈蓝绿色，应再适当少取水样，直到溶液不变蓝绿色为止，从而可以确定待测水样的稀释倍数。

④消解时应使溶液缓慢沸腾，不宜暴沸。如出现暴沸，说明溶液中出现局部过热，会导致测定结果有误。暴沸的原因可能是加热过于激烈，或是防暴沸玻璃珠的效果不好。

6.3.2.5　五日生化需氧量

（1）常用方法

水体中所含的有机物成分复杂，难以一一测定其成分。人们常常利用水中有机物在一定条件下所消耗的氧来间接表示水体中有机物的含量，五日生化需氧量即属于这类的重要指标之一。五日生化需氧量常用分析方法见《水质　五日生化需氧量（BOD_5）的测定　稀释与接种法》（HJ 505—2009）。

（2）注意事项

①丙烯基硫脲属于有毒化合物，操作时应按规定佩戴防护器具，避免接触皮肤和衣物；标准溶液的配制应在通风橱内操作；检测后的残渣废液应做妥善的安全处理。

②采集的样品应充满并密封于棕色玻璃瓶中，样品量不小于 1 000 mL，在 0～4℃的暗处运输保存，并于 24 小时内尽快分析。24 小时内不能分析的，可冷冻保存（冷冻保存时避免样品瓶破裂），冷冻样品分析前须解冻、均质化和接种。

③若样品中的有机物含量较多，BOD_5 的质量浓度大于 6 mg/L，样品需适当稀释后测定。

④对不含或含微生物少的工业废水，如酸性废水、碱性废水、高温废水、冷冻保存的废水或经过氯化处理等的废水，在测定 BOD_5 时应进行接种，以引进能分解废水中有机物的微生物。

⑤当废水中存在难以被一般生活污水中的微生物以正常的速度降解的有机物或含有剧毒物质时，应将驯化后的微生物引入水样中进行接种。

⑥每一批样品做两个分析空白试样，稀释空白试样的测定结果不能超过0.5 mg/L，非稀释接种法和稀释接种法空白试样的测定结果不能超过 1.5 mg/L，否则应检查可能的污染来源。

6.3.2.6 氨氮

（1）常用方法

氨氮（NH_3-N）以游离氨（NH_3）或铵盐（NH_4^+）形式存在于水中。氨氮常用测定方法见《水质　氨氮的测定　蒸馏-中和滴定法》（HJ 537—2009）、《水质　氨氮的测定　气相分子吸收光谱法》（HJ/T 195—2005）、《水质　氨氮的测定　纳氏试剂分光光度法》（HJ 535—2009）、《水质　氨氮的测定　水杨酸分光光度法》（HJ 536—2009）、《水质　氨氮的测定　连续流动-水杨酸分光光度法》（HJ 665—2013）和《水质　氨氮的测定　流动注射-水杨酸分光光度法》（HJ 666—2013）。

（2）注意事项

①水样采集在聚乙烯或玻璃瓶内，要尽快分析。如需保存，应加硫酸使水样酸化至 pH＜2，2～5℃下可保存 7 天。

②水样中含有悬浮物、余氯、钙镁等金属离子、硫化物和有机物时会产生干扰，含有此类物质时要做适当处理，以消除对测定的影响。

③如果水样的颜色过深、含盐量过多，酒石酸钾盐对水样中的金属离子掩蔽能力不够，或水样中存在高浓度的钙、镁和氯化物时，需要预蒸馏。

④试剂和环境温度会影响分析结果，冰箱贮存的试剂需放置到室温后再分析，分析过程中室温波动不超过±5℃。

⑤当同批分析的样品浓度波动较大时，可在样品与样品之间插入空白当试样分析，以减小高浓度样品对低浓度样品的影响。

⑥标定盐酸标准滴定溶液时，至少平行滴定 3 次，平行滴定的最大允许偏差不大于 0.05 mL。

⑦分析过程中发现检测峰峰形异常，一般情况下平峰为超量程，双峰为基体干扰，不出峰为泵管堵塞或试剂失效。

⑧每天分析完毕后，用纯水对分析管路进行清洗，并及时将流动检测池中的滤光片取下放入干燥器中，防尘防湿。

6.3.2.7 总氮

（1）常用方法

总氮是指能测定的样品中溶解态氮及悬浮物中氮的总和，包括亚硝酸盐氮、硝酸盐氮、无机铵盐、溶解态氮及大部分有机含氮化合物中的氮。常用测定方法见《水质 总氮的测定 碱性过硫酸钾消解紫外分光光度法》（HJ 636—2012）、《水质 总氮的测定 连续流动-盐酸萘乙二胺分光光度法》（HJ 667—2013）、《水质 总氮的测定 流动注射-盐酸萘乙二胺分光光度法》（HJ 668—2013）和《水质 总氮的测定 气相分子吸收光谱法》（HJ/T 199—2005）。

（2）注意事项

①将采集好的样品贮存在聚乙烯瓶或硬质玻璃瓶中，用浓硫酸调节 pH 至 1～2，常温下可保存 7 天。贮存在聚乙烯瓶中，−20℃冷冻，可保存 30 天。

②某些含氮有机物在本标准规定的测定条件下不能完全转化为硝酸盐。

③测定应在无氨的实验室环境中进行，避免环境交叉污染对测定结果产生影响。

④实验所用的器皿和高压蒸汽灭菌器等均应无氮污染。实验中所用的玻璃器皿应用盐酸溶液或硫酸溶液浸泡，用自来水冲洗后再用无氨水冲洗数次，洗净后立即使用。高压蒸汽灭菌器应每周清洗。

⑤在碱性过硫酸钾溶液配制过程中，温度过高会导致过硫酸钾分解失效，因此要控制水浴温度在60℃以下，而且应待氢氧化钠溶液温度冷却至室温后，再将其与过硫酸钾溶液混合、定容。

⑥使用高压蒸汽灭菌器时，应定期检定压力表，并检查橡胶密封圈密封情况，避免因漏气而减压。

⑦当同批分析的样品浓度波动较大时，可在样品与样品之间插入空白当试样分析，以减小高浓度样品对低浓度样品的影响。

6.3.2.8 总磷

（1）常用方法

总磷的常用测定方法见《水质　总磷的测定　钼酸铵分光光度法》（GB 11893—1989）、《水质　磷酸盐和总磷的测定　连续流动-钼酸铵分光光度法》（HJ 670—2013）和《水质　总磷的测定　流动注射-钼酸铵分光光度法》（HJ 671—2013）。

（2）注意事项

①用硝酸-高氯酸消解需要在通风橱中进行。高氯酸和有机物的混合物经加热易发生危险，需将试样先用硝酸消解，然后再加入高氯酸消解。

②在采样前，用水冲洗所有接触样品的器皿，样品采集于清洗过的聚乙烯或玻璃瓶中。用于测定磷酸盐的水样，取样后于0～4℃暗处保存，可稳定24小时。用于测定总磷的水样，采集后应立即加入硫酸至pH≤2，常温可保存24小时；于−20℃冷冻，可保存30天。

③对于磷酸含量较少的样品（磷酸盐或总磷浓度≤0.1 mg/L），不可用聚乙烯瓶保存，冷冻保存状态除外。

④绝不可把消解的试样蒸干。

⑤如消解后有残渣时，用滤纸过滤于具塞比色管中。

⑥水样中的有机物用过硫酸钾氧化不能完全被破坏时，可用此法消解。

⑦当同批分析的样品浓度波动较大时，可在样品与样品之间插入空白当试样

分析，以减小高浓度样品对低浓度样品的影响。

⑧每次分析完毕后，用纯水对分析管路进行清洗，并及时将流动检测池中的滤光片取下放入干燥器中，防尘防湿。

6.3.2.9　油类（石油类和动植物油）

（1）常用方法

石油类是指在 pH≤2 的条件下，能够被四氯乙烯萃取且不被硅酸镁吸附的物质。动植物油是指在 pH≤2 的条件下，能够被四氯乙烯萃取且被硅酸镁吸附的物质。常用的测定方法见《水质　石油类和动植物油类的测定　红外分光光度法》（HJ 637—2018）、《水质　石油类的测定　紫外分光光度法（试行）》（HJ 970—2018）。

（2）注意事项

①用采样瓶采集约 500 mL 水样后，加入盐酸溶液酸化至 pH≤2。

②如样品不能在 24 小时内测定，应在 0～4℃冷藏保存，3 天内测定。

③试验中使用的四氯乙烯须符合品质相关要求，避光保存。

④同一批样品测定所使用的四氯乙烯应来自同一瓶，如样品数量较多，可将多瓶四氯乙烯混合均匀后使用。

⑤所有使用完的器皿置于通风橱内挥发完毕后清洗。

⑥四氯乙烯废液应集中存放于密闭容器中，并做好相应标识，委托有资质的单位处理。

6.3.2.10　阴离子表面活性剂

（1）常用方法

阴离子表面活性剂是合成普通洗涤剂的主要活性成分，使用最广泛的阴离子表面活性剂是直链烷基苯磺酸钠（LAS）。常用分析方法见《水质　阴离子表面活性剂的测定　亚甲蓝分光光度法》（GB 7494—87）和《水质　阴离子表面活性剂的测定　流动注射-亚甲基蓝分光光度法》（HJ 826—2017）。

（2）注意事项

①实验中使用的玻璃仪器应避免洗涤剂污染，使用前先用水彻底清洗，然后用 10%（*m*/*m*）的乙醇-盐酸清洗，最后用水冲洗干净。

②取样瓶应使用清洁的玻璃瓶，并事先经甲醇清洗。短期保存冷藏在 4℃冰箱中；保存期为 4 天，加入 1%（*V*/*V*）的 40%（*V*/*V*）甲醛溶液；保存期为 8 天，则需要用氯仿饱和水样。

③主要被测物以外的其他有机硫酸盐、磺酸盐、羧酸盐等与亚甲基蓝作用，可以通过水溶液反洗消除干扰。

④污水中的硫化物能与亚甲蓝反应消耗亚甲基蓝试剂，可将试样调至碱性，并滴加适量的过氧化氢，避免干扰。

⑤季铵类化合物和蛋白质会与阴离子表面活性剂作用，生成稳定的络合物，使测定结果偏低，可采用阳离子交换树脂去除。

⑥萃取操作时，过分摇动会导致液体乳化，加入少量异丙醇可消除乳化现象。

⑦萃取过程中，如果水相中蓝色变淡或消失，说明水样中亚甲基蓝表面活性物（MBAS）浓度超过预计量，应弃去该试样，重新取一份少量试样进行测试。

6.3.2.11 总铬

（1）常用方法

水质中的总铬是指未经过滤的样品经消解后测得的铬。常用测定方法有《水质 铬的测定 火焰原子吸收分光光度法》（HJ 757—2015）、《水质 65 种元素的测定 电感耦合等离子体质谱法》（HJ 700—2014）、《水质 32 种元素的测定 电感耦合等离子发射光谱法》（HJ 776—2015）。

（2）注意事项

①测定高浓度可溶性铬和总铬时，只能使用火焰原子吸收分光光度法，其他情况三种方法均可使用。使用前应注意不同方法的适用范围。

②测定总铬时，样品采集后应当立即加入硝酸调节水样 pH≤2。

③测定可滤态铬时，采样后尽快通过 0.45 μm 滤膜过滤，弃去初始滤液，收集所需体积的滤液于样品瓶中，然后再加入硝酸调节水样 pH。

④实验用的玻璃器皿或塑料器皿洗涤干净后，在稀硝酸溶液中浸泡至少 12 小时，使用前用蒸馏水冲洗干净。

⑤实验中产生的废液应集中收集，并清楚地做好标记贴上标签，委托有资质的单位进行处理。

6.3.2.12 六价铬

（1）常用方法

地面水和工业废水中六价铬的测定常用方法见《水质 六价铬的测定 二苯碳酰二肼分光光度法》（GB/T 7467—87）。

（2）注意事项

①所有玻璃仪器不能使用重铬酸钾洗液洗涤，可用硝酸、硫酸混合液或洗涤剂洗涤。玻璃器皿内壁应保持光洁，防止铬被吸附。

②实验室样品应当使用玻璃瓶采集，采集后应加入氢氧化钠，调节样品 pH 约为 8，尽快测定，如需放置，不宜超过 24 小时。

③样品经锌盐沉淀分离法前处理后，仍含有机物干扰测定时，可用酸性高锰酸钾氧化法破坏有机物后再测定。

6.3.2.13 总锌

（1）常用方法

水质中的总锌是指未经过滤的水样经消解后测得的锌。常用的测定方法见《水质 铜、锌、铅、镉的测定 原子吸收分光光度法》（GB 7475—87）、《水质 锌的测定 双硫腙分光光度法》（GB 7472—87）、《水质 65 种元素的测定 电感耦合等离子体质谱法》（HJ 700—2014）和《水质 32 种元素的测定 电感耦合等离子体发射光谱法》（HJ 776—2015）。

（2）注意事项

①用聚乙烯塑料瓶采集样品。采样瓶先用洗涤剂洗净，再在硝酸溶液中浸泡 24 小时，使用前用无锌水冲洗干净。

②采样后，每 1 000 mL 水样立即加入 2.0 mL 硝酸酸化至 pH 约为 1.5。

③所用玻璃器皿均先用 1+1 硫酸浸泡，再用无锌水洗净。

6.3.2.14 总铜

（1）常用方法

水质中的总铜是指未经过滤的水样，经消解后测得的铜。常用的测定方法见《水质 32 种元素的测定 电感耦合等离子体发射光谱法》（HJ 776—2015）、《水质 65 种元素的测定 电感耦合等离子体质谱法》（HJ 700—2014）、《水质 铜的测定 2,9-二甲基-1,10-菲啰啉分光光度法》（HJ 486—2009）、《水质 铜的测定 二乙级二硫代氨基甲酸钠分光光度法》（HJ 485—2009）和《水质 铜、锌、铅、镉的测定 原子吸收分光光度法》（GB 7475—87）。

（2）注意事项

①用聚乙烯塑料瓶采集样品。采样瓶先用洗涤剂洗净，再在硝酸溶液中浸泡 24 小时以上，使用前用水冲洗干净，采样后立即加硝酸酸化至 pH 为 1～2。

②每批样品至少做 2 个实验室空白，空白值应低于方法测定下限。否则应检查实验用水质量、试剂纯度、器皿洁净度及仪器性能等。

③实验过程中产生的废液和废物应分类收集和保管，委托有资质的单位进行处理。

6.3.2.15 总锰

（1）常用方法

地面水和工业废水中总锰的测定常用方法见《水质 32 种元素的测定 电感耦合等离子体发射光谱法》（HJ 776—2015）和《水质 锰的测定 高碘酸钾分光

光度法》（GB 11906—89）。

（2）注意事项

①为防止低价锰氧化吸附到瓶壁，采样后加硝酸调节 pH 为 1～2。

②酸度是测定的关键条件，测定时调节 pH 为 1～2，不能低于 1。

③样品消化不能蒸干，一旦蒸干，锰的盐类很难复溶，会导致测定结果偏低。

6.3.2.16　总镍

（1）常用方法

水质中的总镍是指未经过滤的样品经消解后测得的镍的总量。常用的测定方法主要有《水质　镍的测定　火焰原子吸收分光光度法》（GB 11912—89）、《水质　65 种元素的测定　电感耦合等离子体质谱法》（HJ 700—2014）、《水质　镍的测定　丁二酮肟分光光度法》（GB 11910—89）和《水质　32 种元素的测定　电感耦合等离子体发射光谱法》（HJ 776—2015）。

（2）注意事项

①测定地表水和地下水中总镍时，只能使用电感耦合等离子体质谱法；测定工业废水和受镍污染的环境水中总镍时，4 种方法均可使用。使用前应注意不同方法的适用范围。

②样品采集后应当立即加入硝酸调节水样 pH 为 1～2。

③测定可滤态镍时，采样后尽快通过 0.45 μm 滤膜过滤，然后再加入硝酸调节水样 pH。

④试验用的玻璃器皿或塑料器皿洗涤干净后，在稀硝酸溶液中浸泡至少 12 小时，使用前用蒸馏水冲洗干净。

⑤试验中产生的废液应集中收集，并做好标记贴上标签，委托有资质的单位处理。

第 7 章　废水自动监测技术要点

近年来，为加大地区排污的监控力度和满足排污许可的要求，全国各级生态环境部门大力推进废水自动监测系统的建设。废水自动监测系统也称为水污染源在线监测系统，通常是由水污染源在线监测设备和在线监测站房组成。随着全国废水自动监测系统数量的逐年攀升，做好系统的建设、验收及运行维护管理工作成为影响数据质量的关键环节。本章基于《水污染源在线监测系统（COD_{Cr}、NH_3-N 等）安装技术规范》（HJ 353—2019）、《水污染源在线监测系统（COD_{Cr}、NH_3-N 等）验收技术规范》（HJ 354—2019）、《水污染源在线监测系统（COD_{Cr}、NH_3-N 等）运行技术规范》（HJ 355—2019）、《水污染源在线监测系统（COD_{Cr}、NH_3-N 等）数据有效性判别技术规范》（HJ 356—2019）等标准，对废水自动监测系统的建设、验收及运行维护应注意的技术要点进行了梳理。

7.1　水污染源在线监测系统组成

水污染源在线监测系统通常包括流量监测单元、水质自动采样单元、水污染源在线监测仪器、数据控制单元以及相应的建筑设施等。

（1）流量监测单元通常包括明渠流量计或管道流量计。采用超声波明渠流量计测定流量，应按技术规范要求修建堰（槽）；管道流量计可选择电磁流量计。

（2）水质自动采样单元通常是指采样管路、采样泵以及水质自动采样器。采样管路应根据废水水质选择优质的聚氯乙烯（PVC）、三丙聚丙烯（PPR）等不影响分析结果的硬管，配有必要的防冻和防腐设施。采样泵应根据水样流量、废水水质、水质自动采样器的水头损失及水位差进行合理选择。采样管路宜设置为明管，并标注水流方向。根据《水污染源在线监测系统（COD_{Cr}、NH_3-N 等）安装技术规范》（HJ 353—2019）的要求，水质自动采样单元应具有采集瞬时水样和混合水样、混匀及暂存水样、自动润洗及排空混匀桶，以及留样功能。

（3）水污染源在线监测仪器是指在现场用于监控、监测污染物排放的化学需氧量（COD_{Cr}）的在线自动监测仪、pH 水质自动分析仪、氨氮水质自动分析仪、总磷水质自动分析仪、污水流量计、水质自动采样器和数据采集传输仪等仪器、仪表。

COD_{Cr} 在线自动监测仪的测定方法多采用重铬酸钾法，对于高氯废水也可考虑采用总有机碳（TOC），但必须与重铬酸钾法做对照实验，得到相关系数，换算成重铬酸钾法监测数据输出。

pH 水质自动分析仪采用玻璃电极法测定。

氨氮水质自动分析仪的测定方法有纳氏试剂光度法、氨气敏电极法、水杨酸-次氯酸盐比色法等。

总磷在线自动监测仪的测定多采用钼锑抗分光光度法。

总氮在线自动监测仪的测定多采用连续流动-盐酸萘乙二胺分光光度法和碱性过硫酸钾消解紫外分光光度法。

数据采集设备主要是对各种监测设备测量的数据进行采集、存储及处理，并将有关的数据存储和输出。

数据传输设备将采集的各种监测数据传输至生态环境主管部门，目前，数据的传输有多种方式，包括 GPRS 方式、GSM 短消息方式、局域网方式等。

（4）数据控制单元是指实现控制整个水污染源在线监测系统内部仪器设备联动，自动完成水污染源在线监测仪器的数据采集、整理、输出及上传至监控中心平台，接受监控中心平台命令控制水污染源在线监测仪器运行等功能的单元。根据《水污染源在线监测系统（COD_{Cr}、NH_3-N 等）安装技术规范》（HJ 353—2019）

的要求，数据控制单元可控制水质自动采样单元采样、送样及留样等操作。

（5）总体要求。排污单位在安装自动监测设备时，应当根据国家对每个监测设备的具体技术要求进行选型安装。选型安装在线监测仪器时，应根据污染物浓度和排放标准，选择检测范围与之匹配的在线监测仪器，监测仪器应满足国家对应仪器的技术要求，如《化学需氧量（COD_{Cr}）水质在线自动监测仪技术要求及监测方法》（HJ 377—2019）、《氨氮水质在线自动监测仪技术要求及检测方法》（HJ 101—2019）、《总氮水质自动分析仪技术要求》（HJ/T 102—2003）、《总磷水质自动分析仪技术要求》（HJ/T 103—2003）、《pH 水质自动分析仪技术要求》（HJ/T 96—2003）等。选型安装数据传输设备时，应按照《污染物在线监控（监测）系统数据传输标准》（HJ 212—2017）和《污染源在线自动监控（监测）数据采集传输仪技术要求》（HJ 477—2009）的规范要求设置，不得添加其他可能干扰监测数据存储、处理、传输的软件或设备。

在污染源自动监测设备建设、联网和管理过程中，当地管理部门有相关规定的，应同时参考地方的规定要求。如上海市环境保护局于 2017 年发布的《上海市固定污染源自动监测建设、联网、运维和管理有关规定》。

7.2 现场安装要求

废水自动监测系统现场安装主要涉及现场监测站房建设、排放口规范化整治、采样点位选取等内容，其中监测站房的建筑设计应作为在线监控的专室专用，远离有腐蚀性气体的地点，并满足所处位置的气候、生态、地质、安全等要求，站房内应安装空调和冬季采暖设备，空调具有来电自启动功能，具备温湿度计；排放口应满足生态环境主管部门规定的排放口规范化设置要求；监测站房内、采样口等区域应安装视频监控设备；采样点位应避开有腐蚀性气体、较强的电磁干扰和振动的地方，应易于到达，且保证采样管路不超过 50 m，同时应有足够的工作空间和安全措施，便于采样和维护操作。具体要求详见 5.2.4 节。

7.3 调试检测

废水污染源自动监测设备现场安装完成后，需对其进行调试、试运行，以验证设备是否符合连续稳定运行的技术要求。

7.3.1 调试

调试是指对流量计、水质自动采样器、水质自动分析仪运行初期进行校准、校验的检查，并按照标准规范要求编制调试报告。具体要求如下：

（1）明渠流量计应进行流量比对误差和液位比对误差测试。

（2）水质自动采样器应进行采样量误差和温度控制误差测试。

（3）水质自动分析仪应根据排污企业排放浓度选择量程，并在该量程下进行 24 小时漂移、重复性、示值误差以及实际水样比对测试。

（4）各水污染源在线监测仪器指标应符合相关技术要求的调试效果，TOC 水质自动分析仪参照 COD_{Cr} 水质自动分析仪执行。

7.3.2 试运行

设备调试完成后，进入试运行阶段，根据实际水污染源排放特点及建设情况，编制水污染源在线监测系统运行与维护方案以及相应的记录表格，最终编制试运行报告。具体要求如下：

（1）试运行期间应保持对水污染源在线监测系统连续供电，连续正常运行 30 天。

（2）可设定任一时间（时间间隔不小于 24 小时），由水污染源在线系统自动调节零点和校准量程值。

（3）因排放源故障或在线监测系统故障造成试运行中断，在排放源或在线监测系统恢复正常后，重新开始试运行。

（4）试运行期间数据传输率应不小于 90%。

（5）数据控制系统已经和水污染源在线监测仪器正确连接，并开始向监控中心平台发送数据。

7.4 验收要求

自动监测设备完成安装、调试及试运行并与生态环境主管部门联网，同时符合下列要求后，建设方组织仪器供应商、管理部门等相关方实施技术验收工作，并编制在线验收报告。验收主要内容应包括建设验收、仪器设备验收、联网验收及运行与维护方案验收。验收前自动监测设备应满足以下条件：

（1）提供水污染源在线监测系统的选型、工程设计、施工、安装调试及性能等相关技术资料。

（2）水污染源在线监测系统已完成调试与试运行，并提交运行调试报告与试运行报告。

（3）提供流量计、标准计量堰（槽）的检定证书，水污染源在线监测仪器应符合《水污染源在线监测系统（COD_{Cr}、NH_3-N 等）安装技术规范》（HJ 353—2019）中表 1 技术要求的证明材料。

（4）水污染源在线监测系统所采用的基础通信网络和基础通信协议应符合《污染物在线监控（监测）系统数据传输标准》（HJ 212—2017）的相关要求，对通信规范的各项内容做出响应，并提供相关的自检报告。同时提供生态环境主管部门出具的联网证明。

（5）水质自动采样单元已稳定运行 30 天，可采集瞬时水样和具有代表性的混合水样供水污染源在线监测仪器分析使用，可进行留样并报警。

（6）验收过程供电不间断。

（7）数据控制单元已稳定运行 30 天，向监控中心平台及时发送数据，其间设备运转率应大于 90%；数据传输率应大于 90%。

7.4.1　建设验收要求

建设验收主要是对污染源排放口、流量监测单元、监测站房、水质自动采样单元、数据控制单元进行验收，主要内容如下：

（1）污染源排放口应符合相关技术规范要求，具备便于水质自动采样单元和流量监测单元安装条件的采样口，并设置人工采样口。

（2）流量计安装处应设置有对超声波探头检修和比对的工作平台，可方便实现对流量计的检修和比对工作。

（3）监测站房专室专用，新建监测站房面积应不小于 15 m^2，站房高度不低于 2.8 m。

（4）水质自动采样单元应具有集瞬时水样和混合水样、混匀及暂存水样、自动润洗及排空混匀桶，以及瞬时水样和混合水样的留样功能；pH 水质自动分析仪、温度计应具有原位测量或测量瞬时水样功能；COD_{Cr}、TOC、NH_3-N、TP、TN 水质自动分析仪应具有测量混合水样功能。

（5）数据控制单元可协调统一运行水污染源在线监测系统，采集、储存、显示监测数据及运行日志，并向监控中心平台上传污染源监测数据。

7.4.2　在线监测仪器验收要求

7.4.2.1　基本验收要求

（1）水污染源在线监测仪器验收包括对化学需氧量（COD_{Cr}）在线自动监测仪、总有机碳（TOC）水质自动分析仪、pH 水质自动分析仪、氨氮水质自动分析仪、总磷水质自动分析仪、总氮水质自动分析仪、超声波明渠污水流量计、水质自动采样器等技术指标进行验收。

（2）性能验收内容包括液位比对误差、流量比对误差、采样量误差、温度控制误差、24 小时漂移、准确度以及实际水样比对测试。

7.4.2.2 性能验收

（1）化学需氧量（COD_{Cr}）在线自动监测仪、总有机碳（TOC）水质自动分析仪、pH 水质自动分析仪、氨氮水质自动分析仪和总磷水质自动分析仪、总氮水质自动分析仪验收应包括 24 小时漂移、准确度、实际水样比对。验收指标要求见《水污染源在线监测系统（COD_{Cr}、NH_3-N 等）验收技术规范》（HJ 354—2019）表 2。

（2）超声波流量计验收应包括液位比对误差、流量比对误差。验收指标要求见《水污染源在线监测系统（COD_{Cr}、NH_3-N 等）验收技术规范》（HJ 354—2019）表 2。

（3）水质自动采样器验收应包括采样量误差、温度控制误差。验收指标要求见《水污染源在线监测系统（COD_{Cr}、NH_3-N 等）验收技术规范》（HJ 354—2019）表 2。

7.4.3 联网验收

联网验收由通信验收、数据传输正确性验收、联网稳定性验收、现场故障模拟恢复试验、生成统计报表等内容组成。

7.4.3.1 通信验收

通信验收包括通信稳定性、数据传输安全性、通信协议正确性三部分内容。

（1）通信稳定性：数据控制单元和监控中心平台之间通信稳定，不应出现经常性的通信连接中断、数据丢失、数据不完整等通信问题。数据控制单元在线率达 90%以上，正常情况下，掉线后应在 5 min 之内重新上线。数据采集传输仪每日掉线次数在 5 次以内。数据传输稳定性在 99%以上，当出现数据错误或丢失时，启动纠错逻辑，要求数据采集传输仪重新发送数据。

（2）数据传输安全性：数据采集传输仪在需要时可按照《污染物在线监控

（监测）系统数据传输标准》（HJ 212—2017）中规定的加密方法进行加密处理传输，保证数据传输的安全性。

（3）通信协议正确性：采用的通信协议应完全符合《污染物在线监控（监测）系统数据传输标准》（HJ 212—2017）的相关要求。

7.4.3.2　数据传输正确性验收

（1）系统稳定运行一个月后，任取其中不少于连续 7 天的数据进行检查，要求监控中心平台接收的数据与数据控制单元采集和存储的数据完全一致；

（2）检查水污染源在线连续自动分析仪器存储的测定值，由数据控制单元所采集并存储。

7.4.3.3　联网稳定性验收

在连续一个月内，系统能稳定运行，不出现除通信稳定性、通信协议正确性、数据传输正确性以外的其他联网问题。

7.4.3.4　其他要求

（1）验收过程中应进行现场故障模拟恢复试验，人为模拟现场断电、断水和断气等故障，在恢复供电等外部条件后，水污染源在线连续自动监测系统应能正常自启动和远程控制启动。在数据控制单元中保存故障前完整分析的分析结果，并在故障过程中不被丢失。数据控制系统完整记录所有故障信息。

（2）在线监测系统能够按照规定要求自动生成日统计表、月统计表和年统计表。

7.4.4　运行与维护方案验收

运行与维护方案应包含水污染源在线监测系统情况说明、运行与维护作业指导书及记录表格，并形成书面文件进行有效管理。

（1）水污染源在线监测系统情况说明应至少包含以下内容：排污单位基本情

况，水污染源在线监测系统构成图，水质自动采样系统流路图，数据控制系统构成图，所安装的水污染源在线监测仪器方法原理、选定量程、主要参数、所用试剂，以及按照《水污染源在线监测系统（COD_{Cr}、NH_3-N 等）运行技术规范》（HJ 355—2019）规定建立的各组成部分的维护要点及维护程序。

（2）运行与维护作业指导书内容应至少包含以下内容：水污染在线监测系统各组成部分的维护方法，所安装的水污染源在线监测仪器的操作方法、试剂配制方法、维护方法，流量监测单元、水样自动采集单元及数据控制单元的维护方法。

（3）记录表格应满足运行与维护作业指导书中的设定要求。

7.4.5 验收报告要求

依据上述验收内容，编制验收报告［格式详见《水污染源在线监测系统（COD_{Cr}、NH_3-N 等）验收技术规范》（HJ 354—2019）附录 A］。验收报告后应附验收比对监测报告、联网证明和安装调试报告。验收报告内容全部符合要求后，方可通过验收。

7.5 运行管理要求

污染源自动监测设备通过验收后，自动监测设备即被认定为已处于正常运行状态，设备运行维护单位应按照相关技术规范的要求做好日常运行管理。

7.5.1 总体要求

水污染源在线监测设备运维单位应根据相关技术规范及仪器使用说明书开展运行管理工作，并制定完善的水污染源自动监测设备运行维护管理制度，确定系统运行操作人员和管理维护人员的工作职责。运维人员应具备相关专业知识，通过相应的培训教育和能力确认/考核等活动，熟练掌握水污染源在线监测设备的原理、使用和维护方法。

设备验收完成后应对设备相关参数进行备案，备案参数应与设备参数保持一致，如需修改相关参数，应提交情况说明，重新进行备案。

7.5.2 运维单位

运维单位应在服务省（区、市）无不良运行维护记录，未出现过故意干扰在线监测仪器、在线监测数据弄虚作假的不良行为。运维单位应严格按照技术规范开展日常运行维护工作，建立完善的运行维护管理制度及档案资料备查，应备有所运行在线监测仪器的备用仪器，同时应配备相应仪器参比方法，实际水样比对试验装置。能够提供驻地运行维护服务，在设备出现故障 12 小时内到达现场并及时处理，能与在线监测仪器建设单位保持良好沟通，确保在最短时间内修复故障。

7.5.3 管理制度

运维单位应建立水污染源自动监测设备运行维护管理制度，主要包括仪器设备运行与维护的作业指导书，日常巡检制度及巡检内容，定期维护制度及定期维护内容，定期校验和校准制度及内容，易损、易耗品的定期检查和更换制度，废药剂的收集处置制度，设备故障及应急处理制度，运行维护记录内容等一系列管理制度。

7.5.4 日常维护总体要求

运维单位应按照相关技术规范及仪器使用说明书建立日常巡检制度，开展日常巡检工作并做好记录。日常巡检内容主要包括每日通过远程检查或现场查看的方式检查仪器运行状态、数据传输系统以及视频监控系统是否正常，设备出现故障时应第一时间处理解决；除日常维护工作外，应按照相关要求和设备说明书完成每周、每月、每季度的检查维护工作。每日数据传输情况、定期的设备检查及保养情况应记录并归档。每次进行备件或材料更换时，更换的备件或材料的品名、规格、数量等应记录并归档。如更换标准物质或标准样品，还需记录标准物质或标准样品的浓度、配制时间、更换时间、有效期等信息。对日常巡检或维护保养中发现的故障或问题，系统管理维护人员应及时处理并记录。

7.5.5 运行技术总体要求

运维单位应按照相关技术规范要求定期进行自动标样核查和自动校准，同时定期进行实际水样比对试验。

7.6 质量保证要求

7.6.1 总体要求

水污染源自动监测设备日常运行质量保证是保证设备正常稳定运行、持续提供有质量保证监测数据的必要手段。操作维护人员每日远程检查或现场查看检测设备运行状态，如发现异常，应立即前往；操作维护人员每周至少一次对设备进行现场维护，包括试剂添加、设备状态检查、采样系统维护、供电系统检查等；操作维护人员每月一次对现场设备进行保养，包括检查和保养易损耗件、测量部件和对设备外壳进行清洗，每季度检查及更换易损耗件，用专用容器回收仪器设备产生的废液；操作维护人员每月至少进行一次实际水样比对试验，定期对设备进行自动标样核查和自动校准。当设备出现因故障或维护原因不能正常运行时，应在 24 小时内报告当地生态环境主管部门。以月为周期，每月设备有效数据率不得小于 90%，以保证监测数据的数量要求。

有效数据率=仪器实际获得的有效数据个数/应获得的有效数据个数×100%

7.6.2　日常检查维护

7.6.2.1　运行和日常维护

（1）每日远程检查或现场查看仪器运行状态，检查数据传输系统以及视频监控系统是否正常，如发现数据有持续异常情况，应立即前往站点进行检查。

（2）每周至少一次对监测系统进行现场维护，现场维护内容包括：

检查自来水供应、泵取水情况；检查内部管路是否通畅、仪器自动清洗装置运行是否正常；检查各自动分析仪的进样水管和排水管是否清洁，必要时进行清洗；定期清洗水泵和过滤网。

检查站房内电路系统、通信系统是否正常。

对于用电极法测量的仪器，检查标准溶液和电极填充液，并进行电极探头的清洗。

若部分站点使用气体钢瓶，应检查载气气路系统是否密封、气压是否满足使用要求。

检查各仪器标准溶液和试剂是否在有效期内，按相关要求定期更换标准溶液和分析试剂。

观察数据采集传输仪运行情况，并检查连接处有无损坏，对数据进行抽样检查，对比自动分析仪、数据采集传输仪及监控中心平台接收到的数据是否一致。

检查水质自动采样系统管路是否清洁，采样泵、采样桶和留样系统是否正常工作，留样保存温度是否正常。

（3）每月现场维护内容

水质自动采样系统：根据情况更换蠕动泵管、清洗混合采样瓶等。

总有机碳（TOC）水质自动分析仪：检查 TOC-COD_{Cr}转换系数是否适用，必要时进行修正。检查 TOC 水质自动分析仪的泵、管、加热炉温度等，检查试剂余量（必要时添加或更换），检查卤素洗涤器、冷凝器水封容器、增湿器，必要时加蒸馏水。

化学需氧量（COD_{Cr}）水质在线自动监测仪：检查内部试管是否被污染，必要时进行清洗。

氨氮水质自动分析仪：检查气敏电极表面是否清洁，对仪器管路进行保养、清洁。

流量计：检查超声波流量计液位传感器高度是否发生变化，检查超声波探头与水面之间是否有干扰测量的物体，对堰体内影响流量计测定的干扰物进行清理；检查管道电磁流量计的检定证书是否在有效期内。

pH 水质自动分析仪：用酸液清洗一次电极，检查 pH 电极是否钝化，必要时进行校准或更换。

温度计：每月至少进行一次现场水温比对试验，必要时进行校准或更换。

每月的现场维护应包括对水污染源在线监测仪器进行一次保养，对仪器分析系统进行维护；对数据存储或控制系统工作状态进行一次检查；检查监测仪器接地情况，检查监测站房防雷措施。检查和保养仪器易损耗件，必要时进行更换；检查及清洗取样单元、消解单元、检测单元、计量单元等。

（4）每季度现场维护内容

检查及更换仪器易损耗件，检查关键零部件可靠性，如计量单元准确性、反应室密封性等，必要时进行更换。对于水污染源在线监测仪器所产生的废液应使用专用容器予以回收，交由有危险废物处理资质的单位处理，不得随意排放或回流入污水排放口。

（5）其他预防性维护

保证监测站房的安全性，进出监测站房应进行登记，包括出入时间、人员、出入原因等，应设置视频监控系统。

保持监测站房的清洁，保持设备的清洁，保证监测站房内的温度、湿度满足仪器正常运行的要求。

保持各仪器管路通畅，出水正常，无漏液。

对电源控制器、空调、排风扇、供暖、消防设备等辅助设备要进行经常性检查。

此处未提及的维护内容，按相关仪器说明书的要求进行仪器维护保养、易耗品的定期更换工作。

7.6.2.2　维护记录

操作人员应详细了解水污染源在线监测系统的基本情况，并填写相关记录表格。在对系统进行日常维护时，应做好巡检维护记录，巡检维护记录应包含日志检查、耗材检查、辅助设备检查、采样系统检查、水污染源在线监测仪器检查、数据采集传输系统检查等必检项目和记录，以及仪器使用说明书中规定的其他检查项目和仪器参数设置记录、标样核查及校准结果记录、检修记录、易耗品更换记录、标准样品更换记录及实际水样比对试验结果记录。

7.6.3　运行技术要求

运行技术要求包括自动标样核查和自动校准、实际水样比对试验。

7.6.3.1　自动标样核查和自动校准

选用浓度约为现场工作量程上限值 0.5 倍的标准样品定期进行自动标样核查。如果自动标样核查结果不符合《水污染源在线监测系统（COD_{Cr}、NH_3-N 等）运行技术规范》（HJ 355—2019）表 1（以下简称表 1）的规定，则应对仪器进行自动校准。仪器自动校准完成后应使用标准溶液进行验证（可使用自动标样核查代替该操作），验证结果应符合表 1 的规定，如不符合则应重新进行一次校准和验证，如 6 小时内仍不符合表 1 的规定，则应进入人工维护状态。

在线监测仪器自动校准及验证时间如果超过 6 小时则应采取人工监测的方法向相应生态环境主管部门报送数据，数据报送每天不少于 4 次，间隔时间不得超过 6 小时。

自动标样核查周期最长间隔时间不得超过 24 小时，校准周期最长间隔时间不得超过 7 天。

7.6.3.2 实际水样比对试验

除流量以外，运行维护人员每月应对每个站点所有自动分析仪至少进行 1 次实际水样比对试验；对于超声波明渠流量计每季度至少用便携式明渠流量计比对装置进行一次比对试验，试验结果均应满足表 1 规定的要求。

（1）COD_{Cr}、TOC、NH_3-N、TP、TN 水质自动分析仪

每月至少进行一次实际水样比对试验，采用水质自动分析仪与国家环境监测分析方法标准分别对相同的水样进行分析，两者测量结果组成一个测定数据对，至少获得 3 个测定数据对，计算实际水样比对试验的绝对误差或相对误差。

当实际水样比对试验的结果不满足标准规定的性能指标要求时，应对仪器进行校准和标准溶液验证后再次进行实际水样比对试验。如第二次实际水样比对试验结果仍不符合性能指标要求时，仪器应进入维护状态，同时此次实际水样比对试验至上次仪器自动校准或自动标样核查期间所有的数据均判断为无效数据。

仪器维护时间超过 6 小时时，应采取人工监测的方法向相应生态环境主管部门报送数据，数据报送每天不少于 4 次，间隔时间不得超过 6 小时。

（2）pH 水质自动分析仪和温度计

每月至少进行一次实际水样比对试验，采用 pH 水质自动分析仪和温度计与国家环境监测分析方法标准分别对相同的水样进行分析，计算仪器测量值与国家环境监测分析方法标准测定值的绝对误差。

当比对结果不符合标准规定的性能指标要求时，应对 pH 水质自动分析仪和温度计进行校准，校准完成后需再次进行比对，直至合格。

（3）超声波明渠流量计

每季度至少用便携式明渠流量计比对装置对现场安装使用的超声波明渠流量计进行 1 次比对试验（比对前应对便携式明渠流量计进行校准），当比对结果不符合标准规定的性能指标要求时，应对超声波明渠流量计进行校准，校准完成后需再次进行比对，直至合格。

1）液位比对：分别用便携式明渠流量计比对装置（液位测量精度≤1 mm）和超声波明渠流量计测量同一水位观测断面处的液位值，进行比对试验，每 2 min 读取一次数据，连续读取 6 次，计算每一组数据的误差值，选取最大的一组误差值作为流量计的液位误差。

2）流量比对：分别用便携式明渠流量计比对装置和超声波明渠流量计测量同一水位观测断面处的瞬时流量，进行比对试验，待数据稳定后开始计时，计时 10 min，分别读取明渠流量比对装置该时段内的累积流量和超声波明渠流量计该时段内的累积流量，最终计算出流量比对误差。

7.6.3.3　有效数据率

以月为周期，计算每个周期内水污染源在线监测仪实际获得的有效数据的个数占应获得的有效数据的个数的百分比不得小于 90%，有效数据的判定按照《水污染源在线监测系统（COD_{Cr}、NH_3-N 等）数据有效性判别技术规范》（HJ 356—2019）的相关规定。

7.6.4　检修和故障处理要求

污染源自动监测设备发生故障后，应严格按照相关技术规范及管理要求进行设备检修，具体情况如下：

（1）水污染源在线监测系统需维修的，应在维修前报相应生态环境主管部门备案；需停运、拆除、更换、重新运行的，应经相应生态环境主管部门批准同意。

（2）因不可抗力和突发性原因致使水污染源在线监测系统停止运行或不能正常运行时，应当在 24 小时内报告相应生态环境主管部门并书面报告停运原因和设备情况。

（3）运行单位发现故障或接到故障通知，应在规定的时间内赶到现场处理并排除故障，无法及时处理的应安装备用仪器。

（4）水污染源在线监测仪器经过维修后，在正常使用和运行之前应确保其维修全部完成并通过校准和比对试验。若在线监测仪器进行了更换，在正常使用和运行之前，应确保其性能指标满足表 1 的要求。维修和更换的仪器，可由第三方或运行单位自行出具比对检测报告。

（5）数据采集传输仪发生故障，应在相应生态环境主管部门规定的时间内修复或更换，并保证已采集的数据不丢失。

（6）运行单位应备有足够的备品备件及备用仪器，对其使用情况进行定期清点，并根据实际需要进行增购。

（7）水污染源在线监测仪器因故障或维护等原因不能正常工作时，应及时向相应生态环境主管部门报告，必要时采取人工监测，监测周期间隔时间不大于 6 小时，数据报送每天不少于 4 次，监测技术要求参照《污水监测技术规范》（HJ 91.1—2019）执行。

7.6.5 运行比对监测要求

7.6.5.1 在线监测系统采样管理

比对监测时，应记录水污染源在线监测系统是否按照《水污染源在线监测系统（COD_{Cr}、NH_3-N 等）安装技术规范》（HJ 353—2019）进行采样，并在报告中说明有关情况。比对监测应及时正确地做好原始记录，并及时正确地粘贴样品标签，以免混淆。

7.6.5.2 仪器质量控制要求

比对监测时，应核查水污染源在线监测仪器参数设置情况，必要时进行标准溶液抽查，核查标准溶液是否符合相关规定的要求，并在记录和报告中说明有关情况；比对监测所使用的标准样品和实际水样应符合现场安装仪器的量程；比对监测期间，禁止对在线监测仪器进行任何调试。

7.6.5.3　比对监测仪器性能要求

比对监测期间应对水污染源在线监测仪器进行比对试验，并符合《水污染源在线监测系统（COD_{Cr}、NH_3-N 等）安装技术规范》（HJ 353—2019）表 1 的要求。

7.6.6　运行档案与记录

（1）水污染源在线监测系统运行的技术档案包括仪器的说明书、《水污染源在线监测系统（COD_{Cr}、NH_3-N 等）安装技术规范》（HJ 353—2019）要求的系统安装记录和《水污染源在线监测系统（COD_{Cr}、NH_3-N 等）验收技术规范》（HJ 354—2019）要求的验收记录、仪器的检测报告以及各类运行记录表格。

（2）运行记录应清晰、完整，现场记录应在现场及时填写。可从记录中查阅和了解仪器设备的使用、维修和性能检验等全部历史资料，以便对运行的各台仪器设备做出正确评价。与仪器相关的记录可放置在现场并妥善保存。

（3）运行记录表格主要包括水污染源在线监测系统基本情况、巡检维护记录表、水污染源在线监测仪器参数设置记录表、标样核查及校准结果记录表、检修记录表、易耗品更换记录表、标准样品更换记录表、实际水样比对试验结果记录表、水污染源在线监测系统运行比对监测报告、运行工作检查表等［格式详见《水污染源在线监测系统（COD_{Cr}、NH_3-N 等）运行技术规范》（HJ 355—2019）］，运行单位可根据实际需求及管理需要调整或增加不同的表格。

7.6.7　数据有效性判别流程

水污染源在线监测系统的运行状态分为仪器正常采样监测时段和仪器非正常采样监测时段。数据有效性判别流程如图 7-1 所示。

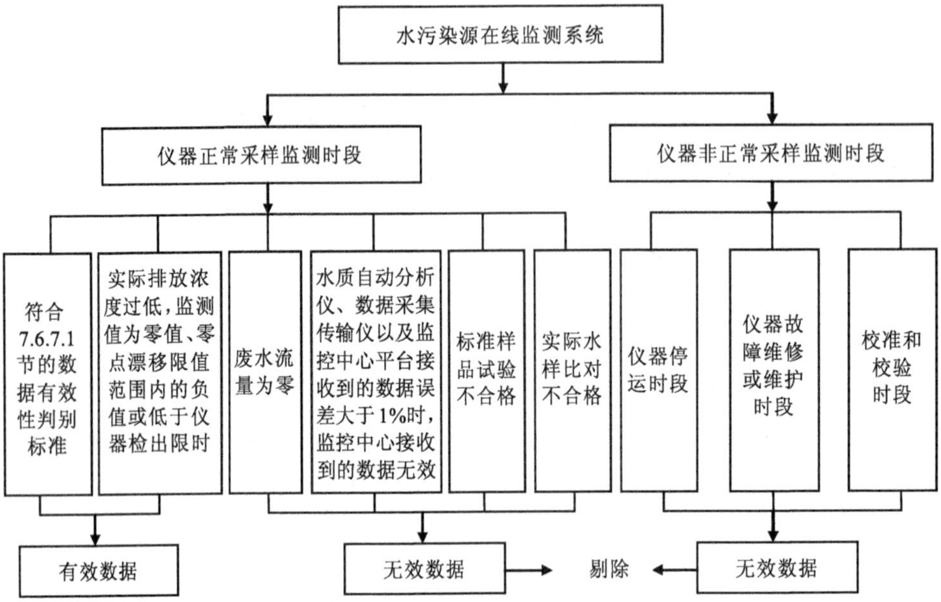

图 7-1 水污染源在线监测系统数据有效性判别流程

7.6.7.1 数据有效性判别指标

（1）实际水样比对试验误差

①COD_{Cr}、TOC、NH_3-N、TP、TN 水质自动分析仪

对每个站点安装的 COD_{Cr}、TOC、NH_3-N、TP、TN 水质自动分析仪进行自动监测方法与《水污染源在线监测系统（COD_{Cr}、NH_3-N 等）数据有效性判别技术规范》（HJ 356—2019）表 1 中规定的国家环境监测分析方法标准的比对试验，两者测量结果组成一个测定数据对，至少获得 3 个测定数据对。比对过程中应尽可能保证比对样品均匀一致，实际水样比对试验结果应满足《水污染源在线监测系统（COD_{Cr}、NH_3-N 等）运行技术规范》（HJ 355—2019）表 1 的要求。

②pH 水质自动分析仪与温度计

对每个站点安装的 pH 水质自动分析仪、温度计进行自动监测方法与《水污染源在线监测系统（COD_{Cr}、NH_3-N 等）数据有效性判别技术规范》（HJ 356—2019）表 1 中规定的国家环境监测分析方法标准的比对试验，两者测量结果组成一个测定数据对，比对过程中应尽可能保证比对样品均匀一致，实际水样比对试验结果应满足《水污染源在线监测系统（COD_{Cr}、NH_3-N 等）运行技术规范》（HJ 355—2019）表 1 的要求。

（2）标准样品试验误差

标准样品试验包括自动标样核查、标准溶液验证。

对每个站点安装的 COD_{Cr}、TOC、NH_3-N、TP、TN 水质自动分析仪，采用有证标准样品作为质控考核样品，以浓度约为现场工作量程上限值 0.5 倍的标准样品进行自动标样核查试验，试验结果应满足《水污染源在线监测系统（COD_{Cr}、NH_3-N 等）运行技术规范》（HJ 355—2019）表 1 的要求，否则应对仪器进行自动校准，仪器自动校准完成后应使用标准溶液进行验证（可使用自动标样核查代替该操作），验证结果应满足《水污染源在线监测系统（COD_{Cr}、NH_3-N 等）运行技术规范》（HJ 355—2019）表 1 的要求。

（3）超声波明渠流量计比对试验误差

对每个站点安装的超声波明渠流量计进行自动监测方法与手工监测方法的比对试验，比对试验的方法按照 7.6.3.2 节的相关规定进行，比对试验结果应满足《水污染源在线监测系统（COD_{Cr}、NH_3-N 等）运行技术规范》（HJ 355—2019）表 1 的要求。

7.6.7.2　数据有效性判别方法

（1）有效数据判别

①排污单位可以利用具备自动标记功能的自动监测设备在自动监测设备现场端进行自动标记，也可以授权有关责任人在自动监控系统企业服务端进行人工标记。鼓励排污单位优先进行自动标记，提高标记准确度，减少人工标记工作量。同一时段同时存在人工标记和自动标记时，以人工标记为准。排污单位完成标记

即为审核确认自动监测数据的有效性。

②自动标记即时生成，各项自动监测数据由自动监测设备同步按照相关标准规范分别计算。一般情况下，每日 12 时前完成前一日数据的人工标记，各项自动监测数据由自动监控系统企业服务端计算；如因通信中断数据未上传、系统升级维护等导致无法进行人工标记时，应当在数据上传后或标记功能恢复后 24 小时内完成人工标记。逾期不进行人工标记，视为对自动监测数据的有效性无异议。

③自动监测日均值数据有效性，根据自动监测小时均值数据标记情况进行自动判断。

④正常采样监测时段获取的监测数据，满足 7.6.7.1 节的数据有效性判别标准，可判断为有效数据。

⑤监测值为零值、零点漂移限值范围内的负值或低于仪器检出限时，需要通过现场检查、实际水样比对试验、标准样品试验等质控手段来识别，对于因实际排放浓度过低而产生的上述数据，仍判断为有效数据。

⑥监测值如出现急剧升高、急剧下降或连续不变等情况，则需要通过现场检查、实际水样比对试验、标准样品试验等质控手段来识别，再做判别和处理。

⑦水污染源在线监测系统的运维记录应当记载运行过程中报警、故障维修、日常维护、校准等内容，运维记录可作为数据有效性判别的证据。

⑧水污染源在线监测系统应可调阅和查看详细的日志，日志记录可作为数据有效性判别的证据。

（2）无效数据判别

①自动监测数据不能真实、准确、完整反映污染物排放实际状况时，排污单位按要求如实标记的，视为自动监测数据无效。

②当流量为零时，在线监测系统输出的监测值为无效数据。

③水质自动分析仪、数据采集传输仪以及监控中心平台接收到的数据误差大于 1%时，则监控中心平台接收到的数据为无效数据。

④发现标准样品试验不合格、实际水样比对试验不合格时，从此次不合格时

刻起至上次校准校验（自动校准、自动标样核查、实际水样比对试验中的任何一项）合格时刻期间的在线监测数据均判断为无效数据，从此次不合格时刻起至再次校准校验合格时刻期间的数据，作为非正常采样监测时段数据，判断为无效数据。

⑤水质自动分析仪停运期间、因故障维修或维护期间、有计划（质量保证和质量控制）地维护保养期间、校准和校验等非正常采样监测时间段内输出的监测值为无效数据，但应对该时段数据做标记，作为监测仪器检查和校准的依据予以保留。

判断为无效的数据应注明原因，并保留原始记录。

7.6.7.3　有效均值的计算

（1）数据统计

正常采样监测时段获取的有效数据，应全部参与统计。

监测值为零值、零点漂移限值范围内的负值或低于仪器检出限，并判断为有效数据时，应采用修正后的值参与统计。修正规则：COD_{Cr} 修正值为 2 mg/L、NH_3-N 修正值为 0.01 mg/L、TP 修正值为 0.005 mg/L、TN 修正值为 0.025 mg/L。

（2）有效日均值

有效日均值是对应于以每日为一个监测周期获得的某个污染物（COD_{Cr}、NH_3-N、TP、TN）的所有有效监测数据的平均值，参与统计的有效监测数据数量应不少于当日应获得数据数量的 75%。有效日均值是以流量为权的某个污染物的有效监测数据的加权平均值。

（3）有效月均值

有效月均值是对应于以每月为一个监测周期获得的某个污染物（COD_{Cr}、NH_3-N、TP、TN）的所有有效日均值的算术平均值，参与统计的有效日均值数量应不少于当月应获得数据数量的 75%。

7.6.7.4　无效数据的处理

正常采样监测时段，当 COD_{Cr}、NH_3-N、TP 和 TN 监测值判断为无效数据，且无法计算有效日均值时，其污染物日排放量可以用上次校准校验合格时刻前30个有效日排放量中的最大值进行替代，污染物浓度和流量不进行替代。非正常采样监测时段，当 COD_{Cr}、NH_3-N、TP 和 TN 监测值判断为无效数据，且无法计算有效日均值时，优先使用人工监测数据进行替代，每天获取的人工监测数据应不少于 4 次，替代数据包括污染物日均浓度、污染物日排放量。如无人工监测数据替代，其污染物日排放量可以用上次校准校验合格时刻前 30 个有效日排放量中的最大值进行替代，污染物浓度和流量不进行替代。

流量为零时的无效数据不进行替代。

第 8 章　废气手工监测技术要点

与废水手工监测类似，废气手工监测也是一项全面性、系统性的工作。我国同样有一系列监测技术规范和方法标准用于指导和规范废气手工监测。本章立足现有的技术规范和标准，结合日常工作经验，分别针对有组织废气、无组织废气归纳总结了常见的方法和操作要求，以及方法使用过程中的重点注意事项。对于一些虽然适用，但不够便捷，目前实际应用较少的方法，本书中未列举，若排污单位根据实际情况，确实需要采用这类方法的，应严格按照方法的适用条件和要求开展相关监测活动。

8.1　有组织废气监测

8.1.1　监测方式

有组织废气监测主要是针对排污单位通过排气筒排放的污染物排放浓度、排放速率、排气参数等开展的监测，主要的监测方式有现场测试和现场采样+实验室分析两种。

①现场测试是指采用便携式仪器在污染源现场直接采集气态样品，通过预处理后进行即时分析，现场得到污染物的相关排放信息。目前，采用现场测试的主要指标包括二氧化硫、氮氧化物、硫化氢、排气参数（温度、氧含量、含湿量、

流速）等，测试方法主要包括定电位电解法、非分散红外法、便携式紫外吸收法、便携式傅里叶变换红外光谱法、皮托管法、热电偶法、干湿球法等。

②现场采样+实验室分析是指采用特定仪器采集一定量的污染源废气并妥善保存带回实验室进行分析。目前我国大多数污染物指标仍采用这种监测方式，主要的采样方式包括直接采样法（气袋、注射器、真空瓶等）和富集（浓缩）采样法（活性炭吸附、滤筒、滤膜捕集、吸收液吸收等），主要的分析方法包括重量法、色谱法、质谱法、分光光度法等。

8.1.2 现场采样

8.1.2.1 现场采样方式

（1）现场直接采样

现场直接采样包括注射器采样、气袋采样、采样管采样和真空瓶（管）采样。现场采样，应按照《固定污染源排气中颗粒物测定与气态污染物采样方法》（GB/T 16157—1996）的规定配备相应的采样系统进行。

1）注射器采样

常用 100 mL 注射器采集样品。采样时，先用现场气体抽洗 2～3 次，然后抽取 100 mL，密封进气口，带回实验室分析。样品应尽快分析，放置时间不应超过 8 小时。

气相色谱分析法常采用此方法取样。取样后，应将注射器进气口朝下，垂直放置，以使注射器内压略大于外压，避光保存。

2）气袋采样

应选不吸附、不渗漏，不与样气中污染组分发生化学反应的气袋，如聚四氟乙烯袋、聚乙烯袋、聚氯乙烯袋和聚酯袋等，还有用金属薄膜作衬里（如衬银、衬铝）的气袋。

采样时，先用待测废气抽洗 2～3 次，再充满样气，夹封进气口，带回实验室尽快分析。

3）采样管采样

采样时，打开两端旋塞，用抽气泵接在采样管的一端，迅速抽进比采样管容积大 6～10 倍的待测气体，使采样管中原有气体被完全置换出，关上旋塞，采样管体积即为采气体积。

4）真空瓶（管）采样

真空瓶是一种具有活塞的耐压玻璃瓶。采样前，先用抽真空装置把真空瓶内气体抽走，抽气减压到绝对压力为 1.33 kPa。采样时，打开旋塞采样，采完关闭旋塞，则采样体积即为真空瓶体积。

（2）富集（浓缩）采样法

富集（浓缩）采样法主要包括溶液吸收法、填充柱阻留法和滤料阻留法等。

1）溶液吸收法

原理：采样时，用抽气装置将待测废气以一定流量抽入装有吸收液的吸收瓶，并采集一段时间。采样结束后，送实验室进行测定。

常用吸收液：酸碱溶液、有机溶剂等。

吸收液选用应遵循的原则：

①反应快，溶解度大；

②稳定时间长；

③吸收后利于分析；

④毒性小，价格低，易于回收。

2）填充柱阻留法

原理：填充柱是用一根长 6～10 cm、内径 3～5 mm 的玻璃管或塑料管，内装颗粒状填充剂制成。采样时，让气样以一定流速通过填充柱，待测组分因吸附、溶解或化学反应等作用被阻留在填充剂上，达到浓缩采样的目的。采样后，通过解吸或溶剂洗脱，使被测组分从填充剂上释放出来进行测定。

填充剂主要类型：

①吸附型：活性炭、硅胶、分子筛、高分子多孔微球等；

②分配型：涂高沸点有机溶剂的惰性多孔颗粒物；

③反应型：惰性多孔颗粒物、纤维状物表面能与被测组分发生化学反应。

3）滤料阻留法

原理：该方法是将过滤材料（滤筒、滤膜等）放在采样装置内，用抽气装置抽气，废气中的待测物质被阻留在过滤材料上，根据相应分析方法测定出待测物质的含量。

常用过滤材料：玻璃纤维滤筒、石英滤筒、刚玉滤筒、玻璃纤维滤膜、过氯乙烯滤膜、聚苯乙烯滤膜、微孔滤膜、核孔滤膜等。

8.1.2.2 现场采样技术要点

有组织废气排放监测时，采样点位布设、采样频次、时间、监测分析方法以及质量保证等均应符合《固定污染源排气中颗粒物测定与气态污染物采样方法》（GB/T 16157—1996）和《固定源废气监测技术规范》（HJ/T 397—2007）的规定。

（1）采样位置和采样点

①采样位置应避开对测试人员操作有危险的场所。

②采样位置应优先选择在垂直管段，避开烟道弯头和断面急剧变化的部位。采样位置应设置在距弯头、阀门、变径管下游方向不小于 6 倍直径处，以及距上述部件上游方向不小于 3 倍直径处。采样断面的气流速度最好在 5 m/s 以上。采样孔内径应不小于 80 mm，宜选用内径为 90～120 mm 的采样孔。

③测试现场空间位置有限，难以满足上述要求时，可选择比较适宜的管段采样，但距采样断面与弯头等的距离至少是烟道直径的 1.5 倍，并应适当增加测点的数量和采样频次。

④对于气态污染物，由于混合比较均匀，其采样位置可不受上述规定限制，但应避开涡流区。

⑤采样平台应有足够的工作面积使工作人员安全、方便地操作。监测平台长度应≥2 m、宽度≥2 m 或不小于采样枪长度外延 1 m，周围设置 1.2 m 以上的安

全护栏，有牢固并符合要求的安全措施；当采样平台设置在离地面高度≥2 m 的位置时，应有通往平台的斜梯（或 Z 字梯、旋梯），宽度应≥0.9 m；当采样平台设置在离地面高度≥20 m 的位置时，应有通往平台的升降梯。

⑥颗粒物和废气流量测量时，根据采样位置尺寸进行多点分布采样测量；一般情况下排气参数（温度、含湿量、氧含量）和气态污染物在管道中心位置测定。

（2）排气参数的测定

①温度的测定：常用测定方法为热电偶法或电阻温度计法。一般情况下可在靠近烟道中心的一点测定，封闭测孔，待温度计读数稳定后读取数据。

②含湿量的测定：常用测定方法为干湿球法。在靠近烟道中心的一点测定，封闭测孔，使气体在一定的速度下流经干球、湿球温度计，根据干球、湿球温度计的读数和测点处排气的压力，计算出排气的水分含量。

③氧含量的测定：常用测定方法为电化学法或氧化锆氧分仪法。在靠近烟道中心的一点测定，封闭测孔，待氧含量读数稳定后读取数据。

④流速的测定：常用测定方法为皮托管法。根据测得的某点处的动压、静压、温度、断面截面积等参数计算出排气流速和流量。

（3）采样频次和采样时间

采样频次和采样时间确定的主要依据有：相关标准与规范的规定和要求；实施监测的目的和要求；被测污染源污染物排放特点、排放方式及排放规律；生产设施和治理设施的运行状况；被测污染源污染物排放浓度的高低和所采用的监测分析方法的检出限。

具体要求如下：

①相关标准中对采样频次和采样时间有规定的，按相关标准的规定执行。

②相关标准中没有明确规定的，排气筒中废气的采样以连续 1 小时的采样获取平均值，或在 1 小时内，以等时间间隔采集 3～4 个样品，并计算平均值。

③特殊情况下，若某排气筒的排放为间断性排放，排放时间小于 1 小时，应在排放时段内实行连续采样，或在排放时段内等间隔采集 2～4 个样品，并计算平

均值；若某排气筒的排放为间断性排放，排放时间大于 1 小时，则应在排放时段内按②的要求采样。

（4）监测分析方法选择

选择监测分析方法时，应遵循以下原则：

①监测分析方法的选用应充分考虑相关排放标准的规定、被测污染源排放特点、污染物排放浓度的高低、所采用监测分析方法的检出限和干扰等因素。

②相关排放标准中有监测分析方法的规定时，应采用标准中规定的方法。

③对相关排放标准未规定监测分析方法的污染物项目，应选用国家环境保护标准、环境保护行业标准规定的方法。

④在某些项目的监测中，尚无方法标准的，可采用国际标准化组织（ISO）或其他国家的等效方法标准，但应经过验证合格，其检出限、准确度和精密度应能达到质控要求。

（5）质量保证要求

①属于国家强制检定目录内的工作计量器具，必须按期送计量部门检定，检定合格，取得检定证书后方可用于监测工作。

②排气温度、氧含量、含湿量、流速、烟气污染物、颗粒物等监测指标的测定仪器应根据要求定期校准，对一些仪器使用的电化学传感器应根据使用情况及时更换。

③采样系统采样前应进行气密性检查，防止系统漏气。检查采样嘴、皮托管等是否变形或损坏。

④滤筒、滤料等外观无裂纹、空隙或破损，无挂毛或碎屑，能耐受一定的高温和机械强度。采样管、连接管、滤筒、滤料等不被腐蚀、不与待测组分发生化学反应。

⑤样品采集后注意样品的保存要求，应尽快送实验室分析。

8.1.3 指标测定

各监测指标除遵循 8.1.1 监测方式和 8.1.2 现场采样的相关要求外，还应遵循各自的具体要求。

8.1.3.1　二氧化硫

（1）常用方法

二氧化硫（SO_2）是有组织废气排放的主要常规污染物之一，目前主要的监测方法有定电位电解法、非分散红外吸收法、紫外吸收法、傅里叶变换红外吸收法 4 种现场测试方法，监测标准方法见表 8-1。

表 8-1　常用二氧化硫监测标准方法

序号	标准方法	原理及特点
1	《固定污染源废气 二氧化硫的测定 定电位电解法》（HJ 57—2017）	（1）废气被抽入主要由电解槽、电解液和电极组成的传感器中，二氧化硫通过渗透膜扩散到电极表面，发生氧化反应，产生的极限电流大小与二氧化硫浓度成正比。 （2）需要配备除湿性能好的预处理器，以去除水分对监测结果的影响。 （3）测定时，易受一氧化碳干扰
2	《固定污染源废气 二氧化硫的测定 非分散红外吸收法》（HJ 629—2011）	（1）二氧化硫气体在 6.82～9 μm 红外光谱波长具有选择性吸收。一束恒定波长为 7.3 μm 的红外光通过二氧化硫气体时，其光通量的衰减与二氧化硫的浓度符合朗伯-比尔定律。 （2）需要配备除湿性能好的预处理器，以排除水分对监测结果的影响
3	《固定污染源废气 二氧化硫的测定 便携式紫外吸收法》（HJ 1131—2020）	（1）二氧化硫对紫外光区内 190～230 nm 或 280～320 nm 特征波长光具有选择性吸收。根据朗伯-比尔定律定量测定废气中二氧化硫的浓度。 （2）需要配备除湿性能好的预处理器，以消除或减少排出水分对监测结果的影响。 （3）应通过高效过滤除尘等方法消除或减少废气中颗粒物对仪器的污染
4	《固定污染源废气 气态污染物（SO_2、NO、NO_2、CO、CO_2）的测定　便携式傅里叶变换红外光谱法》（HJ 1240—2021）	（1）在一定条件下，红外吸收光谱中目标化合物的特征，吸收峰强度与其浓度遵循朗伯-比尔定律，根据吸收峰强度可对目标化合物进行定量分析。 （2）需要配备除湿性能好的预处理器，以消除或减少排出水分对监测结果的影响。 （3）应通过高效过滤除尘等方法消除或减少废气中颗粒物对仪器的污染

（2）注意事项

①水分对二氧化硫测定的影响较大。废气中的高含水量和水蒸气会对测定结果造成负干扰，还会对仪器检测器/检测室造成损坏和污染，因此监测时，特别是在废气含湿量较高的情况下，应使用除湿性能好的预处理设备，及时排空除湿装置的冷凝水，防止影响测定结果。

②对于定电位电解法而言，一氧化碳对二氧化硫监测存在一定程度的干扰。监测仪器应具有一氧化碳测试功能，当一氧化碳浓度高于 50 μmol/mol 时，应根据《固定污染源废气　二氧化硫的测定　定电位电解法》（HJ 57—2017）中的附录 A 进行一氧化碳干扰试验，确定仪器的适用范围，根据一氧化碳、二氧化硫浓度是否超出了干扰试验允许的范围，从而对二氧化硫数据是否有效进行判定。

③监测结果一般应在校准量程的 20%～100%，应特别注意不能超过校准量程，因此在监测活动正式开展前，应根据历史监测资料，预判二氧化硫可能的浓度范围，从而选择合适的标准气体进行校准，确定校准量程。

④监测活动开展全过程中，仪器不得关机。

⑤定电位电解法仪器测定二氧化硫的传感器更换后，应重新开展干扰试验。对于未开展一氧化碳干扰试验的定电位电解法仪器，在有组织废气监测过程中，一氧化碳浓度高于 50 μmol/mol 时同步测得的二氧化硫数据，应作为无效数据予以剔除。

8.1.3.2　氮氧化物

（1）常用方法

有组织废气中的氮氧化物（NO_x）包括以一氧化氮（NO）和二氧化氮（NO_2）两种形式存在的氮氧化物，因此对有组织废气中氮氧化物的监测实际上是通过对一氧化氮和二氧化氮的监测实现的。

表 8-2 给出了有组织废气中氮氧化物监测标准方法的原理及特点。

表 8-2　常用氮氧化物监测标准方法的原理及特点

序号	标准方法	原理及特点
1	《固定污染源废气　氮氧化物的测定　定电位电解法》（HJ 693—2014）	(1) 废气被抽入主要由电解槽、电解液和电极组成的传感器中，一氧化氮或二氧化氮通过渗透膜扩散到电极表面，发生氧化还原反应，产生的极限电流大小与一氧化氮或二氧化氮浓度成正比。 (2) 两个不同的传感器分别测定一氧化氮（结果以 NO_2 计）和二氧化氮，两者测定之和为氮氧化物（以 NO_2 计）
2	《固定污染源废气　氮氧化物的测定　非分散红外吸收法》（HJ 692—2014）	(1) 利用 NO 对红外光谱区，特别是 5.3 μm 波长光的选择性吸收，由朗伯-比尔定律定量一氧化氮和废气中二氧化氮通过转换器还原为一氧化氮后的浓度。 (2) 一般先将废气通入转换器，将废气中的二氧化氮还原为一氧化氮，再将废气通入非分散红外吸收法仪器进行监测，此时，由二氧化氮转化而来的一氧化氮，将和废气中原有的一氧化氮一起经过分析测试，测得结果为总的氮氧化物（以 NO_2 计）
3	《固定污染源废气　氮氧化物的测定　便携式紫外吸收法》（HJ 1132—2020）	(1) 一氧化氮对紫外光区内 200～235 nm 特征波长光、二氧化氮对紫外光区内 220～250 nm 或 350～500 nm 特征波长光具有选择性吸收，根据朗伯-比尔定律定量测定废气中一氧化氮和二氧化氮的浓度。 (2)应通过高效过滤除尘等方法消除或减少废气中颗粒物对仪器的污染。 (3) 需要配备除湿性能好的预处理器，以排除水分对监测结果的影响
4	《固定污染源废气　气态污染物（SO_2、NO、NO_2、CO、CO_2）的测定　便携式傅里叶变换红外光谱法》（HJ 1240—2021）	(1) 在一定条件下，红外吸收光谱中目标化合物的特征，吸收峰强度与其浓度遵循朗伯-比尔定律，根据吸收峰强度可对目标化合物进行定量分析。 (2) 需要配备除湿性能好的预处理器，以消除或减少排出水分对监测结果的影响。 (3)应通过高效过滤除尘等方法消除或减少废气中颗粒物对仪器的污染

从表 8-2 中可以看出，常用的有组织废气中氮氧化物监测方法主要包括定电位电解法、非分散红外吸收法、紫外吸收法、傅里叶变换红外吸收法 4 种现场测试方法，这 4 种方法实现氮氧化物测定的过程方式是不同的，但最终监测结果均以 NO_2 计。

（2）注意事项

①测定结果一般应在校准量程的 20%～100%，应特别注意不能超过校准

量程。

②监测活动开展的全过程中，仪器不得关机。

③非分散红外吸收法测定氮氧化物时，应注意至少每半年做一次 NO_2 的转化效率的测定，转化效率不能低于 85%，否则应更换还原剂；监测活动中，进入转换器的 NO_2 浓度不要大于 200 μmol/mol。

8.1.3.3 颗粒物

（1）常用方法

颗粒物的监测一般使用重量法，采用现场采样+实验室分析的监测方式，利用等速采样原理，抽取一定量的含颗粒物的废气，根据所捕集到的颗粒物质量和同时抽取的废气体积，计算出废气中颗粒物的浓度。

目前，颗粒物监测方法标准主要有《固定污染源排气中颗粒物测定与气态污染物采样方法》（GB/T 16157—1996）和《固定污染源废气　低浓度颗粒物的测定　重量法》（HJ 836—2017）。根据原环境保护部的相关规定，在测定有组织废气中颗粒物浓度时，应遵循表 8-3 中的规定选择合适的监测标准方法。

表 8-3　常用颗粒物监测标准方法的适用范围

序号	废气中颗粒物浓度范围	适用的标准方法
1	≤20 mg/m³	《固定污染源废气　低浓度颗粒物的测定　重量法》（HJ 836—2017）
2	＞20 mg/m³ 且≤50 mg/m³	《固定污染源废气　低浓度颗粒物的测定　重量法》（HJ 836—2017）、《固定污染源排气中颗粒物测定与气态污染物采样方法》（GB/T 16157—1996），均适用
3	＞50 mg/m³	《固定污染源排气中颗粒物测定与气态污染物采样方法》（GB/T 16157—1996）

依据《固定污染源排气中颗粒物测定与气态污染物采样方法》（GB/T 16157—1996）进行颗粒物监测时，仅将滤筒作为样品，进行采样前后的分析称量，依据《固定污染源废气　低浓度颗粒物的测定　重量法》（HJ 836—2017）进行低浓度

颗粒物监测时，需要将装有滤膜的采样头作为样品，进行采样前后的整体称量。

（2）注意事项

①样品采集时，采样嘴应对准气流方向，且与气流方向的偏差不得大于 10°；不同于气态污染物，颗粒物在排气筒监测断面（横截面）上的分布是不均匀的，须多点等速采样，各点等时长采样，每个点采样时间不少于 3 min。

②应选择在气流平稳的工况下进行采样。采样前后，排气筒内气流流速变化不应大于 10%，否则应重新测量。

③每次开展低浓度颗粒物监测时，每批次应采集全程序空白样品。实际监测样品的增重若低于全程序空白样品的增重，则认定该实际监测样品无效，低浓度颗粒物样品采样体积为 1 m^3 时，方法检出限为 1.0 mg/m^3；废气中颗粒物浓度低于方法检出限时，全程序空白样品采样前后重量之差的绝对值不得超过 0.5 mg。

④采样前后样品称重环境条件应保持一致。低浓度颗粒物样品称重使用的恒温恒湿设备的温度控制在 15～30℃任意一点，控温精度为±1℃；相对湿度应保持在（50±5）%范围内。

8.1.3.4　总烃、甲烷和非甲烷总烃

由于目前国家尚未出台涂装行业的大气污染物排放标准，在《涂装指南》中表征 VOCs 总体排放情况时，根据行业特征和环境管理要求，可采用总挥发性有机物（以 TVOC 表示）、非甲烷总烃（以 NMHC 表示）作为污染物控制项目。

对于总挥发性有机物的监测，实际工作中应按预期分析结果，确定具体的污染物指标，对占总量 90%以上的单项 VOCs 物质采用规定的监测方法进行测量，加和得到 VOCs 物质的总量。

本书对非甲烷总烃监测的常用方法和注意事项进行分析。

（1）常用方法

废气中总烃、甲烷和非甲烷总烃排放监测时，主要依据《固定污染源废气总烃、甲烷和非甲烷总烃的测定　气相色谱法》（HJ 38—2017）。采用气袋或玻璃注

射器进行现场采集样品，之后送实验室将气体样品直接注入具氢火焰离子化检测器的气相色谱仪，分别在总烃柱和甲烷柱上测定总烃和甲烷的含量，两者之差即为非甲烷总烃的含量。同时以除烃空气代替样品，测定氧在总烃柱上的响应值，以排除样品中氧对总烃测定的干扰。

（2）注意事项

①固定污染源废气采样位置与采样点、采样频次和采样时间的确定、排气参数的测定和采样操作执行《固定污染源排气中颗粒物测定与气态污染物采样方法》（GB/T 16157—1996）、《固定源废气监测技术规范》（HJ/T 397—2007）和《固定污染源废气　挥发性有机物的采样　气袋法》（HJ 732—2014）的相关规定。用气袋采样时，连接采样装置，开启加热采样管电源，将采样管加热并保持在（120±5）℃（有防爆安全要求的除外），气袋须用样品气清洗至少 3 次，结束采样后样品应立即放入样品保存箱内保存，直至样品分析时取出。用玻璃注射器采样时，除遵循上述规定外，采集样品的玻璃注射器应用惰性密封头密封。

②样品采集时应采集全程序空白，将注入除烃空气的采样容器带至采样现场，与同批次采集的样品一起送回实验室分析。

③采集样品的玻璃注射器应小心轻放，防止破损，保持针头端向下状态放入样品保存箱内保存和运送。样品应常温避光保存，采样后尽快完成分析。玻璃注射器保存的样品，放置时间不超过 8 小时；气袋保存的样品，放置时间不超过 48 小时，如仅测定甲烷，应在 7 天内完成。

④分析高沸点组分样品后，可通过提高柱温等方式去除分析系统残留的影响，并通过分析除烃空气予以确认。

8.1.3.5　苯、甲苯、二甲苯

（1）常用方法

废气中苯、甲苯、二甲苯排放监测时，主要依据《固定污染源废气　挥发性有机物的测定　固相吸附-热脱附/气相色谱-质谱法》（HJ 734—2014）。使用填充

了合适吸附剂的吸附管直接采集固定污染源废气中挥发性有机物（或先用气袋采集，然后再将气袋中的气体采集到固体吸附管中），将吸附管置于热脱附仪中进行二级热脱附，脱附气体经气相色谱分离后用质谱检测，根据保留时间、质谱图或特征离子定性，内标法或外标法定量。

（2）注意事项

①采样前，将老化后的吸附采样管两端立即用密封帽密封，放在气密性的密封袋或密封盒中保存。密封袋或密封盒存放于装有活性炭的盒子或干燥器中，4℃保存。必要时，老化后的吸附管中加入一定量（一般为校准曲线中间浓度）的替代物标准溶液。

②对于使用多层吸附剂的吸附采样管，吸附采样管气体入口端应为弱吸附剂（比表面积小），出口端应为强吸附剂（比表面积大）。每个样品至少采气 300 mL，当废气温度较高，含湿量大于 2%，目标化合物的安全采样体积不能满足样品采气 300 mL，影响吸附采样管的吸附效率时，应将吸附采样管冷却（0～5℃）采样。当用气袋-吸附管采样时，8 小时内将气袋与吸附采样管连接，用样品采集装置以 50 mL/min 流量，至少采气 150 mL。

③每批样品应至少做一个全程序空白样品，全程序空白样品中目标化合物的含量过大时，应对本批数据进行核实和检查。将密封保存的吸附采样管带到采样现场，同样品吸附管同时打开封帽接触现场环境空气，采样时全程序空白吸附管关闭封帽，采样结束时同样品吸附管接触环境空气，同时关闭封帽，按与样品相同的操作步骤进行处理和测定，用于检查从样品采集到分析全过程是否受到污染。

④每批样品应至少采集一根串联吸附采样管，同时采样，用于监视采样是否穿透。在吸附采样管后串联一根吸附采样管，如果在后一支吸附采样管中检出目标化合物的量大于总量的 10%，则认为吸附采样管发生穿透，本次采集样品无效。应重新采样，并确保目标化合物的采气量小于吸附采样管的安全采样体积。

⑤采样前后流量变化大于 5%，但不大于 10%时，应进行修正；流量变化大于 10%时，应重新采样。

⑥吸附采样管采样后，立即用密封帽将采样管两端密封，在采样现场应存放在密闭的样品保存箱中，以避免污染。4℃避光保存，7 天内分析。

8.1.3.6 氯化氢

（1）常用方法

废气中氯化氢浓度监测目前主要有硝酸银容量法、离子色谱法、分光光度法 3 种测试方法，监测标准方法如表 8-4 所示。

表 8-4 常用氯化氢监测标准方法

序号	标准方法	原理及特点
1	《固定污染源废气　氯化氢的测定　硝酸银容量法》（HJ 548—2016）	氯化氢被氢氧化钠溶液吸收后，在中性条件下，以铬酸钾为指示剂，用硝酸银标准溶液滴定，生成氯化银沉淀，过量的银离子与铬酸钾指示剂反应，生成浅砖红色铬酸银沉淀，指示滴定终点
2	《环境空气和废气　氯化氢的测定　离子色谱法》（HJ 549—2016）	用水或碱性吸收液分别吸收环境空气或固定污染源废气中的氯化氢，将形成含氯离子的试样注入离子色谱仪进行分离测定。用电导检测器检测，根据保留时间定性，峰面积或峰高定量
3	《固定污染源排气中氯化氢的测定　硫氰酸汞分光光度法》（HJ/T 27—1999）	用稀氢氧化钠溶液吸收氯化氢。吸收溶液的氯离子和硫氰酸汞反应，生成难电离的二氯化汞分子，置换出的硫氰酸根与三价铁离子反应，生成橙红色硫氰酸铁络离子，根据颜色深浅，用分光光度法测定

（2）注意事项

1）按照《固定污染源排气中氯化氢的测定　硫氰酸汞分光光度法》（HJ/T 27—1999）方法监测。

a. 采样管用硬质玻璃或氟树脂材质，具有适当尺寸的管料，并应附有可加热至 120℃以上的保温夹套。样品吸收装置采用 50 mL 多孔玻板吸收瓶。

b. 串联两支各装 25 mL 氢氧化钠吸收液的多孔玻板吸收瓶，以 0.5 L/min 流量采样 5～30 min。在采样过程中，根据排气温度和湿度调节采样管保温夹套温度，以避免水汽于吸收瓶之前凝结。

c. 如果样品采集后不能当天测定，应将试样密封后置于冰箱 3～5℃保存，保存时间不超过 48 小时。

d. 若废气中含有氯化物颗粒性物质，应在吸收瓶之前接装滤膜夹。采样管、吸收瓶之间应用聚乙烯管或聚四氟乙烯管内接外套法连接。用过的吸收瓶、具塞比色管、连接管等，将溶液倒出后，直接用去离子水洗涤，不能用自来水洗涤。

2）按照《固定污染源废气　氯化氢的测定　硝酸银容量法》（HJ 548—2016）方法监测。

a. 吸收瓶应严密不漏气，多孔玻板吸收瓶发泡要均匀，当流量为 0.5 L/min 时，其阻力应在（5±0.7）kPa。

b. 采样时，串联两支各装 50 mL 氢氧化钠吸收液的吸收瓶，按照气态污染物采集方法，以 0.5～1.0 L/min 的流量，连续 1 小时采样，或在 1 小时内以等时间间隔采集 3～4 个样品。在采样过程中，应保持采样保温夹套温度为 120℃，以避免水汽在采样管路中凝结。采样完毕后，用连接管密封吸收瓶，待测。

c. 当废气中湿度较大，氯化氢吸湿并主要以颗粒态存在时，其采样点位布设及采样应按照《固定污染源排气中颗粒物测定与气态污染物采样方法》（GB/T 16157—1996）中颗粒物采集的相关规定执行。在烟尘采样器后连接加热装置（内含分流阀及内含乙酸纤维微孔滤膜的滤膜夹），之后通过分流阀再按照气态采样方法进行采集，采样过程中，应保持烟气采样器和加热装置温度在 120℃。

d. 采集的样品及全程序空白，应当天尽快测定，若不能及时测定，应于 4℃以下冷藏、密封保存，48 小时内完成分析测定。

e. 废气中含有颗粒态氯化物，应在采样枪与吸收瓶之间连接装有乙酸纤维微孔滤膜的滤膜夹；采样枪与吸收瓶之间的连接管应尽可能短，并检查系统的气密性和可靠性；采样器应在使用前进行气密性检查和流量校准；每批样品至少要带两个实验室空白和两个全程序空白，空白测定值应小于方法检出限。

3）按照《环境空气和废气 氯化氢的测定 离子色谱法》（HJ 549—2016）方法监测。

a. 75 mL 的冲击式吸收瓶用水预先清洗至洗液电导率小于 1.0 μS/cm，置于清洁的环境中晾干备用。采样前，装入吸收液并用连接管密封保存运输。

b. 串联两支各装 50 mL 吸收液的 75 mL 冲击式吸收瓶，按照气态污染物采集方法，以 0.5～1.0 L/min 的流量，连续 1 小时采样，或在 1 小时内以等时间间隔采集 3～4 个样品，采样前后流量偏差应≤5%。在采样过程中，应保持采样管保温夹套温度为 120℃，以避免水汽于吸收瓶之前凝结，若废气中含有颗粒态氯化物，应在吸收瓶之前接装放入滤膜的滤膜夹。

c. 当废气中氯化氢质量浓度高于 100 mg/m^3 时，吸收液质量浓度可适当增加，测定时应稀释至与淋洗液质量浓度相当。

d. 当废气中含有氯气时，串联四支吸收瓶，前两支为各装 50 mL 硫酸吸收液的 75 mL 冲击式吸收瓶，后两支为各装 50 mL 碱性吸收液的 75 mL 冲击式吸收瓶，前、后两组吸收瓶分别吸收氯化氢和氯气，以避免氯气干扰。

e. 当废气湿度较大，氯化氢吸湿并主要以颗粒态存在时，其采样点位布设及采样应按照《固定污染源排气中颗粒物测定与气态污染物采样方法》（GB/T 16157—1996）中颗粒物采集的相关规定执行。在烟尘采样器后连接加热装置（内含分流阀及内含乙酸纤维微孔滤膜的滤膜夹），之后通过分流阀再按照气态采样方法进行采集，采样过程中，应保持烟气采样器和加热装置温度在 120℃。

f. 样品采集后用连接管密封吸收瓶，于 4℃冷藏保存，48 小时内完成分析测定。如不能及时分析，应将样品转移至聚乙烯瓶中，于 4℃以下冷藏可保存 7 天。

g. 吸收瓶、连接管及各器皿均应用实验用水反复洗涤并防止被污染，操作中应防止自来水、空气微尘及手上氯化物干扰；采样器、滤膜夹、吸收瓶之间连接管应尽可能短，并检查系统的气密性和可靠性；每次分析样品结束后，用淋洗液清洗仪器管路，实验结束后用实验用水清洗仪器泵及抑制器，以免其受到淋洗液腐蚀；如出现仪器分析精度下降，应检查柱效及抑制器工作状态，必要时进行更换。

8.1.3.7　硫酸雾

（1）常用方法

废气中硫酸雾包括硫酸小液滴、三氧化硫及颗粒物中可溶性硫酸盐。监测依据主要为《固定污染源废气　硫酸雾的测定　离子色谱法》（HJ 544—2016）。用玻璃纤维滤筒（石英纤维滤筒）串联内装 50 mL 吸收液的吸收瓶采集有组织排放废气中硫酸雾样品，烟枪加热温度不低于烟气温度，连续 1 小时采样或 1 小时内等时间间隔采集 3～4 个样品。在采集硫酸雾样品时，由于雾滴极易黏附在采样嘴和弯管内壁，且很难脱离，采样前应将采样嘴和弯管内壁清洗干净，采样后应用少量乙醇冲洗采样嘴和弯管内壁，合并在样品中，尽量减少样品损失，保证采样的准确性。

（2）注意事项

①每次测试应至少带同批次全程序空白样品及实验室空白样品各两套。全程序空白及实验室空白中硫酸根含量应小于方法测定下限，否则需查找原因。

②滤筒和滤膜应选用空白较低且数值稳定的产品。空白滤筒和空白滤膜的硫酸根含量应低于方法测定下限。

③第二支吸收瓶中硫酸根浓度应小于样品总量的 10%，否则应重新采集样品。

④每次分析样品结束后，应用淋洗液清洗仪器管路。实验结束后用实验用水清洗仪器泵及抑制器，以免其受到淋洗液腐蚀。

⑤实验所用器具均不可用硫酸浸泡清洗，以避免空白值较高。

8.2　无组织废气监测

8.2.1　监测方式

无组织废气监测是指排污单位对没有经过排气筒无规则排放的废气，或者废气虽经排气筒排放，但排气筒高度没有达到有组织排放要求的低矮排气筒排放的废气污染物浓度进行监测。

无组织废气排放监测的主要方式为现场采样+实验室分析，与有组织废气的方式相同，是指采用特定仪器采集一定量的无组织废气并妥善保存带回实验室进行分析。主要采样方式包括现场直接采样法（注射器、气袋、采样管、真空瓶等）和富集（浓缩）采样法（活性炭吸附、滤筒、滤膜捕集、吸收液吸收等），主要分析方法包括重量法、色谱法、质谱法、分光光度法等。

8.2.2 现场采样

8.2.2.1 现场采样技术要点

无组织废气排放监测的主要参考标准为《大气污染物无组织排放监测技术导则》（HJ/T 55—2000）、《大气污染物综合排放标准》（GB 16297—1996）、《挥发性有机物无组织排放控制标准》（GB 37822—2019）和排污单位具体执行的行业排放标准。

（1）控制无组织排放的基本方式

按照《大气污染物综合排放标准》（GB 16297—1996）的规定，我国以控制无组织排放所造成的后果来对无组织排放实行监督和限制。采用的基本方式是规定设立监控点（监测点）和规定监控点的污染物浓度限值。

在设置监测点时，有的污染物要求除在下风向设置监控点外，还要在上风向设置参照点，监控浓度限值为监控点与参照点的浓度差值。有的污染物要求只在周界外浓度最高点设置监控点。

（2）设置监控点的位置和数目

根据《大气污染物综合排放标准》（GB 16297—1996）的规定，对于 1997 年 1 月 1 日之前设立的污染源，二氧化硫、氮氧化物、颗粒物和氟化物的监控点设在无组织排放源下风向 2～50 m 的浓度最高点，相对应的参照点设在排放源上风向 2～50 m 内；其余物质以及对于 1997 年 1 月 1 日之后设立的污染源，监控点一般设在单位周界外 10 m 范围内的浓度最高点。按规定监控点最多可设 4 个，参照点只设 1 个。

对厂区内挥发性有机物无组织排放进行监控时，在厂房门窗或通风口、其他开口（孔）等排放口外 1 m，距离地面 1.5 m 以上位置处进行监测。若厂房不完整（如有顶无围墙），则在操作工位下风向 1 m，距离地面 1.5 m 以上位置处进行监测。

（3）采样频次的要求

按照《大气污染物无组织排放监测技术导则》（HJ/T 55—2000）的规定对无组织排放进行监测时，实行连续 1 小时的采样，或者实行在 1 小时内以等时间间隔采集 4 个样品计平均值。在进行实际监测时，为了捕捉到监控点最高浓度的时段，实际安排的采样时间可超过 1 小时。

厂区内非甲烷总烃任何 1 小时平均浓度的监测采用《环境空气　总烃、甲烷和非甲烷总烃的测定 直接进样-气相色谱法》（HJ 604—2017）、《环境空气和废气 总烃、甲烷和非甲烷总烃便携式监测仪技术要求及检测方法》（HJ 1012—2018）规定的方法，以连续 1 小时采样获取平均值，或在 1 小时内以等时间间隔采集 3～4 个样品计平均值。厂区内非甲烷总烃任意一次浓度值的监测，按便携式监测仪器相关规定执行。

（4）工况的要求

由于大气污染物排放标准对无组织排放实行限制的原则是在最大负荷下生产和排放，以及在最不利于污染物扩散稀释的条件下，无组织排放监控值不应超过排放标准所规定的限值，因此，监测人员应在不违反上述原则的前提下，选择尽可能高的生产负荷及不利于污染物扩散稀释的条件进行监测。

针对以上基本要求，如果排污单位执行的行业排放标准中对无组织排放有明确要求的，按照行业标准执行。

8.2.2.2 监测前准备工作

（1）单位基本情况调查

①主要原、辅材料和主、副产品，相应用量和产量、来源及运输方式等，重点了解用量大和可产生大气污染的材料和产品，列表说明，并予以必要的注释。

②注意车间和其他主要建筑物的位置与尺寸，有组织排放口和无组织排放口位置及其主要参数，排放污染物的种类和排放速率；单位周界围墙的高度和性质（封闭式或通风式）；单位区域内的主要地形变化等。对单位周界外的主要环境敏感点（影响气流运动的建筑物和地形分布、有无排放被测污染物的污染源存在）进行调查，并标于单位平面布置图中。

③了解环境保护影响评价、工程建设设计、实际建设的污染治理设施的种类、原理、设计参数、数量以及目前的运行情况等。

（2）无组织排放源基本情况调查

除调查排放污染物的种类和排放速率（估计值）之外，还应重点调查被监测无组织排放源的形状、尺寸、高度及其处于建筑群的具体位置等。

（3）仪器设备准备

按照被测物质的对应标准分析方法中有关无组织排放监测的采样部分所规定的仪器设备和试剂做好准备。所用仪器应通过计量监督部门的性能检定合格，并在使用前做必要的调试和检查。采样时应注意检查电路系统、气路部分、校正流量计。

（4）监测条件

监测时，被测无组织排放源的排放负荷应处于相对较高，或者处于正常生产和排放状态。主导风向（平均风速）利于监控点的设置，并可使监控点和被测无组织排放源之间的距离尽可能缩小。通常情况下，选择冬季微风的日期，避开阳光辐射较强烈的中午时段进行监测是比较适宜的。

8.2.3 指标测定

各监测指标除遵循 8.2.1 监测方式和 8.2.2 现场采样的相关要求外，还应遵循各自的具体要求。

由于目前国家尚未出台涂装行业的大气污染物排放标准，对含涂装工序工业排污单位的无组织废气监测指标也无法明确，为了加强对重点排污单位的环境管理，在《涂装指南》中对排污单位厂界无组织监测指标目前只设定了挥发性有机物、颗粒物和特征污染物的无组织排放。挥发性有机物的表征物质按照所执行的排放标准确定。特征污染物监测指标可根据排污许可证、环境影响评价文件及其批复等相关环境管理规定。待相关行业污染物排放标准发布后，或地方排放标准有要求的，从其规定。

8.2.3.1 颗粒物

（1）常用方法

无组织废气监测时，颗粒物浓度监测主要依据的方法标准有《大气污染物综合排放标准》（GB 16297—1996）、《大气污染物无组织排放监测技术导则》（HJ/T 55—2000）。颗粒物浓度的分析方法采用《环境空气 总悬浮颗粒物的测定 重量法》（HJ 1263—2022）。

（2）监测点位

颗粒物的无组织排放采样点参照《大气污染物无组织排放监测技术导则》（HJ/T 55—2000）的规定，在厂界下风向设置，一般设置 3 个点位，根据风向变化情况可适当增加或减少监测点位。当围墙通透性较好时，可紧靠围墙外侧设监控点；当围墙通透性不好时，可紧靠围墙设置监控点，但采气口要高出围墙 20～30 cm；当围墙通透性不好、又不便于把采气口抬高时，为避开围墙造成的涡流区，应将监控点设于距离围墙 1.5～2.0 倍围墙高度，且距地面 1.5 m 的地方。具体设置时，应避免对周边环境的影响，包括花丛树木、污水沟渠、垃圾收集点等。

现场监测时，无组织排放源与下风向周界之间存在若干阻挡气流运动的建筑、树木等物质，使气流形成涡流，污染物迁移变化比较复杂。因此，监测人员要根据具体的地形、气象条件进行研究和分析，发挥创造性，综合确定采样点位，以保证获取污染物最大排放浓度值。

无组织排放源紧靠围墙时，有其特殊的复杂性，此时监控点应分情况进行设置，具体设置方法参见《大气污染物无组织排放监测技术导则》（HJ/T 55—2000）标准文本中条目 9.1.3。

（3）注意事项

①新购置或维修后的采样器在启用前，需进行流量校准；正常使用的采样器每月需进行一次流量校准。

②校准合格的采样器，即可用于采样，不得再改动调节器状态。

③每张滤膜均需用 X 光看片机进行检查，不得有针孔或任何缺陷。

8.2.3.2 非甲烷总烃

由于目前国家尚未出台涂装行业的大气污染物排放标准，在《涂装指南》中表征 VOCs 总体排放情况时，根据行业特征和环境管理要求，可采用总挥发性有机物（以 TVOC 表示）、非甲烷总烃（以 NMHC 表示）作为污染物控制项目。

本书对非甲烷总烃监测的常用方法和注意事项进行分析。

（1）常用方法

无组织废气监测时，非甲烷总烃监测主要依据的方法标准有《大气污染物无组织排放监测技术导则》（HJ/T 55—2000）和《环境空气　总烃、甲烷和非甲烷总烃的测定　直接进样-气相色谱法》（HJ 604—2017）。

（2）监测点位

非甲烷总烃的无组织排放采样点可参照 8.2.3.1 节颗粒物采样时的点位布设。

（3）注意事项

①采样容器经现场空气清洗至少 3 次后采样。以玻璃注射器满刻度采集空气

样品的，用惰性密封头密封；以气袋采集样品的，用真空气体采样箱将空气样品引入气袋，至最大体积的 80%左右，立即密封。将注入除烃空气的采样容器带至采样现场，与同批次采集的样品一起送回实验室分析。

②采集样品的玻璃注射器应小心轻放，防止破损，保持针头端向下状态放入样品箱内保存和运送。样品应常温避光保存，采样后尽快分析。玻璃注射器保存的样品，放置时间不应超过 8 小时；气袋保存的样品，放置时间不应超过 48 小时。

③采样容器使用前应充分洗净，经气密性检查合格，置于密闭采样箱中以避免污染。样品返回实验室时，应平衡至环境温度后再进行测定。测定复杂样品后，如发现分析系统内有残留，可通过提高柱温等方式去除，以分析除烃空气确认。

8.2.3.3 其他特征污染物

（1）监控点布设方法

根据《大气污染物综合排放标准》（GB 16297—1996）的规定，监控点布设方法有以下两种。

①在排放源上、下风向分别设置参照点和监控点的方法：对于 1997 年 1 月 1 日之前设立的污染源，监测二氧化硫、颗粒物和氟化物污染物无组织排放时，在排放源的上风向设参照点，下风向设监控点，监控点设于排放源下风向的浓度最高点，不受单位周界的限制。

②在单位周界外设置监控点的方法：对于 1997 年 1 月 1 日之后设立的污染源，监测其污染物无组织排放时，监控点设置在单位周界外污染物浓度最高点处，监控点设置方法参照《大气污染物无组织排放监测技术导则》（HJ/T 55—2000）标准文本中条目 9.1。对于 1997 年 1 月 1 日之前设立的污染源，监测除二氧化硫、颗粒物和氟化物之外的污染物无组织排放时，也用此方法布设监控点。

参照点设置原则：参照点应不受或尽可能少受被测无组织排放源的影响，参照点要力求避开其近处的其他无组织排放源和有组织排放源的影响，尤其要注意避开那些可能对参照点造成明显影响而同时对监控点无明显影响的排放源；参照点的设置，要以能够代表监控点的污染物本底浓度为原则。具体设置方法参见《大气污染物无组织排放监测技术导则》（HJ/T 55—2000）标准文本中条目 9.2.1。

监控点设置原则：监控点应设置于无组织排放下风向，距排放源 2～50 m 范围内的浓度最高点。设置监控点时不需要回避其他排放源的影响。具体设置方法参见《大气污染物无组织排放监测技术导则》（HJ/T 55—2000）标准文本中条目 9.2.2。

③复杂情况下的监控点设置：在特别复杂的情况下，不可能单独运用上述各点的内容来设置监控点，需对情况进行仔细分析，综合运用《大气污染物综合排放标准》（GB 16297—1996）和《大气污染物无组织排放监测技术导则》（HJ/T 55—2000）的有关条款设置监控点。同时，也不大可能对污染物的运动与分布做确切的描述和得出确切的结论，此时监测人员应尽可能利用现场可利用的条件，如利用无组织排放废气的颜色、臭味、烟雾分布、地形特点等，甚至采用人造烟源或其他情况，借以分析污染物的运动和可能的浓度最高点，并据此设置监控点。

（2）样品采集

①与大气污染物排放标准相配套的国家标准分析方法的污染物项目，应按照配套标准分析方法中适用于无组织排放采样的方法执行。

②尚缺少配套标准分析方法的污染物项目，应按照环境空气监测方法中的采样要求进行采样。

③无组织排放监测的采样频次，按规定对无组织排放实行监测时，实行连续 1 小时的采样，或者在 1 小时内以等时间间隔采集的 4 个样品计平均值。在进行实际监测时，为了捕捉到监控点最高浓度的时段，实际安排的采样时间可超过 1 小时。

（3）分析方法

①与大气污染物排放标准相配套的国家标准分析方法的污染物项目，应按照配套标准分析方法（其中适用于无组织排放部分）执行；

②个别没有配套标准分析方法的污染物项目，应按照适用于环境空气监测的标准分析方法执行。

（4）计值方法

①在污染源单位周界外设监控点的监测结果，以最多 4 个监控点中的浓度最高点的测值作为无组织排放监控浓度值。

注意：浓度最高点的测值是指 1 小时连续采样或由等时间间隔采集的 4 个样品所得的 1 小时平均值。

②在无组织排放源上、下风向分别设置参照点和监控点的监测结果，以最多 4 个监控点中的浓度最高点测值扣除参照点测值所得之差值，作为无组织排放监控浓度值。

注意：监控点和参照点测值是指 1 小时连续采样或由等时间间隔采集的 4 个样品所得的 1 小时平均值。

第 9 章　废气自动监测技术要点

废气自动监测系统因其实时、自动等功能，在环境管理中发挥着越来越大的作用。如何确保废气自动监测数据能够有效应用，这就要求排污单位加强废气自动监测系统的运维和管理，使其能够稳定、良好地运行。本章基于《固定污染源烟气（SO_2、NO_x、颗粒物）排放连续监测技术规范》（HJ 75—2017）、《固定污染源烟气（SO_2、NO_x、颗粒物）排放连续监测系统技术要求及检测方法》（HJ 76—2017）、《固定污染源废气非甲烷总烃连续监测系统技术要求及检测方法》（HJ 1013—2018）、《固定污染源废气中非甲烷总烃排放连续监测技术指南（试行）》（环办监测函〔2020〕90 号），对废气自动监测系统的建设、验收、运行维护应注意的技术要点进行梳理。

固定源废气非甲烷总烃排放连续监测技术要求待国家发布相关规范后实施。

9.1　废气自动监测系统组成及性能要求

9.1.1　基本概念

废气自动监测系统通常是指烟气排放连续监测系统（Continuous Emission Monitoring System，CEMS），该系统能够实现对固定污染源排放的颗粒物和（或）气态污染物的排放浓度和排放量进行连续、实时的自动监测。废气自动监测管理是指对系统中包含的所有设备进行规范安装、调试、验收、运行维护，从而实现对自动监测数据的质量保证与质量控制的技术工作。

9.1.2　CEMS 组成和功能要求

一套完整的 CEMS 主要包括颗粒物监测单元、气态污染物监测单元、烟气参数监测单元、数据采集与传输单元以及相应的建筑设施等。

（1）颗粒物监测单元：主要对排放烟气中的颗粒物浓度进行监测。

（2）气态污染物监测单元：主要对排放烟气中的 SO_2、NO_x、非甲烷总烃（NMHC）等气态形式存在的污染物进行监测。

（3）烟气参数监测单元：主要对排放烟气的温度、流速或流量、压力、湿度、氧含量等参数进行监测，用于污染物排放量的计算，以及将污染物的实测浓度折算成标准干烟气状态下或排放标准中规定的过剩空气系数下的浓度。

（4）数据采集与传输单元：主要完成测量数据的采集、存储、统计功能，并按相关标准要求的格式将数据传输到生态环境监管部门。

设区的地市级以上生态环境部门纳入重点排污单位名录的含涂装工序工业排污单位，主要排放口应按期落实《国务院关于印发打赢蓝天保卫战三年行动计划的通知》（国发〔2018〕22 号）关于安装烟气排放自动监控设施的相关要求。对于配有锅炉的含涂装工序工业排污单位，废气自动监测主要包括颗粒物、SO_2、NO_x、NMHC 等主要污染物。在选择 CEMS 时，应要求具备测量烟气中颗粒物、SO_2、NO_x、NMHC 浓度和烟气参数（温度、流速或流量、压力、湿度、氧含量等），同时计算出烟气中污染物的排放速率和排放量，显示（可支持打印）和记录各种数据和参数，形成相关图表，并通过数据、图文等方式传输到管理部门等功能。

对于氮氧化物监测单元，NO_2 可以直接测量，也可以通过转化炉转化为 NO 后一并测量，但不允许只监测烟气中的 NO。NO_2 转换为 NO 的效率不小于 95%。

排污单位在进行自动监控系统安装选型时，应根据国家对每个监测设备的具体技术要求进行选型安装。选型安装在线监测仪器时，应根据污染物浓度和排放标准，选择检测范围与之匹配的在线监测仪器，监测仪器满足国家对应仪器的技术要求。如二氧化硫、氮氧化物、颗粒物应符合《固定污染源烟气（SO_2、NO_x、颗粒物）排放连续监测技术规范》（HJ 75—2017）和《固定污染源烟气（SO_2、NO_x、颗粒物）排放连续监测系统技术要求及检测方法》（HJ 76—2017）等相关规范要求；NMHC 应符合《固定污染源废气非甲烷总烃连续监测系统技术要求及检测方法》（HJ 1013—2018）等相关规范要求。选型安装数据传输设备时，应按照《污染物在线监控（监测）系统数据传输标准》（HJ 212—2017）和《污染源在线自动监控（监测）数据采集传输仪技术要求》（HJ 477—2009）规范要求设置，不得添加其他可能干扰监测数据存储、处理、传输的软件或设备。

在污染源自动监测设备建设、联网和管理过程中，当地生态环境主管部门有相关规定的，应同时参考地方的规定要求。

9.2 CEMS 现场安装要求

CEMS 的现场安装主要涉及现场监测站房、废气排放口、自动监控点位设置及监测断面等内容。现场监测站房必须满足仪器设备功能需求且专室专用，保障供电、给排水、温湿度控制、网络传输等必需的运行条件，配备安装必要的电源、通信网络、温湿度控制、视频监视和安全防护设施；排放口应设置符合《环境保护图形标志　排放口（源）》（GB 15562.1—1995）要求的环境保护图形标志牌。排放口的设置应按照生态环境部和地方生态环境主管部门的相关要求，进行规范化设置；自动监控点位的选取应尽可能选取固定污染源烟气排放状况有代表性的点位。具体要求见 5.3 节的相关部分内容。

9.3 CEMS 技术指标调试检测

CEMS 在现场安装运行以后，在接受验收前，应对其进行技术性能指标和联网情况的调试检测。

9.3.1 CEMS 技术指标调试检测

CEMS 调试检测的技术指标包括：

（1）颗粒物 CEMS 零点漂移、量程漂移；

（2）颗粒物 CEMS 线性相关系数、置信区间、允许区间；

（3）气态污染物 CEMS 和氧气 CMS 零点漂移、量程漂移；

（4）气态污染物 CEMS 和氧气 CMS 示值误差；

（5）气态污染物 CEMS 和氧气 CMS 系统响应时间；

（6）气态污染物 CEMS 和氧气 CMS 准确度；

（7）流速 CMS 速度场系数；

（8）流速 CMS 速度场系数精密度；

（9）温度 CMS 准确度；

（10）湿度 CMS 准确度。

9.3.2 联网调试检测

安装调试完成后 15 天内，按《污染物在线监控（监测）系统数据传输标准》（HJ 212—2017）技术要求与生态环境主管部门联网。

9.4 CEMS 验收要求

技术验收包括 CEMS 技术指标验收和联网验收。

CEMS 在完成安装、调试检测并与生态环境主管部门联网，同时符合下列要求后，方可组织实施技术验收工作。

（1）CEMS 的安装位置及手工采样位置应符合 5.3 节相关部分内容的要求。

（2）数据采集和传输以及通信协议均应符合《污染物在线监控（监测）系统

数据传输标准》（HJ 212—2017）的要求，并提供一个月内的数据采集和传输自检报告，报告应对数据传输标准的各项内容做出响应。

（3）根据 9.3.1 节的要求进行 72 小时的调试检测，并提供调试检测合格报告及调试检测结果数据。

（4）调试检测后至少稳定运行 7 天。

9.4.1 CEMS 技术指标验收

9.4.1.1 验收要求

CEMS 技术指标验收包括颗粒物 CEMS、气态污染物（SO_2、NO_x）CEMS、烟气参数 CMS 技术指标验收。符合下列要求后，即可进行技术指标验收。

（1）现场验收期间，生产设备应正常且稳定运行，可通过调节固定污染源烟气净化设备达到某一排放状况，该状况在测试期间保持稳定。

（2）日常运行中更换 CEMS 分析仪表或变动 CEMS 取样点位时，应进行再次验收。

（3）现场验收时必须采用有证标准物质或标准样品，较低浓度的标准气体可以使用高浓度的标准气体采用等比例稀释方法获得，等比例稀释装置的精密度在1%以内。标准气体要求贮存在铝或不锈钢瓶中，不确定度不超过±2%。

（4）对于光学法颗粒物 CEMS，校准时须对实际测量光路进行全光路校准，确保发射光先经过出射镜片，再经过实际测量光路，到校准镜片后，再经过入射镜片到达接收单元，不得仅对激光发射器和接收器进行校准。对于抽取式气态污染物 CEMS，当对全系统进行零点校准和量程校准、示值误差和系统响应时间的检测时，零气和标准气体应通过预设管线输送至采样探头处，经由样品传输管线回到站房，经过全套预处理设施后进入气体分析仪。

（5）验收前检查直接抽取式气态污染物采样伴热管的设置，设置的加热温度应≥120℃，并高于烟气露点温度 10℃，实际温度能够在机柜或系统软件中查询。

冷干法 CEMS 冷凝器的设置和实际控制温度应保持在 2～6℃。

9.4.1.2　验收内容

颗粒物 CEMS 技术指标验收包括颗粒物的零点漂移、量程漂移和准确度验收。气态污染物（SO_2、NO_x）CEMS 和氧气 CMS 技术指标验收包括零点漂移、量程漂移、示值误差、系统响应时间和准确度验收。

现场验收时，先做示值误差和系统响应时间的验收测试，不符合技术要求的，可不再继续开展其余项目验收。

通入零气和标气时，均应通过 CEMS 系统，不得直接通入气体分析仪。

示值误差、系统响应时间、零点漂移和量程漂移验收技术指标需满足表 9-1 的要求。

表 9-1　示值误差、系统响应时间、零点漂移和量程漂移验收技术指标要求

检测项目			技术指标要求
气态污染物 CEMS	二氧化硫	示值误差	当满量程≥100 μmol/mol（286 mg/m³）时，示值误差不超过±5%（相对于标准气体标称值）；当满量程＜100 μmol/mol（286 mg/m³）时，示值误差不超过±2.5%（相对于仪表满量程值）
		系统响应时间	≤200 s
		零点漂移、量程漂移	不超过±2.5%
	氮氧化物	示值误差	当满量程≥200 μmol/mol（410 mg/m³）时，示值误差不超过±5%（相对于标准气体标称值）；当满量程＜200 μmol/mol（410 mg/m³）时，示值误差不超过±2.5%（相对于仪表满量程值）
		系统响应时间	≤200 s
		零点漂移、量程漂移	不超过±2.5%
氧气 CMS	氧气	示值误差	±5%（相对于标准气体标称值）
		系统响应时间	≤200 s
		零点漂移、量程漂移	不超过±2.5%
颗粒物 CEMS	颗粒物	零点漂移、量程漂移	不超过±2.0%

注：氮氧化物以 NO_2 计。

准确度验收技术指标需满足表 9-2 的要求。

表 9-2　准确度验收技术指标要求

检测项目			技术指标要求
气态污染物 CEMS	二氧化硫	准确度	排放浓度≥250 μmol/mol（715 mg/m^3）时，相对准确度≤15%
			50 μmol/mol（143 mg/m^3）≤排放浓度＜250 μmol/mol（715 mg/m^3）时，绝对误差不超过±20 μmol/mol（57 mg/m^3）
			20 μmol/mol（57 mg/m^3）≤排放浓度＜50 μmol/mol（143 mg/m^3）时，相对误差不超过±30%
			排放浓度＜20 μmol/mol（57 mg/m^3）时，绝对误差不超过±6 μmol/mol（17 mg/m^3）
	氮氧化物	准确度	排放浓度≥250 μmol/mol（513 mg/m^3）时，相对准确度≤15%
			50 μmol/mol（103 mg/m^3）≤排放浓度＜250 μmol/mol（513 mg/m^3）时，绝对误差不超过±20 μmol/mol（41 mg/m^3）
			20 μmol/mol（41 mg/m^3）≤排放浓度＜50 μmol/mol（103 mg/m^3）时，相对误差不超过±30%
			排放浓度＜20 μmol/mol（41 mg/m^3）时，绝对误差不超过±6 μmol/mol（12 mg/m^3）
	其他气态污染物	准确度	相对准确度≤15%
氧气 CMS	氧气	准确度	＞5.0%时，相对准确度≤15%
			≤5.0%时，绝对误差不超过±1.0%
颗粒物 CEMS	颗粒物	准确度	排放浓度＞200 mg/m^3 时，相对误差不超过±15%
			100 mg/m^3＜排放浓度≤200 mg/m^3 时，相对误差不超过±20%
			50 mg/m^3＜排放浓度≤100 mg/m^3 时，相对误差不超过±25%
			20 mg/m^3＜排放浓度≤50 mg/m^3 时，相对误差不超过±30%
			10 mg/m^3＜排放浓度≤20 mg/m^3 时，绝对误差不超过±6 mg/m^3
			排放浓度≤10 mg/m^3 时，绝对误差不超过±5 mg/m^3
流速 CMS	流速	准确度	流速＞10 m/s 时，相对误差不超过±10%
			流速≤10 m/s 时，相对误差不超过±12%
温度 CMS	温度	准确度	绝对误差不超过±3℃
湿度 CMS	湿度	准确度	烟气湿度＞5.0%时，相对误差不超过±25%
			烟气湿度≤5.0%时，绝对误差不超过±1.5%

注：氮氧化物以 NO_2 计，以上各参数区间划分以参比方法测量结果为准。

9.4.2 联网验收

联网验收由通信及数据传输验收、现场数据比对验收和联网稳定性验收三部分组成。

9.4.2.1 通信及数据传输验收

按照《污染物在线监控（监测）系统数据传输标准》（HJ 212—2017）的规定检查通信协议的正确性。数据采集和处理子系统与监控中心之间的通信应稳定，不出现经常性的通信连接中断、报文丢失、报文不完整等通信问题。为保证监测数据在公共数据网上传输的安全性，所采用的数据采集和处理子系统应进行加密传输。监测数据在向监控系统传输的过程中，应由数据采集和处理子系统直接传输。

9.4.2.2 现场数据比对验收

数据采集和处理子系统稳定运行 1 周后，对数据进行抽样检查，对比上位机接收到的数据和现场机存储的数据是否一致，精确至 1 位小数。

9.4.2.3 联网稳定性验收

在连续 1 个月内，子系统能稳定运行，不出现通信稳定性、通信协议正确性、数据传输正确性以外的其他联网问题。

9.4.2.4 联网验收技术指标要求

联网验收技术指标要求如表 9-3 所示。

表 9-3 联网验收技术指标要求

检测项目	技术指标要求
通信稳定性	①现场机在线率为 95%以上； ②正常情况下，掉线后，应在 5 min 之内重新上线； ③单台数据采集传输仪每日掉线次数在 3 次以内； ④报文传输稳定性在 99%以上，当出现报文错误或丢失时，启动纠错逻辑，要求数据采集传输仪重新发送报文
数据传输安全性	①对所传输的数据应按照 HJ 212—2017 中规定的加密方法进行加密处理传输，以保证数据传输的安全性； ②服务器端对请求连接的客户端进行身份验证
通信协议正确性	现场机和上位机的通信协议应符合 HJ 212—2017 的规定，正确率为 100%
数据传输正确性	系统稳定运行 1 周后，对 1 周的数据进行检查，对比接收的数据和现场的数据一致，精确至 1 位小数，抽查数据正确率为 100%
联网稳定性	系统稳定运行 1 个月，不出现通信稳定性、通信协议正确性、数据传输正确性以外的其他联网问题

9.5 CEMS 日常运行管理要求

9.5.1 总体要求

CEMS 运维单位应根据 CEMS 使用说明书和本节要求编制仪器运行管理规程，确定系统运行操作人员和管理维护人员的工作职责。运维人员应当熟练掌握烟气排放连续监测仪器设备的原理、使用和维护方法。CEMS 日常运行管理应包括日常巡检、日常维护保养及 CEMS 的校准和检验。

9.5.2 日常巡检

CEMS 运维单位应根据本节要求和仪器使用说明中的相关要求制定巡检规程，并严格按照规程开展日常巡检工作并做好记录。日常巡检记录应包括检查项目、检查日期、被检项目的运行状态等内容，每次巡检应记录并归档。CEMS 日常巡检时间间隔不超过 7 天。

CEMS 日常巡检可参照《固定污染源烟气（SO_2、NO_x、颗粒物）排放连续监测技术规范》（HJ 75—2017）附录 G 中的表 G.1～表 G.3 的表格形式记录。

9.5.3　日常维护保养

运维单位应根据 CEMS 说明书的要求对 CEMS 系统保养内容、保养周期或耗材更换周期等做出明确规定，每次保养情况应记录并归档。每次进行备件或材料更换时，更换的备件或材料的品名、规格、数量等应记录并归档。如更换有证标准物质或标准样品，还需记录新标准物质或标准样品的来源、有效期和浓度等信息。对日常巡检或维护保养中发现的故障或问题，运维人员应及时处理并记录。

CEMS 日常运行管理参照《固定污染源烟气（SO_2、NO_x、颗粒物）排放连续监测技术规范》（HJ 75—2017）附录 G 中的格式记录。

9.5.4　CEMS 的校准和检验

运维单位应根据 9.6 节规定的方法和周期制定 CEMS 系统的日常校准和校验操作规程。校准和校验记录应及时归档。

9.6　CEMS 日常运行质量保证要求

9.6.1　总体要求

CEMS 日常运行质量保证是保障 CEMS 正常稳定运行、持续提供有质量保证监测数据的必要手段。当 CEMS 不能满足技术指标而失控时，应及时采取纠正措施，并应缩短下一次校准、维护和校验的间隔时间。

9.6.2 定期校准

CEMS运行过程中的定期校准是质量保证中的一项重要工作，定期校准应做到以下几点：

（1）具有自动校准功能的颗粒物CEMS和气态污染物CEMS每24小时至少自动校准一次仪器零点和量程，同时测试并记录零点漂移和量程漂移。

（2）无自动校准功能的颗粒物CEMS每15天至少校准一次仪器的零点和量程，同时测试并记录零点漂移和量程漂移。

（3）无自动校准功能的直接测量法气态污染物CEMS每15天至少校准一次仪器的零点和量程，同时测试并记录零点漂移和量程漂移。

（4）无自动校准功能的抽取式气态污染物CEMS每7天至少校准一次仪器的零点和量程，同时测试并记录零点漂移和量程漂移。

（5）无自动校准功能的NMHC-CEMS每7天至少校准一次仪器零点和量程，同时测试并记录零点漂移和量程漂移。

（6）抽取式气态污染物CEMS每3个月至少进行一次全系统的校准，要求零气和标准气体从监测站房发出，经采样探头末端与样品气体通过的路径（应包括采样管路、过滤器、洗涤器、调节器、分析仪表等）一致，进行零点漂移和量程漂移、示值误差和系统响应时间的检测。

（7）具有自动校准功能的流速CMS每24小时至少进行一次零点校准，无自动校准功能的流速CMS每30天至少进行一次零点校准。

（8）校准技术指标应满足表9-4的要求。定期校准记录按《固定污染源烟气（SO_2、NO_x、颗粒物）排放连续监测技术规范》（HJ 75—2017）附录G中的表G.4表格形式记录。

表 9-4 CEMS 定期校准校验技术指标要求及数据失控时段的判别

项目	CEMS 类型	校准功能	校准周期	技术指标	技术指标要求	失控指标	最少样品数/对
定期校准	颗粒物 CEMS	自动	24 h	零点漂移	不超过±2.0%	超过±8.0%	—
				量程漂移	不超过±2.0%	超过±8.0%	
		手动	15 d	零点漂移	不超过±2.0%	超过±8.0%	
				量程漂移	不超过±2.0%	超过±8.0%	
	气态污染物 CEMS 抽取测量或直接测量	自动	24 h	零点漂移	不超过±2.5%	超过±5.0%	—
				量程漂移	不超过±2.5%	超过±10.0%	
	气态污染物 CEMS 抽取测量	手动	7 d	零点漂移	不超过±2.5%	超过±5.0%	
				量程漂移	不超过±2.5%	超过±10.0%	
	气态污染物 CEMS 直接测量	手动	15 d	零点漂移	不超过±2.5%	超过±5.0%	
				量程漂移	不超过±2.5%	超过±10.0%	
	流速 CMS	自动	24 h	零点漂移或绝对误差	零点漂移不超过±3.0%或绝对误差不超过±0.9 m/s	零点漂移超过±8.0%且绝对误差超过±1.8 m/s	—
		手动	30 d	零点漂移或绝对误差	零点漂移不超过±3.0%或绝对误差不超过±0.9 m/s	零点漂移超过±8.0%且绝对误差超过±1.8 m/s	—
定期校验	颗粒物 CEMS		3 个月或 6 个月	准确度	满足 HJ 75—2017 中 9.3.8 规定范围	超过 HJ 75—2017 中 9.3.8 规定范围	5
	气态污染物 CEMS						9
	流速 CMS						5

9.6.3 定期维护

9.6.3.1 颗粒物、气态污染物（SO_2、NO_x）CEMS

维护频次按照《固定污染源烟气（SO_2、NO_x、颗粒物）排放连续监测技术规范》（HJ 75—2017）中附录 G 中表 G.1～表 G.3 说明的进行。定期维护应做到以下几点：

（1）污染源停运到开始生产前应及时到现场清洁光学镜面。

（2）定期清洗隔离烟气与光学探头的玻璃视窗，检查仪器光路的准直情况；定期对清吹空气保护装置进行维护，检查空气压缩机或鼓风机、软管、过滤器等部件。

（3）定期检查气态污染物 CEMS 的过滤器、采样探头和管路的结灰与冷凝水情况、气体冷却部件、转换器、泵膜老化状态。

（4）定期检查流速探头的积灰和腐蚀情况、反吹泵和管路的工作状态。

（5）定期维护记录按《固定污染源烟气（SO_2、NO_x、颗粒物）排放连续监测技术规范》（HJ 75—2017）附录 G 中的表 G.1～表 G.3 表格形式记录。

9.6.3.2 NMHC-CEMS

NMHC-CEMS 定期维护按《固定污染源废气非甲烷总烃连续监测系统技术要求及检测方法》（HJ 1013—2018）、《固定污染源废气中非甲烷总烃排放连续监测技术指南（试行）》（环办监测函〔2020〕90 号），应做到以下几点：

（1）使用氢气钢瓶时，至少每周巡检一次钢瓶气的压力并记录，有条件的应做到一用一备。

（2）至少每周检查一次氢气发生器变色硅胶的变色情况，超过 2/3 变色应及时更换变色硅胶。

（3）使用氢气发生器的，应按其说明书规定，定期检查氢气压力、氢气发生器电解液等，并根据使用情况及时更换，定期添加纯净水。

（4）至少每周检查一次除烃装置温度是否保持在 350℃以上。

（5）至少每周检查一次出峰时间与标准谱图一致性情况是否符合仪器使用手册要求。

（6）至少每个月检查一次燃烧气连接管路的气密性，NMHC-CEMS 的过滤器、采样管路的结灰情况，若发现数据异常应及时维护。

（7）至少每半年检查一次零气发生器中的活性炭和 NO 氧化剂，并根据使用情况进行更换。

（8）使用催化氧化装置的 NMHC-CEMS 至少每年用丙烷标气检验一次转化效率，保证丙烷转化效率在 90%以上，否则应更换催化氧化装置。

（9）更换主要部件（如色谱柱、定量环）时需对分析仪进行多点校准，并记录校准数据和过程，校准数据符合表 9-3 要求且稳定后才可投入运行。

（10）定期维护记录按《固定污染源烟气（SO_2、NO_x、颗粒物）排放连续监测技术规范》（HJ 75—2017）附录 G 中的表 G.1～表 G.3 表格形式记录。

9.6.4　定期校验

9.6.4.1　颗粒物、气态污染物（SO_2、NO_x）CEMS

CEMS 投入使用后，燃料、除尘效率的变化、水分的影响、安装点的振动等均会对测量结果的准确性产生影响。定期校验应做到以下几点：

（1）有自动校准功能的测试单元每 6 个月至少做一次校验，没有自动校准功能的测试单元每 3 个月至少做一次校验；校验用参比方法和 CEMS 同时段数据进行比对，按《固定污染源烟气（SO_2、NO_x、颗粒物）排放连续监测技术规范》（HJ 75—2017）进行。

（2）校验结果应符合表 9-4 的要求，不符合时，则应扩展为对颗粒物 CEMS 的相关系数的校正或/和评估气态污染物 CEMS 的准确度或/和流速 CMS 的速度场系数（或相关性）的校正，直到 CEMS 达到表 9-2 的要求，方法见《固定污染源烟气（SO_2、NO_x、颗粒物）排放连续监测技术规范》（HJ 75—2017）附录 A。

（3）定期校验记录按《固定污染源烟气（SO_2、NO_x、颗粒物）排放连续监测技术规范》（HJ 75—2017）附录 G 中的表 G.5 表格形式记录。

9.6.4.2　NMHC-CEMS

NMHC-CEMS 定期校验应做到以下几点：

（1）至少 3 个月做一次校验，校验用参比方法和 NMHC-CEMS 同时段数据进行比对。

（2）当校验结果不符合《固定污染源废气非甲烷总烃连续监测系统技术要求及检测方法》（HJ 1013—2018）6.2.3 中准确度指标要求时，则应扩展为评估

NMHC-CEMS 的准确度校正，直至达到要求，所取样品数不少于 9 对。

9.6.5 常见故障分析及排除

当 CEMS 发生故障时，运维人员应及时处理并记录。设备维修记录见《固定污染源烟气（SO_2、NO_x、颗粒物）排放连续监测技术规范》（HJ 75—2017）附录 G 中的表 G.6。维修处理过程中，要注意以下几点：

（1）CEMS 需要停用、拆除或者更换的，应当事先报经主管部门批准。

（2）运维单位发现故障或接到故障通知，应在 4 小时内赶到现场处理。

（3）对于一些容易诊断的故障，如电磁阀控制失灵、膜裂损、气路堵塞、数据采集仪死机等，可携带工具或者备件到现场进行针对性维修，此类故障维修时间不应超过 8 小时。

（4）仪器经过维修后，在正常使用和运行之前应确保维修内容全部完成，性能通过检测程序，按 9.6.2 节相关内容对仪器进行校准检查。若监测仪器进行了更换，在正常使用和运行之前应对系统进行重新调试和验收。

（5）若数据存储/控制仪发生故障，应在 12 小时内修复或更换，并保证已采集的数据不丢失。

（6）监测设备因故障不能正常采集、传输数据时，应及时向主管部门报告，缺失数据按 9.7.2 节相关内容处理。

9.6.6 定期校准校验技术指标要求及数据失控时段的判别与修约

（1）CEMS 在定期校准、校验期间的技术指标要求及数据失控时段的判别标准见表 9-4。

（2）当发现任一参数不满足技术指标要求时，应及时按照规范及仪器说明书等的相关要求，采取校准、调试乃至更换设备重新验收等纠正措施，直至满足技术指标要求。当发现任一参数数据失控时，应记录失控时段（从发现失控数据起到满足技术指标要求后为止的时间段）及失控参数，并进行数据修正。

9.7　数据审核和处理

9.7.1　数据审核与标记

固定污染源生产状况下，经验收合格的 CEMS 正常运行时段为 CEMS 数据有效时间段。CEMS 非正常运行时段（如 CEMS 故障期间、维修期间、超过本章 9.6.2 节规定的期限未校准时段、失控时段以及有计划的维护保养、校准等时段）均为 CEMS 数据无效时段。

污染源计划停运一个季度以内的，不得停运 CEMS，日常巡检和维护要求仍按照本章 9.5 节和 9.6 节规定执行；计划停运超过一个季度的，可停运 CEMS，但应报当地生态环境主管部门备案。污染源启运前，应提前启运 CEMS，并进行校准，在污染源启运后的两周内进行校验，满足表 9-4 技术指标要求的，视为启运期间自动监测数据有效。

排污单位可以利用具备自动标记功能的自动监测设备在自动监测设备现场端进行自动标记，也可以授权有关责任人在自动监控系统企业服务端进行人工标记。鼓励排污单位优先进行自动标记，提高标记准确度，减少人工标记工作量。同一时段同时存在人工标记和自动标记时，以人工标记为准。排污单位完成标记即为审核确认自动监测数据的有效性。

自动标记即时生成，各项自动监测数据由自动监测设备同步按照相关标准规范分别计算。一般情况下，每日 12 时前完成前一日数据的人工标记，各项自动监测数据由自动监控系统企业服务端计算；如因通信中断数据未上传、系统升级维护等导致无法人工标记时，应当在数据上传后或标记功能恢复后 24 小时内完成人工标记。逾期不进行人工标记，视为对自动监测数据的有效性无异议。

自动监测小时均值数据的有效性依据自动监测分钟数据标记情况进行自动判断。1 小时内“CEMS 维护”标记小于等于 15 分钟，且不影响小时均值有效性时，可不再对小时均值数据进行标记。自动监测日均值数据有效性，依据自动监测小时均值数据标记情况进行自动判断。

9.7.2 数据无效时段的数据处理

CEMS 故障、维修、超规定期限未校准及有计划的维护保养、校准等时段均为 CEMS 数据无效时间段。CEMS 故障、维修、维护保养、校准及其他异常导致的数据无效时段的污染物排放量修约按表 9-5 处理；亦可用参比方法监测的数据替代，频次不低于一天一次，直至 CEMS 技术指标调试到符合表 9-1 和表 9-2 时为止。如使用参比方法监测的数据替代，则监测过程应按照《固定污染源排气中颗粒物测定与气态污染物采样方法》（GB/T 16157—1996）、《固定污染源废气　低浓度颗粒物的测定　重量法》（HJ 836—2017）和《固定源废气监测技术规范》（HJ/T 397—2007）等要求进行，替代数据包括污染物浓度、烟气参数和污染物排放量。

表 9-5　维护期间和其他异常导致的数据无效时段的处理方法

季度有效数据捕集率（α）	连续无效小时数（N）/h	修约参数	选取值
$\alpha \geq 90\%$	$N \leq 24$	二氧化硫、氮氧化物、颗粒物的排放量	失效前 180 个有效小时排放量最大值
	$N > 24$		失效前 720 个有效小时排放量最大值
$75\% \leq \alpha < 90\%$	—		失效前 2 160 个有效小时排放量最大值

超规定期限未校准的时段视为数据失控时段，失控时段的污染物排放量按照表 9-6 进行修约，污染物浓度和烟气参数不修约。

表 9-6　失控时段的数据处理方法

季度有效数据捕集率（α）	连续失控小时数（N）/h	修约参数	选取值
$\alpha \geq 90\%$	$N \leq 24$	二氧化硫、氮氧化物、颗粒物的排放量	上次校准前 180 个有效小时排放量最大值
	$N > 24$		上次校准前 720 个有效小时排放量最大值
$75\% \leq \alpha < 90\%$	—		上次校准前 2 160 个有效小时排放量最大值

9.7.3 数据记录与报表

9.7.3.1 记录

按照《固定污染源烟气（SO_2、NO_x、颗粒物）排放连续监测技术规范》（HJ 75—2017）附录 D 的表格形式记录监测结果。

NMHC 参照《固定污染源废气非甲烷总烃连续监测系统技术要求及检测方法》（HJ 1013—2018）附录 A 的表格形式记录监测结果。

9.7.3.2 报表

颗粒物、SO_2、NO_x 按照《固定污染源烟气（SO_2、NO_x、颗粒物）排放连续监测技术规范》（HJ 75—2017）附录 D（表 D.9～表 D.12）的表格形式定期将 CEMS 监测数据上报，报表中应给出最大值、最小值、平均值、累计排放量以及参与统计的样本数。

NMHC 参照《固定污染源废气非甲烷总烃连续监测系统技术要求及检测方法》（HJ 1013—2018）附录 A 的表格形式定期形成 NMHC-CEMS 数据报表，报表中应给出最大值、最小值、平均值、累计排放量以及参与统计的样本数。

第 10 章　厂界环境噪声及周边环境影响监测

厂界环境噪声和周边环境质量监测应按照相关的标准和规范开展。对于厂界噪声而言，重点是监测点位的布设，应能够反映厂内噪声源对厂外尤其是对厂外居民区等敏感点的影响。对周边环境质量监测，不同的含涂装工序工业排污单位对环境空气、地表水、地下水、近岸海域海水和周边土壤有不同程度的影响，在制定方案时应依据相关标准规范和管理要求，若无明确要求的，含涂装工序工业排污单位可结合本单位实际排污情况，选择有必要开展监测的对象，结合本单位实际排污环境，适当选择应监测的对象，确保监测项目、监测点位的代表性和监测采样的规范性。本章围绕厂界环境噪声、环境空气、地表水、近岸海域海水、地下水和土壤监测的关键点进行介绍和说明。

10.1　厂界环境噪声监测

10.1.1　环境噪声的含义

《中华人民共和国噪声污染防治法》第二条规定：本法所称环境噪声污染，是指超过噪声排放标准或者未依法采取防控措施产生噪声，并干扰他人正常生活、工作和学习的现象。所以在测量厂界环境噪声时应重点关注：①噪声排放是否超过标准规定的排放限值；②是否干扰他人正常生活、工作和学习。

10.1.2 厂界环境噪声布点原则

《工业企业厂界环境噪声排放标准》（GB 12348—2008）规定，厂界环境噪声监测点的选择应根据工业企业声源、周围噪声敏感建筑物的布局以及毗邻的区域类别，在工业企业厂界布设多个点位，包括距噪声敏感建筑物较近以及受被测声源影响较大的位置。《总则》则更具体地指出了厂界环境噪声监测点位设置应遵循的原则：①根据厂内主要噪声源距厂界位置布点；②根据厂界周围敏感目标布点；③“厂中厂”是否需要监测根据内部和外围排污单位协商确定；④面临海洋、大江、大河的厂界原则上不布点；⑤厂界紧邻交通干线不布点；⑥厂界紧邻另一个排污单位的，在临近另一个排污单位侧是否布点由排污单位协商确定。

厂界一侧长度在 100 m 以下的，原则上可布设 1 个监测点位；300 m 以下的可布设监测点位 2～3 个；300 m 以上的可布设监测点位 4～6 个。通常所说的厂界，是指由法律文书（如土地使用证、土地所有证、租赁合同等）中所确定的业主所拥有的使用权（或所有权）的场所或建筑边界，各种产生噪声的固定设备的厂界为其实际占地边界。

设置测量点时，一般情况下应选在工业企业厂界外 1 m、高度 1.2 m 以上、距任一反射面距离不小于 1 m 的位置；当厂界有围墙且周围有受影响的噪声敏感建筑物时，测点应选在厂界外 1 m、高于围墙 0.5 m 以上的位置；当厂界无法测量到声源的实际排放状况时（如声源位于高空、厂界设有声屏障等），应在工业企业厂界外 1 m、高度 1.2 m 以上、距任一反射面距离不小于 1 m 的位置设置测点，同时在受影响的噪声敏感建筑物的户外 1 m 处另设测点，建筑物高于 3 层时，可考虑分层布点；测量室内噪声时，测量点位应设在距任何反射面 0.5 m 以上、距地面 1.2 m 高度处，在受噪声影响方向的窗户开启状态下测量；固定设备结构传声至噪声敏感建筑物室内，在噪声敏感建筑物室内测量时，测点应距任何反射面 0.5 m 以上、距地面 1.2 m、距外窗 1 m 以上，窗户关闭状态下测量，具体要求参照《环境噪声监测技术规范　结构传播固定设备室内噪声》（HJ 707—2014）。

10.1.3 环境噪声测量仪器

测量厂界环境噪声使用的测量仪器为积分平均声级计或环境噪声自动监测仪，其性能应不低于《电声学　声级计　第1部分：规范》（GB/T 3785.1—2010）中对2型仪器的要求。测量35 dB以下的噪声时应使用1型声级计，且测量范围应满足所测量噪声的需要。校准所用仪器应符合《电声学　声校准器》（GB/T 15173—2023）对1级或2级声校准器的要求。当需要进行噪声的频谱分析时，仪器性能应符合《电声学　倍频程和分数倍频程滤波器》（GB/T 3241—2010）中对滤波器的要求。

测量仪器和校准仪器应定期检定是否合格，并在有效使用期限内使用；每次测量前后必须在测量现场进行声学校准，其前后校准示值偏差不得大于0.5 dB（A），否则测量结果无效。测量时传声器应加防风罩。测量仪器时间计权特性设为“F”挡，采样时间间隔不大于1 s。

10.1.4 环境噪声监测注意事项

测量应在无雨雪、无雷电天气，风速为5 m/s以下时进行。若不得不在特殊气象条件下测量，应采取必要措施保证测量的准确性，同时注明当时所采取的措施及气象情况，测量应在被测声源正常工作时间进行，同时注明当时的工况。

测量应分别在昼间、夜间两个时段进行。夜间有频发、偶发噪声影响时同时测量最大声级。若被测声源为稳态噪声，采用1分钟的等效声级；若被测声源为非稳态噪声，测量被测声源有代表性时段的等效声级，必要时测量被测声源整个正常工作时段的等效声级。噪声超标时，必须测量背景值，背景噪声的测量及修正应按照《环境噪声监测技术规范　噪声测量值修正》（HJ 706—2014）执行。

10.1.5 监测结果评价

各个测点的测量结果应单独评价。同一测点每天的测量结果应按昼间、夜间进行评价。最大声级直接评价。当厂界与噪声敏感建物距离小于 1 m，厂界环境噪声在噪声敏感建筑物室内测量时，应将相应的噪声标准限制降低 10 dB（A）作为评价依据。

10.2 环境空气监测

环境管理要求或含涂装工序工业排污单位的环境影响评价文件及其批复［仅限 2015 年 1 月 1 日（含）后取得环境影响评价批复的］对厂区周边环境空气质量监测有明确要求的，按要求执行。如环境影响评价文件及其批复和其他文件中均未作出要求，排污单位认为有必要开展周边环境质量影响监测的，环境空气质量影响监测点位设置的原则和方法参照《环境空气质量监测点位布设技术规范（试行）》（HJ 664—2013）执行。

10.2.1 监测点位设置

含涂装工序工业排污单位厂界周边的环境空气环境质量监测点位设置，按照排污单位环境影响评价文件及其批复和其他环境管理要求执行。

监测点位布设时，根据监测目的和任务要求来确定具有代表性的监测点位。对于为监测固定污染源对当地环境空气质量影响而设置的监测点，代表范围一般为半径 100～500 m，如果考虑较高的点源对地面浓度影响时，半径也可以扩大到 500～4 000 m。

污染监控点应依据排放源的强度和主要污染项目布设，设置在排放源的主导风向和第二主导风向的下风向最大落地浓度区内，以捕捉到最大污染特征为原则进行布设。

监测点采样口周围水平面应保证有270°以上的捕集空间，不能有阻碍空气流动的高大建筑、树木或其他障碍物；如果采样口一侧靠近建筑，采样口周围水平面应有180°以上的自由空间。从采样口到附近最高障碍物之间的水平距离，应为该障碍物与采样口高度差的两倍以上，或者从采样口到建筑物顶部与地平线的夹角小于30°。

10.2.2 现场采样注意事项

含涂装工序工业排污单位厂界周边的环境空气现场采样主要参照《环境空气质量手工监测技术规范》（HJ 194—2017）和具体的监测指标采用的分析方法来确定现场采样方法、采样时间和采样频率。现场采样的主要方法有溶液吸收采样、吸附管采样、滤膜采样、滤膜-吸附剂联用采样和直接采样等，根据不同监测指标的分析方法来确定其采样方法。

溶液吸收采样时，采样前注意检查管路是否清洁，进行系统的气密性检查；采样前后流量误差应小于5%；采样时注意吸收管进气方向不要接反，防止倒吸；采样过程中有避光、温度控制等要求的项目按照相关监测方法标准执行，及时记录采样起止时间、流量、温度、压力等参数；采样结束后，需要避光、冷藏、低温保存的按照相关标准要求采取相应措施妥善保存，尽快送到实验室，并在有效期内完成分析；运输过程中避免样品受到撞击或剧烈振动而损坏；按照相关监测标准要求采集足够数量的全程序空白样品。

吸附管采样时，采样前进行系统的气密性检查；采样前后流量误差应小于5%；采样过程中有避光、温度控制等要求的项目按照相关监测方法标准执行，及时记录采样起止时间、流量、温度、压力等参数；采样结束后，需要避光、冷藏、低温保存的按照相关标准要求采取相应措施妥善保存，尽快送到实验室，并在有效期内完成分析；运输过程中避免样品受到撞击或剧烈振动而损坏；按照相关监测标准要求采集足够数量的全程序空白样品。

滤膜采样时，采样前清洗切割器，保证切割器清洁；检查采样滤膜的材质、本底、均匀性、稳定性是否符合所采项目监测方法标准要求，滤膜边缘是否平滑，薄厚是否均匀，且无毛刺、无污染、无碎屑、无针孔、无折痕、无损坏；检查采样器的流量、温度、压力是否在误差允许范围内；采样结束后，用镊子轻轻夹住滤膜边缘，取下样品滤膜，并检查是否有破裂或滤膜上尘积面的边缘轮廓是否清晰、完整；采样前后流量误差应小于 5%；样品采集后，立即装盒（袋）密封，尽快送至实验室分析；运输过程中，应避免剧烈振动，对于需要平放的滤膜，保持滤膜采集面向上。

10.3　地表水监测

环境管理政策或含涂装工序工业排污单位的环境影响评价文件及其批复［仅限 2015 年 1 月 1 日（含）后取得环境影响评价批复的］对厂界周边的地表水环境质量监测有明确要求的，按要求执行。无明确要求的，若含涂装工序工业排污单位认为有必要的，可根据实际情况对周边地表水环境质量开展监测。

本节仅针对监测断面设置和现场采样进行介绍，样品保存、运输以及实验室分析部分参考第 6 章。

10.3.1　监测断面设置

含涂装工序工业排污单位厂界周边的地表水环境质量影响监测点位设置，按照排污单位环境影响评价文件及其批复和其他环境管理要求执行。

如环境影响评价文件及其批复和其他文件中均未作出要求，排污单位需要开展周边环境质量影响监测的，环境质量影响监测点位设置的原则和方法参照《建设项目环境影响评价技术导则　总纲》（HJ 2.1—2016）、《环境影响评价技术导则　地表水环境》（HJ 2.3—2018）和《地表水环境质量监测技术规范》（HJ 91.2—2022）等执行。

《环境影响评价技术导则　地表水环境》（HJ 2.3—2018）规定环境影响评价

中，应提出地表水环境质量监测计划，包括监测断面或点位位置（经纬度）、监测因子、监测频次、监测数据采集与处理、分析方法等。地表水环境质量监测断面或点位设置需与水环境现状监测、水环境影响预测的断面或点位相协调，并应强化其代表性、合理性。

10.3.1.1　河流监测断面设置

根据《环境影响评价技术导则　地表水环境》（HJ 2.3—2018）、《地表水环境质量监测技术规范》（HJ 91.2—2022）的规定，应布设对照断面和控制断面。对照断面宜布置在排放口上游 500 m 以内。控制断面应根据受纳水域水环境质量控制管理要求设置。控制断面可结合水环境功能区或水功能区、水环境控制单元区划情况，直接采用国家及地方确定的水质控制断面。评价范围内不同水质类别区、水环境功能区或水功能区、水环境敏感区及需要进行水质预测的水域，应布设水质监测断面。评价范围以外的调查或预测范围，可以根据预测工作需要增设相应的水质监测断面。水质取样断面上取样垂线的布设按照《地表水环境质量监测技术规范》（HJ 91.2—2022）的规定执行。

10.3.1.2　湖库监测点位设置

根据《环境影响评价技术导则　地表水环境》（HJ 2.3—2018），水质取样垂线的设置可采用以排放口为中心，沿放射线布设或网格布设的方法，按照下列原则及方法设置：一级评价[①]在评价范围内布设的水质取样垂线数宜不少于 20 条；二级评价[①]在评价范围内布设的水质取样垂线数宜不少于 16 条。评价范围内不同水质类别区、水环境功能区或水功能区、水环境敏感区、排放口和需要进行水质预测的水域，应布设取样垂线。水质取样垂线上取样点的布设按照《地表水环境质量监测技术规范》（HJ 91.2—2022）的规定执行。

---

① 参见《环境影响评价技术导则　地表水环境》（HJ 2.3—2018）。

10.3.2　水样采集

10.3.2.1　基本要求

（1）河流

根据《水质　采样技术指导》（HJ 494—2009）对采样类型的规定，开阔河流采样时，应包括下列基本点：用水地点的采样；污水流入河流后，对充分混合的地点及流入前的地点采样；支流合流后，对充分混合的地点及混合前的主流与支流地点的采样；主流分流后地点的选择；根据其他需要设定的采样地点。各采样点原则上应在河流横向及垂向的不同位置采集样品。采样时间一般选择在采样前至少连续两天晴天，水质较稳定的时间（特殊需要除外）。

（2）水库和湖泊

根据《水质　采样技术指导》（HJ 494—2009）的规定，水库和湖泊的采样，由于采样地点和温度的分层现象可引起很大的水质差异，在调查水质状况时，应考虑到成层期与循环期的水质明显不同。了解循环期水质，可采集表层水样；了解成层期水质，应按照深度分层采样。

10.3.2.2　水样采集要点内容

（1）采样器材

采样器材包括采样器、静置容器、样品瓶、水样保存剂以及其他辅助设备。采样器材的材质和结构、水样保存、容器洗涤方法应符合标准分析方法要求。如标准分析方法中无要求则按照《水质　样品的保存和管理技术规定》（HJ 493—2009）执行。

采样器包括表层采样器、深层采样器、自动采样器、石油类采样器等。水样容器包括聚乙烯瓶（桶）、硬质玻璃瓶和聚四氟乙烯瓶。聚乙烯瓶一般用于大多数无机物的样品，硬质玻璃瓶用于有机物和生物样品，聚四氟乙烯瓶用于微量有机污染物（挥发性有机物）样品。

（2）采样量

在地表水质监测中通常采集瞬时水样。最少采样量应符合标准分析方法或《水质 样品的保存和管理技术规定》（HJ 493—2009）的规定。

（3）采样方法

可以采用船只采样、桥上采样、涉水采样等方式采集水样。使用船只采样时，采样船应位于采样点的下游，逆流采集水样，避免搅动底部沉积物。采样人员应尽量在船只前部采样，尽量使采样器远离船体。在桥上采样时，采样人员应能准确控制采样点位置，确定合适的汲水场合，采用合适的方式采样，如可用系着绳子的水桶投入水中汲水，要注意不能混入漂浮于水面上的物质。涉水采样时，采样人员应站在采样点下游，逆流采集水样，避免搅动底部沉积物。

一般情况下，不允许采集岸边水样，监测断面目视范围内无水或仅有不连贯的积水时，可不采集水样，但要做好现场情况记录。

（4）水样保存

在水样采入或装入容器中后，应按规范要求加入保存剂。

10.3.2.3 注意事项

地表水水样的采集需按照《地表水环境质量监测技术规范》（HJ 91.2—2022）要求进行。需要注意《地表水环境质量标准》（GB 3838—2002）中规定的部分项目，除标准分析方法有特殊要求的监测项目外，均要求水样采集后自然沉降30分钟。

水样采集过程中还应注意以下方面：

（1）采样时不可搅动水底的沉积物。除标准分析方法有特殊要求的监测项目外，采集到的水样倒入静置容器中，自然沉降30分钟。

（2）使用虹吸装置取上层不含沉降性固体的水样，虹吸装置进水尖嘴应保持插至水样表层50 mm以下位置。

（3）采样时应保证采样点的位置准确，必要时用全球定位系统（GPS）定位。

（4）采样结束前，核对采样方案、记录和水样是否正确，否则补采。认真填写采样记录表。

（5）石油类、五日生化需氧量（BOD_5）、溶解氧（DO）、硫化物、粪大肠菌群、悬浮物、叶绿素 a 或标准分析方法有特殊要求的项目要单独采样。

（6）测定油类水样，应在水面至 30 cm 范围内采集柱状水样，并单独采集，全部用于测定，样品瓶不得用采集水样荡洗。

（7）测定溶解氧、五日生化需氧量、硫化物和有机物等项目时，水样必须注满容器，上部不留空间，并用水封口。

10.4　近岸海域海水影响监测

环境管理政策或含涂装工序工业排污单位的环境影响评价文件及其批复［仅限 2015 年 1 月 1 日（含）后取得环境影响评价批复的］对厂界周边的海水环境质量监测有明确要求的，按要求执行。无明确要求的，若含涂装工序工业排污单位认为有必要的，可根据实际情况对周边海水环境质量开展监测。

10.4.1　监测点位设置

含涂装工序工业排污单位厂界周边的海水环境质量影响监测点位设置，按照排污单位环境影响评价文件及其批复和其他环境管理要求执行。

如环境影响评价文件及其批复和其他文件中均未作出要求，排污单位厂界周边的海水环境质量影响监测点位设置的原则和方法参照《建设项目环境影响评价技术导则　总纲》（HJ 2.1—2016）、《环境影响评价技术导则　地表水环境》（HJ 2.3—2018）、《近岸海域环境监测技术规范　第八部分　直排海污染源及对近岸海域水环境影响监测》（HJ 442.8—2020）、《近岸海域环境监测点位布设技术规范》（HJ 730—2014）等执行。

根据《环境影响评价技术导则　地表水环境》（HJ 2.3—2018），一级评价可布设 5～7 个取样断面，二级评价可布设 3～5 个取样断面。根据垂向水质分布特点，参照《海洋调查规范》《近岸海域环境监测技术规范　第八部分　直排海污染源及对近岸海域水环境影响监测》（HJ 442.8—2020）、《近岸海域环境监测点位布设技术规范》（HJ 730—2014）执行。排放口位于感潮河段内的，其上游设置的水质取样断面，应根据时间情况参照河流决定，其下游断面的布设与近岸海域相同。

10.4.2　水样采集基本要求

10.4.2.1　采样前环境情况检查

每次采样前均应仔细检查装置的性能及采样点周围的状况。

（1）岸上采样

如果水是流动的，采样人员站在岸边，必须面对水流动方向操作。若底部沉积物受到扰动，则不能继续取样。

（2）船上采样

由于船体本身就是一个重要污染源，船上采样要始终采取适当措施防止船上各种污染源可能带来的影响。采痕量金属水样应尽量避免使用铁质或其他金属制成的容器，采用逆风逆流采样，一般应在船头取样，将来自船体的各种沾污控制在尽量低的水平上。当船体到达采样点位后，应该根据风向和流向，立即将采样船周围海面划分为船体沾污区、风成沾污区和采样区三部分，然后在采样区采样。或者待发动机关闭后，当船体仍在缓慢前进时，将抛浮式采水器从船头部位尽力向前方抛出，或者使用小船离开大船一定距离后采样；采样人员应坚持向风操作，采样器不能直接接触船体任何部位，裸手不能接触采样器排水口，采样器内的水样先放掉一部分后再取样；采样深度的选择是采样的重要部分，通常要特别注意避开微表层采集表层水样，也不要在悬浮沉积物富集的底层水附近采集底层水样；

采样时应避免剧烈搅动水体，如发现底层水浑浊，应停止采样；当水体表面漂浮杂质时，应防止其进入采样器，否则重新采样；采集多层次深水水域的样品，按由浅到深的顺序采集；因采水器容积有限不能一次完成时，可进行多次采样，将各次采集的水样集装在大容器中，分样前应充分摇匀。混匀样品的方法不适于溶解氧、BOD_5、油类、细菌学指标、硫化物及其他有特殊要求的项目；测定溶解氧、BOD_5、pH 等项目的水样，采样时须充满容器，避免残留空气对测项的干扰；其他测项，装水样至少留出容器体积 10%的空间，以便样品分析前充分摇匀；取样时，应沿样品瓶内壁注入，除溶解氧等特殊要求外放水管不要插入液面下装样；除现场测定项目外，样品采集后应按要求加入保存剂，并颠倒数次使保存剂在样品中均匀分散；水样取好后，仔细塞好瓶塞，不能有漏水现象。如将水样转送他处或不能立刻分析时，应用石蜡或水漆封口。按照《近岸海域环境监测技术规范　第八部分　直排海污染源及对近岸海域水环境影响监测》（HJ 442.8—2020）执行。

10.4.2.2　现场采样注意事项

（1）项目负责人或技术负责人同船长协调海上作业与船舶航行的关系，在保证安全的前提下，航行应满足监测作业的需要。

（2）按监测方案要求，获取样品和资料。

（3）水样分装顺序的基本原则是：不过滤的样品先分装，需过滤的样品后分装；一般按悬浮物和溶解氧（五日生化需氧量）→pH→营养盐→重金属→化学需氧量→叶绿素 a→浮游植物（水采样）的顺序进行分装；如化学需氧量和重金属汞需测试非过滤态，则按悬浮物和溶解氧（五日生化需氧量）→化学需氧量→汞→pH→盐度→营养盐→其他重金属→叶绿素 a→浮游植物（水采样）的顺序进行分装。

（4）在规定时间内完成应在海上现场测试的样品，同时做好非现场检测样品的预处理。

（5）采样事项：船到达点位前 20 分钟，停止排污和冲洗甲板，关闭厕所通海管路，直至监测作业结束；严禁用手沾污所采样品，防止样品瓶塞（盖）沾污；观测和采样结束，应立即检查有无遗漏，然后方可通知船方起航；在大雨等特殊气象条件下应停止海上采样工作；遇有赤潮和溢油等情况，应按应急监测规定要求进行跟踪监测。

10.5 地下水监测

环境管理要求或含涂装工序工业排污单位的环境影响评价文件及其批复［仅限 2015 年 1 月 1 日（含）后取得环境影响评价批复的］对厂界周边的地下水环境质量监测有明确要求的，按要求执行。如环境影响评价文件及其批复和其他文件中均未作出要求，排污单位认为有必要开展周边环境质量影响监测的，地下水环境质量影响监测点位设置的原则和方法参照《环境影响评价技术导则　地下水环境》（HJ 610—2016）、《地下水环境监测技术规范》（HJ 164—2020）等执行。

10.5.1 监测点位（井）布设

参照《环境影响评价技术导则　地下水环境》（HJ 610—2016），根据含涂装工序工业排污单位类别及地下水环境敏感程度，划分排污单位对地下水环境影响的等级见表 10-1，进而确定地下水监测点（井）的数量及分布。

表 10-1　排污单位周边地下水环境影响等级分级

敏感程度②	项目类别①		
	Ⅰ类项目	Ⅱ类项目	Ⅲ类项目
敏感	一级	一级	二级
较敏感	一级	二级	三级
不敏感	二级	三级	三级

注：①参见《环境影响评价技术导则　地下水环境》（HJ 610—2016）附录 A。
②参见《环境影响评价技术导则　地下水环境》（HJ 610—2016）表 1。

地下水环境跟踪监测点位数量及设置要求：影响等级为一级、二级的排污单位，点位数量一般不少于 3 个，应至少在排污单位建设场地上、下游各布设 1 个。一级排污单位还应在重点污染风险源处增设监测点。影响等级为三级的排污单位，点位数量一般不少于 1 个，应至少在排污单位下游布设 1 个。

10.5.2　监测井的建设与管理

开展周边地下水环境质量影响监测时，排污单位可选择符合点位布设要求、常年使用的现有井（如经常使用的民用井）作为监测井，在无合适现有井时，可设置专门的监测井。多数情况下地下水可能存在污染的部分集中在接近地表的浅水中，排污单位应根据所在地及周边水文地质条件确定地下水埋藏深度，进而确定地下水监测井井深或取水层位置。

地下水监测井的建设与管理，应符合《地下水环境监测技术规范》（HJ 164—2020）中第 5 章的规定。

地下水样品的现场采集、保存、实验室分析及质量控制的具体操作过程，应符合《地下水环境监测技术规范》（HJ 164—2020）中第 6 章、第 7 章、第 8 章、第 10 章的规定。

10.5.3　水样采集基本要求

10.5.3.1　水样采集要点

（1）采样器材

常用的采样器材有气囊泵、小流量潜水泵、惯性泵、蠕动泵及贝勒管。套管和提水泵材料主要有 PTFE（聚四氟乙烯）、碳钢、低碳钢、镀锌钢材和不锈钢。

（2）水样容器选择及清洗

水样容器不能受到沾污，容器壁不应吸收或吸附某些待测组分，容器不应与待测组分发生反应，能严密封口，且易于开启。

（3）采样方法

已有管路监测井采样法适用于地面已连接了提水管路的监测井的采样；普通监测井采样法适用于常规监测井的采样；深层/大口径监测微洗井法适用于深层地下水的采样。若无同类型仪器设备，可采用经国家或国际标准认定的等效仪器设备。

10.5.3.2 现场采样注意事项

（1）地下水样品一般要采集清澈的水样。如水样浑浊时应进一步洗井，保证监测井出水水清砂净。

（2）采样时，除有特殊要求的项目外，要先用采集的水样荡洗采样器与水样容器 2～3 次。采集 VOCs 水样时必须注满容器，上部不留空间，具体参照规范相关要求；测定硫化物、石油类、细菌类和放射性等项目的水样应分别单独采样。

（3）采集水样后，立即将水样容器瓶盖紧、密封，贴好标签，标签可根据具体情况进行设计，一般包括采样日期和时间、样品编号、监测项目等。

（4）采样结束前，应核对采样计划、采样记录与水样，如有错误或漏采，应立即重采或补采。

（5）采样过程中采样人员不应有影响采样质量的行为，如使用化妆品，在采样、样品分装及密封现场吸烟等。监测用车停放应尽量远离监测点，一般停放在监测点（井）下风向 50 m 以外。

（6）地下水水样容器和污染源水样容器应分架存放，不得混用。地下水水样容器应按监测井号和测定项目，分类编号、固定专用。

（7）注意防止采样过程中的交叉污染，在采集不同监测点（井）水样时需清洗采样设备。

（8）同一监测点（井）应有两人及以上进行采样，注意采样安全，采样过程中要相互监护，防止意外事故的发生。

（9）对封闭的生产井可在抽水时从泵房出水管放水阀处采样，采样前应将抽水管中存水放净。

（10）洗井及设备清洗废水应使用固定容器进行收集，不应任意排放。

地下水样品的保存与运输、实验室分析及质量控制的具体操作过程，应符合《地下水环境监测技术规范》（HJ/T 164—2004）中第 7 部分（样品保存与运输、交接与贮存）和第 10 部分（质量保证和质量控制）的规定。

10.6　土壤监测

环境管理要求或含涂装工序工业排污单位的环境影响评价文件及其批复［仅限 2015 年 1 月 1 日（含）后取得环境影响评价批复的］对厂界周边的土壤环境质量监测有明确要求的，按要求执行。如环境影响评价文件及其批复和其他文件中均未作出要求，排污单位认为有必要开展周边环境质量影响监测的，土壤环境质量影响监测点位设置的原则和方法参照《环境影响评价技术导则　土壤环境（试行）》（HJ 964—2018）、《土壤环境监测技术规范》（HJ/T 166—2004）等执行。

参照《环境影响评价技术导则　土壤环境（试行）》（HJ 964—2018）中有关污染影响型建设项目的要求，根据排污单位类别、占地规模及土壤环境的敏感程度，确定监测点位布设的范围、数量及采样深度。

根据表 10-2 的规定，确定排污单位对周边土壤环境影响的等级，在确定排污单位土壤环境影响的等级后，可根据表 10-3 的规定确定监测点布设的范围及点位数量。

表 10-2　排污单位周边土壤环境影响等级划分

建设项目类别①	I 类项目			II 类项目			III类项目		
排污单位占地规模②	大型	中型	小型	大型	中型	小型	大型	中型	小型
敏感③	一级	一级	一级	二级	二级	二级	三级	三级	三级
较敏感③	一级	一级	二级	二级	二级	二级	三级	三级	—
不敏感③	一级	二级	二级	二级	三级	三级	三级	—	—

注：①参见《环境影响评价技术导则　土壤环境（试行）》（HJ 964—2018）附录 A。

②排污单位占地规模分为大型（≥50 hm^2）、中型（5～50 hm^2）、小型（≤5 hm^2）。

③敏感程度参见《环境影响评价技术导则　土壤环境（试行）》（HJ 964—2018）表 3。

表 10-3 排污单位周边土壤环境质量影响监测点位布设范围及数量

土壤环境影响等级	周边土壤环境监测点的布设范围① /km	点位数量
一级	1	4 个表层点②
二级	0.2	2 个表层点②
三级	0.05	—③

注：①涉及大气沉降途径影响的，可根据主导风向下风向最大浓度落地点适当调整监测点位布设范围。

②表层点一般在 0～0.2 m 采样。

③影响等级为三级的排污单位，除有特殊要求的，一般可不考虑布设周边土壤环境监测点。

土壤样品的现场采集、样品流转、制备、保存、实验室分析及质量控制的具体过程应符合《土壤环境监测技术规范》（HJ/T 166—2004）中的相关技术规定。

第 11 章　监测质量保证与质量控制体系

监测质量保证与质量控制是提高监测数据质量的重要保障，是监测过程的重中之重，同时也涉及监测过程各方面内容。本章立足现有经验，对污染源监测应关注的重点内容、质控要点进行梳理，提供了经验性的参考，但仍难以面面俱到。排污单位或社会化检测机构在开展污染源监测过程中，可参考本章内容，结合自身实际情况，制定切实有效的监测质量保证与质量控制方案，提高监测数据质量。

11.1　基本概念

监测质量保证与质量控制是环境监测过程中的两个重要概念。《环境监测质量管理技术导则》（HJ 630—2011）中的定义为：质量保证是指为了提供足够的信任表明实体能够满足质量要求，而在质量体系中实施并根据需要进行证实的全部有计划和有系统的活动。质量控制是指为了达到质量要求所采取的作业技术或活动。

采取质量保证的目的是获取他人对质量的信任，是为使他人确信某实体提供的数据、产品或者服务等能满足质量要求而实施的并根据需要进行证实的全部有计划、有系统的活动。质量控制则是通过监视质量形成过程，消除生产数据、产品或者提供服务的所有阶段中可能引起不合格或不满意效果的因素，使其达到质量要求而采取的各种作业技术和活动。

环境监测的质量保证与质量控制，是依靠系统的文件规定来实施的内部的技术和管理手段。它们既是生产出符合国家质量要求的检测数据的技术管理制度和活动，也是一种“证据”，即向任务委托方、环境管理机构和公众等表明该检测数据是在严格的质量管理中完成的，具有足够的管理和技术上的保证手段，数据是准确可信的。

11.2 质量体系

证明数据质量可靠性的技术管理制度与活动可能千差万别，但是也有其共同点。为了实现质量保证和质量控制的目的，往往需要建立一套能够保证有效运行的质量体系。它应覆盖环境检测活动所涉及的全部场所、所有环节，以使检测机构的质量管理工作程序化、文件化、制度化和规范化。

建立一个良好运行的质量体系，对于专业的向政府、企事业单位或者个人提供排污情况监测数据的社会化检测机构，按照《检验检测机构资质认定管理办法》（质检总局令　第 163 号）、《检验检测机构资质认定评审准则》和《检验检测机构资质认定评审准则及释义》的要求建立并运行质量体系是必要的。若检测实验室仅为排污单位内部提供数据，质量管理活动的目的则是为本单位管理层、环境管理机构和公众提供证据，证明数据准确可信，质量手册不是必需的，但有利于检测实验室数据质量得到保证的一些程序性规定和记录是必要的（如实验室具体分析工作的实施流程、数据质量相关的管理流程等的详细规定，具体方法或设备使用的指导性详细说明，数据生产过程和监督数据生产需使用的各种记录表格等）。

建立质量体系不等于需要通过资质认定。质量体系的繁简程度与检测实验室的规模、业务范围、服务对象等密切相关，有时还需要根据业务委托方的要求修改完善质量体系。质量体系一般包括质量手册、程序文件、作业指导书和记录。有效的质量控制体系应满足“对检测工作进行全面规范，且保证全过程留痕”的基本要求。

11.2.1　质量手册

质量手册是检测实验室质量体系运行的纲领性文件，阐明检测实验室的质量目标，描述检测实验室全部检测质量活动的要素，规定检测质量活动相关人员的责任、权限和相互之间的关系，明确质量手册的使用、修改和控制的规定等。质量手册至少应包括批准页、自我声明、授权书、检测实验室概述、检测质量目标、组织机构、检测人员、设施和环境、仪器设备和标准物质，以及检测实验室为保证数据质量所做的一系列规定等。

（1）批准页：批准页的主要内容是说明编制质量体系的目的以及质量手册的内容，并由最高管理者批准实施。

（2）自我声明：检测实验室关于独立承担法律责任、遵守中华人民共和国计量法和监测技术标准规范等相关法律法规、客观出具数据等的承诺。

（3）授权书：检测实验室有多种情形需要授权，包括但不仅限于在最高管理者外出期间，授权给其他人员代为行使职权；最高管理者授权人员担任质量负责人、技术负责人等关键岗位；授权检测实验室的大型贵重仪器设备的人员使用等。

（4）检测实验室概述：简要介绍检测实验室的地理位置、人员构成、仪器设备配置概况、隶属关系等基本信息。

（5）检测质量目标：检测质量目标即定量描述检测工作所达到的质量。

（6）组织机构：明确检测实验室与检测工作相关的外部管理机构的关系，与本单位其他部门的关系，完成检测任务相关部门之间的工作关系等，通常以组织机构框图的方式表明。与检测任务相关的各部门的职责应予以明确和细化。例如，可规定检测质量管理部门应当具有下列职责：

①牵头制订检测质量管理年度计划并监督实施，编制质量管理年度总结。

②负责组织质量管理体系建设、运行管理，包括质量体系文件编制、宣贯、修订、内部审核、管理评审、质量督查、检测报告抽查、实验室和现场监督检查、质量保证和质量控制等工作。

③负责组织人员开展内部持证上岗考核相关工作。

④负责组织参加外部机构组织的能力验证、能力考核、比对抽测等各项考核工作。

⑤负责组织仪器设备检定/校准工作，包括编制检定/校准计划、组织实施和确认。

⑥负责标准物质管理工作，包括建立标准物质清册，管理标准物质样品库，标准样品的验收、入库、建档及期间核查等。

（7）检测人员：包括检测岗位划分和检测人员管理两部分内容。

检测岗位划分是指检测实验室将检测相关工作分为若干具体的检测工序，并明确各检测工序的职责。以检测实验室为例，岗位划分可描述为质量负责人、技术负责人、报告签发人、采样岗位、分析岗位、质量监督人、档案管理人等。可以由同一个人兼任不同的岗位，也可以专职从事某一个岗位。但报告编制、审核和签发应由 3 个不同的人承担，不能由一个人兼任其中的两个及以上职责。

检测人员管理则规定从事采样、分析等检测相关工作的人员应接受的教育和培训、应掌握的技能，应履行的职责等。以分析岗位为例，人员管理可描述为以下几个方面：

①分析人员必须经过培训，熟练掌握与本人承担分析项目有关的标准监测方法或技术规范及有关法规，且具备对检验检测结果做出评价的判断能力，经内部考核合格后持证上岗。

②熟练掌握所用分析仪器设备的基本原理、技术性能，以及仪器校准、调试、维护和常见故障的排除技术。

③熟悉并遵守质量手册的规定，严格按监测标准、规范或作业指导书开展监测分析工作，熟悉记录的控制与管理程序，按时完成任务，保证监测数据准确可靠。

④认真做好样品分析前的各项准备工作，分析样品的交接工作以及样品分析工作，确保按业务通知单或监测方案要求完成样品分析。

⑤分析人员必须确保选用的分析方法现行有效，分析依据正确。

⑥负责所使用仪器设备的日常维护、使用和期间核查，编制/修订其操作规程、维护规程、期间核查规程和自校规程，并在计量检定/校准有效期内使用。负责做好使用、维护和期间核查记录。

⑦确保分析质控措施和质控结果符合有关监测标准或技术规范及相关规定的要求。

⑧当分析仪器设备、分析环境条件或被测样品不符合监测技术标准或技术规范要求时，监测分析人员有权暂停工作，并及时向上级报告。

⑨认真做好分析原始记录并签字，要求字迹清楚、内容完整、编号无误。

⑩分析人员对分析数据的准确性和真实性负责。

⑪校对上级安排的其他检测人员的分析原始记录。

检测实验室建立人员配备情况一览表（表 11-1），有助于提高人员管理效率。

表 11-1　检测人员一览表（样表）

序号	姓名	性别	出生年月	文化程度	职务/职称	所学专业	从事本技术领域年限	所在岗位	持证项目情况	备注
1	张三	男	1988 年 8 月	本科	工程师	分析化学	5 年	分析岗	水和废水：化学需氧量、氨氮	质量负责人
……										

（8）设施和环境：检测实验室的设施和环境条件是指检测实验室配备必要的设施硬件，并建立制度保证监测工作环境适应监测工作需求。检测实验室的设施通常包括空调、除湿机、干湿度温度计、通风橱、纯水机、冷藏柜、超声波清洗仪、电子恒温恒湿箱、灭火器等检测辅助设备。至少应明确以下规定：

①防止交叉污染的规定。例如，规定检测区域应有明显标识；严格控制进入和使用影响检测质量的实验区域；对相互有影响的活动区域进行有效隔离，防止交叉污染。比较典型的交叉污染例子有：挥发酚项目的检测分析会对在同一实验室进行的氨氮检测分析造成交叉污染的影响；在分析总砷、总铅、总汞、总镉等

项目时，如果不同的样品间浓度差异较大，规定高、低浓度的采样瓶和分析器皿分别用专用酸槽浸泡洗涤，以免交叉污染。必要时，用优级纯酸稀释后浸泡超低浓度样品所用器皿等。

②对可能影响检测结果质量的环境条件，规定检测人员进行监控和记录，保证其符合相关技术要求。例如，万分之一以上精度的电子天平正常工作对环境温度、湿度有控制要求，检测实验室应有监控设施，并有记录表格记录环境条件。

③规定有效控制危害人员安全和人体健康的潜在因素。例如，配备通风橱、消防器材等必要的防护和处置措施。

④对化学品、废弃物、火、电、气和高空作业等安全相关因素做出规定等。

（9）仪器设备和标准物质：检测用仪器设备和标准物质是保障检测数据量值溯源的关键载体。检测实验室应配备满足检测方法规定的原理、技术性能要求的设备，应对仪器设备的购置、使用、标识、维护、停用、租借等管理做出明确规定，保证仪器设备得到合理配置、正确使用和妥善维护，提高检测数据的准确性和可靠性。例如，对于设备的配备可规定：

①根据检测项目和工作量的需要及相关技术规范的要求，合理配备采样、样品制备、样品测试、数据处理和维持环境条件所要求的所有仪器设备种类和数量，并对仪器技术性能进行科学的分析评价和确认。

②如果需要借用外单位的仪器设备，必须严格按本单位仪器设备的管理进行有效控制。建立仪器设备配备情况一览表，有助于提高设备管理效率，仪器设备配备情况见表 11-2。

表 11-2 仪器设备配备情况一览表（样表）

序号	设备名称	设备型号	出厂编号	检定/校准方式	检定/校准周期	仪器摆放位置
1	电子天平	TE212 L	####	检定	1 年	205 室
……						

此外，应根据检测项目开展情况配备标准物质，并做好标准物质管理。配备的标准物质应该是有证标准物质，保证标准物质在其证书规定的保存条件下贮存，建立标准物质台账，记录标准物质名称、购买时间、购买数量、领用人、领用时间和领用量等信息。

（10）其他：为保证建立的质量管理体系覆盖检测的各个方面、环节及所有场所，且能持续有效地指导实施质量管理活动，还应对以下质量管理活动做出原则性的规定：

①质量体系在哪些情形下，由谁提出、谁批准同意修改等。

②如何正确使用管理质量体系各类管理和技术文件，即如何处理各种文件，包括编制、审批、发放、修改、收回、标识、存档或销毁等。

③如何购买对监测质量有影响的服务（如委托有资质的机构检定仪器即为购买服务），以及如何购买、验收和存储设备、试剂、消耗材料。

④检测工作中出现的与相关规定不符的事项，应如何采取措施。

⑤质量管理、实际样品检测等工作中相关记录的格式模板应如何编制，以及实际工作过程中如何填写、更改、收集、存档和处置记录。

⑥如何定期组织单位内部熟悉检测质量管理相关规定的人员，对相关规定的执行情况进行内部审核。

⑦管理层如何就内部审核或者日常检测工作中发现的相关问题，定期研究解决。

⑧检测工作中，如何选用、证实/确认检测方法。

⑨如何对现场检测、样品采集、运输、贮存、接收、流转、分析、监测报告编制与签发等检测工作全过程的各个环节采取有效的质量控制措施，以保证监测工作质量。

⑩如何编制监测报告格式模板，实际检测工作中如何编写、校核、审核、修改和签发检测报告等。

11.2.2 程序文件

程序文件是规定质量活动方法和要求的文件，是质量手册的支持性文件，主要目的是对产生检测数据的各个环节、各个影响因素和各项工作作出全面规范。包括人员、设备、试剂、耗材、标准物质、检测方法、设施和环境、记录和数据录入发布等各关键因素，明确详细地规定某一项与检测相关的工作，执行人员是谁、经过什么环节、留下哪些记录，以实现在高效地完成工作的同时保证数据质量。

编写程序文件时，应明确每个程序的控制目的、适用范围、职责分配、活动过程规定和相关质量技术要求，从而使程序文件具有可操作性。例如，制定检测工作程序，对检测任务的下达、检测方案的制定、采样器皿和试剂的准备、样品采集和现场检测、实验室内样品分析，以及测试原始记录的填写等诸多环节，规定分别由谁来实施以及实施过程中应该填写哪些记录，以保证工作有序开展。

档案管理也是一项涉及较多环节的工作，涉及档案产生后的暂存、收集、交接、保管和借阅查询使用等一系列环节，在各个细节又需要保证档案的完整性，因此制定一个档案管理程序就显得比较重要了。这个程序可以规定档案产生人员如何暂存档案、暂存的时限是多长、档案收集由谁来负责、交给档案收集人员时应履行的手续、档案集中后由谁来负责建立编号、档案如何保存、借阅查阅时应履行的手续等。

又如，检测方案的制定，方案制定人员需要弄清楚的文件有环评报告中的监测章节内容、生态环境部门做出的环评批复、执行的排放标准，许可证管理的相关要求，行业涉及的自行监测指南等。在明确管理要求后所制定的检测方案，宜请熟悉环境管理、环境监测、生产工艺和治理工艺的专业人员对方案进行审核把关，既有利于保证检测内容和频次等满足管理要求，又可避免不必要的人力、物力浪费。

一般来说，检测实验室需制定的程序性规定应包括人员培训程序、检测工作程序、设备管理程序、标准物质管理程序、档案管理程序、质量管理程序、服务和供应品的采购和管理程序、内务和安全管理程序、记录控制与管理程序等。

11.2.3　作业指导书

作业指导书是指特定岗位工作或活动应达到的要求和遵循的方法。对于下列情形往往需要检测机构制定作业指导书：

（1）标准检测方法中规定可采取等效措施，而检测机构又的确采取了等效措施。

（2）使用非母语的检测方法。

（3）操作步骤复杂的设备。

作业指导书应写得尽可能具体，且语言简洁不产生歧义，以保证各项操作的可重复性。氮氧化物化学发光测试仪作业指导书编写样例参见附录 3-9。

11.2.4　记录

记录包括质量记录和技术记录。质量记录是质量体系活动产生的记录，如内审记录、质量监督记录等；技术记录是各项监测工作所产生的记录，如《pH 分析原始记录表》《废水流量监测记录（流速仪法）》。记录是保证从检测方案的制定开始，到样品采集、样品运输和保存、样品分析、数据计算、报告编制、数据发布的各个环节留下关键信息的凭证，证明数据生产过程满足技术标准和规范要求的基础。检测实验室的记录既要简洁易懂，也要有足够的信息量让检测工作重现。这就要求记录人员认真学习国家的相关法律法规等管理规定和技术标准规范，了解必须记录备查的关键信息，在设计记录表格样式的时候予以考虑。如对于样品采集，除采样时间、地点、人员等基础信息外，还应包括检测项目、样品表观（定性描述颜色、悬浮物含量）、样品气味、保存剂的添加情况等信息。对于具体的某一项污染物的分析，需记录分析方法名称及代码、分析时间、分析仪器的名称型号、标准/校准曲线的信息、取样量、样品前处理情况、样品测试的信号值、计算公式、计算结果以及质控样品分析的结果等。

11.3 自行监测质控要点

自行监测的质量控制，既要考虑人员、设备、监测方法、试剂耗材等关键因素，也要重视设施环境等影响因素。每一项检测任务都应有足够证据表明其数据质量可信，在制定该项检测任务实施方案的同时，制定一个质控方案，或者在实施方案中有质量控制的专门章节，明确该项工作应针对性地采取哪些措施来保证数据质量。自行监测工作中，监测方案应包含自行监测点位，项目和频次，采样、制样和分析执行哪些技术规范等信息，并通过生态环境部门审查；日常监测工作中，需要落实负责现场监测和采样、制样和分析样品、报告编制工作的具体人员，以及应采取的质控措施。应采取的质控措施可以是一个专门的方案，规定承担采样、制样和分析样品的人员应该具有的技能（如经过适当的培训后持有上岗证），各环节的执行人员应该落实哪些措施来自证所开展工作的质量，质量控制人员应该如何查证各环节执行人员工作的有效性等。通常来说，质控方案就是保证数据质量所需要满足的人员、设备、监测方法、试剂耗材和环境设施等的共性要求。

11.3.1 人员

人员技能水平是自行监测质量的决定性因素，因此检测机构制定的规章制度性文件中，要明确规定不同岗位人员应具有的技术能力。例如，应该具有的教育背景、工作经历、胜任该工作应接受的再教育培训，并以考核方式确认是否具有胜任岗位的技能。对于人员适岗的再教育培训，如掌握行业相关的政策法规、标准方法、操作技能等，由检测机构内部组织或者参加外部培训均可。适岗技能考核确认的方式也是多样化的，如笔试、提问、操作演示、实样测试、盲样考核等。无论采用哪种培训、考核方式，均应有记录来证实工作过程。例如，内部培训应至少有培训教材、培训签到表，外部培训有会议通知、培训考核结果证明材料等。需注意对于口头提问和操作演示等考核方式也应有记录。例如，口头提问的记录信息至少包括考核者姓名、提问内容、被考核者姓名、回答要点，以及对于考核结果的评价；操作演示考核的记录信息至少包括考核者姓名、要求考核演示的内容、被考核者姓名、演示情况的概述以及评价结论。在具体执行过程中，切忌人员技能培训“走过场”，杜绝出现徒有各种培训考核记录，但人员技能依然不高的窘境。例如，某厂自行监测厂界噪声的原始记录中，背景值仅为 30 dB（A），暴露出监测人员对仪器性能和环境噪声缺乏基本的认知。

11.3.2 仪器设备

监测设备是决定数据质量的另一关键因素。自 2015 年 1 月 1 日起施行的《中华人民共和国环境保护法》第二章第十七条明确规定：监测机构应当使用符合国家标准的监测设备，遵守监测规范。所谓符合国家标准，首先，应根据排放标准规定的监测方法选用监测设备，也就是仪器的测定原理、检测范围、测定精密度、准确度以及稳定性等满足方法的要求；其次，设备应根据国家计量的相关要求和仪器性能情况确定检定/校准，列入《中华人民共和国强制检定的工作计量器具目录》或有检定规程的仪器应送有资质的单位进行检定，如烟尘监测仪、天平、砝码、烟气采样器、大气采样器、pH 计、分光光度计、声级计、压力表等。属于非强制检定的仪器与设备可以送有资质的计量检定机构进行校准，无法送去检定或者送去校准的仪器设备，应由仪器使用单位自行溯源，即自己制定校准规范，对部分计量性能或参数进行检测，以确认仪器性能准确、可靠。

对于投入使用的仪器，要确保其得到规范使用。应明确规定如何使用、维护、维修和性能确认仪器设备。例如，编写仪器设备操作规程（仪器操作说明书）和维护规程（仪器维护说明书），以保证使用人员能够正确使用和维护仪器。与采样和监测结果的准确性和有效性相关的仪器设备，在投入使用前，必须进行量值溯源，即用前述的检定/校准或者自校手段确认仪器性能。对于送到有资质的检定或者校准单位的仪器，收到设备的检定或者校准证书后，应查看检定/校准单位实施的检定/校准内容是否符合实际的检测工作要求。例如，配备有多个传感器的仪器，检测工作需要使用的传感器是否都得到了检定；对于有多个量程的仪器，其检定或者校准范围是否满足日常工作需求。对于仪器的检定/校准或者自校，并不是一劳永逸的，应根据国家的检定/校准规程或者使用说明书要求，定期实施检定/校准或者自校，保持仪器在检定/校准或者自校有效期内使用，且每次监测前，都要使用分析标准溶液、标准气体等方式确认仪器量值，在证实其量值持续符合相应技术要求后使用。如定电位电解法规定烟气中二氧化硫、氮氧化物，每次测量前必须用标气进行校准，示值误差≤±5%方可使用。此外，应规定仪器设备的唯一性标识、状态标识，避免误用。仪器设备的唯一性标识可以是仪器的出厂编码，也可以是检测单位按自行制定的规则编写的代码。

仪器的相关记录应妥善保存。建议给检测仪器建立一仪一档。档案的目录包括仪器说明书、仪器验收技术报告、仪器的检定/校准证书或者自校原始记录和报告、仪器的使用日志、维护记录、维修记录等，建议这些档案一年归一次档，以免遗失。应特别注意及时、如实填写仪器使用日志，切忌事后补记，否则不实的仪器使用记录会影响数据真实性的判断。比较常见的明显与事实不符的记录有：同一台现场检测仪器在同一时间，出现在相距几百千米的两个不同检测任务中；仪器使用日志中记录的分析样品量远大于该仪器最大日分析能力等，这种记录会让检查人员对数据的真实性打上巨大的问号。应建立制度规范，明确在必须对原始记录修改时应如何修改，避免原始记录被误改。

11.3.3 记录

规范使用监测方法，优先使用被监测对象适用的污染物排放标准中规定的监测方法。若有新发布的标准方法替代排放标准中指定的监测方法，应采用新标准。若新发布的监测方法与排放标准指定的方法不同，但适用范围相同的，也可使用。例如，《固定污染源废气　氮氧化物的测定　非分散红外吸收法》（HJ 692—2014）、《固定污染源废气　氮氧化物的测定　定电位电解法》（HJ 693—2014）的适用范围明确为“固定污染源废气”，因此两种方法均适用于化石燃料废气中氮氧化物的监测。

正确使用监测方法。污染源排放情况监测所使用的方法包括国家标准方法和国务院行业部门以文件、技术规范等形式发布的标准方法，特殊情况下也会用等效分析方法。为此，检测机构或者实验室往往需要根据方法的来源确定应实施方法验证还是方法确认，其中方法验证适用于国家标准方法和国家行业部门以文件、技术规范等形式发布的方法，方法确认适用于等效分析方法。为确保正确使用监测方法，检测机构仅实施了方法验证是不够的，还需要使用该监测方法的每个人用该方法获得的检出限、空白、回收率、精密度、准确度等各项指标均满足方法性能的要求，方可认为检测人员掌握了该方法，为正确使用监测方法奠定了基础。当然，并非每次检测工作中均需要对方法进行验证。一般认为，初次使用标准方法前，应验证能够正确运用标准方法；若标准方法发生变化，应重新予以验证。

通常而言，方法验证至少应包括以下 6 个方面的内容：

（1）人员：人员的技能是否及时更新、满足方法要求；人员数量是否满足工作要求。

（2）设备：设备性能是否满足方法要求；是否需要添置前处理设备等辅助设备；设备数量是否满足要求。

（3）试剂耗材：方法对试剂种类、纯度等的要求；数量是否满足；是否建立了购买使用台账。

（4）环境设施条件：方法及其所用设备是否对温度、湿度有控制要求；这些环境条件是否得到监控。

（5）方法技术指标：使用日常工作所用的标准和试剂作为方法的技术指标，如校准曲线、检出限、空白、回收率、精密度、准确度等，是否均达到了方法要求。

（6）技术记录：日常检测工作须填写的原始记录格式是否包含了足够的关键信息。

11.3.4 试剂耗材

规范使用标准物质，包括以下注意事项：

（1）应优先考虑使用国家批准的有证标准样品，以保证量值的准确性、可比性与溯源性。

（2）选用的标准样品与预期检测分析的样品，尽可能在基体、形态、浓度水平等性状方面接近。其中，基体匹配是需要重点考虑的因素，因为只有使用与被测样品基体相匹配的标准样品，在解释实验结果时才很少或没有困难。

（3）应特别注意标准样品证书中所规定的取样量与取样方法。证书中规定的固体最小取样量、液体稀释办法等是测量结果准确性和可信度的重要影响因素，应严格遵守。

（4）应妥善贮存标准样品，并建立标准样品使用情况记录台账。有些标准样品有特殊的储存条件要求，应根据标准样品证书规定的储存条件保存标准样品，并在标准样品的有效期内使用，否则可能会影响标准样品量值的准确性。

严格按照方法要求购买和使用试剂/耗材。每一种方法都规定了试剂的纯度，需要注意的是，市售的与方法要求的纯度一致的试剂，不一定能满足方法的使用要求，对数据结果有影响的试剂、新购品牌或者产品批次不一致时，在正式用于样品分析前应进行空白样品实验，以验证试剂质量是否满足工作需求。对于试剂纯度不满足方法需求的情形，应购买更高纯度的试剂或者由分析人员自行净化。比较典型的案例是分析水中苯系物的二硫化碳，市售分析纯二硫化碳往往需要实验室自行重蒸，或者购买优级纯的二硫化碳才能满足方法对空白样品的要求。与此类似的还有分析重金属的盐酸、硝酸等，采用分析纯的酸往往会导致较高的空白和背景值，建议筛选品质可靠的优级纯酸。

牢记试剂/耗材有使用寿命。对于试剂，尤其是已经配制好的试剂，应注意遵守检测方法中对试剂有效期的规定。若没有特殊规定，建议参考执行《化学试剂 标准滴定溶液的制备》（GB/T 601—2016）中关于标准滴定溶液有效期的规定，即常温（15～25℃）下保存时间不超过 2 个月。应特别注意表观不会被磨损类耗材的质保期，如定电位电解法的传感器、pH 计的电极等，这些仪器的说明书中明确规定了传感器或者电极的使用次数或者最长使用寿命，应严格遵守，以保证量值的准确性。

11.3.5　数据处理

数据的计算和报出也可能会发生失误，应高度重视。以火电厂排放标准为例，排放标准根据热能转化设施类型的不同，规定了不同的基准氧含量，实测的火电厂烟尘、二氧化硫、氮氧化物和汞及其化合物排放浓度，须折算为基准氧含量下的排放浓度，若忽略了此要求，将现场测试所得结果直接报出，必然导致较大偏差。对于废水检测，须留意在样品稀释后检测时，稀释倍数是否纳入了计算。已经完成的测定结果，还应注意计量单位是否正确，最好有熟悉该项目的工作人员校核，各项目结果汇总后，由专人进行数据审核后发出。录入计算机或信息平台时，注意检查是否有小数点输入的错误。

完备的质量控制体系运行离不开有效的质量监督。检测机构或者实验室应设置覆盖其检测能力范围的监督员，这些监督员可以是专职的，也可以是兼职的。但无论是哪种情形，监督员都应该熟悉检测程序和方法，并能够评价检测结果，发现可能的异常情况。为了使质量监督达到预期效果，最好在年初就制订监督计划，明确监督人、被监督对象、被监督的内容、被监督的频次等。通常情况下，新进上岗人员、使用新分析方法或者新设备，以及生产治理工艺发生变化的初期等实施的污染排放情况检测应受到有效监督。监督的情况应以记录的形式予以妥善保存。此外，检测机构或者实验室应定期总结监督情况，编写监督报告，以保证质量体系中的各标准、规范和质量措施等切实得到落实。

第 12 章　信息记录与报告

监测信息记录与报告是相关法律法规的要求，也是排污许可制度实施的重要内容，是排污单位必须开展的工作。信息记录与报告的目的是将排污单位与监测相关的内容记录下来，供管理部门和排污单位使用，同时定期按要求进行信息报告，以说明环境守法状况，同时也为社会公众监督提供依据。本章围绕含涂装工序行业应开展的信息记录与报告的内容进行说明，为含涂装工序工业排污单位提供参考。

12.1　信息记录的目的与意义

说清污染物排放状况，自证是否正常运行污染治理设施、是否依法排污是法律赋予排污单位的权利和义务。自证守法，首先要有可以作为证据的相关资料，信息记录就是将所有可以作为证据的信息保留下来，在需要的时候有据可查。具体来说，信息记录的目的和意义体现在以下几个方面。

首先，便于监测结果溯源。监测的环节很多，任何一个环节出现了问题，都可能造成监测结果的错误。通过信息记录，将监测过程中的重要环节的原始信息记录下来，一旦发现监测结果存在可疑之处，就可以通过查阅相关记录，检查哪个环节出现了问题。对于不影响监测结果的问题，可以通过追溯监测过程进行校正，从而获得正确的结果。

其次，便于规范监测过程。认真记录各个监测环节的信息，便于规范监测活动，避免由于个别时候的疏忽而遗忘个别程序，从而影响监测结果。通过对记录信息的分析，也可以发现影响监测过程的一些关键因素，这也有利于监测过程的改进。

再次，可以实现信息间的相互校验。记录各种过程信息，可以更好地反映排污单位的生产、污染治理、排放状况，便于建立监测信息与生产、污染治理等相关信息的逻辑关系，从而为实现信息间的互相校验、加强数据间的质量控制提供基础。通过记录各类信息，可以形成排污单位生产、污染治理、排放等全链条的证据链，避免单方面信息不足以说明排污状况。

最后，丰富基础信息，利于科学研究。排污单位生产、污染治理、排放过程中的一系列过程信息，对研究排污单位污染治理和排放特征具有重要意义。监测信息记录极大地丰富了污染源排放和治理的基础信息，这为开展科学研究提供了大量基础信息。基于这些基础信息，利用大数据分析方法，可以更好地探索污染排放和治理的规律，为科学制定相关技术要求奠定良好基础。

12.2　信息记录的要求和内容

12.2.1　信息记录要求

信息记录是一项具体而琐碎的工作，做好信息记录对于排污单位和管理部门都很重要。一般来说，信息记录应该符合以下要求。

首先，信息记录的目的在于真实反映排污单位生产、污染治理、排放、监测的实际情况，因此信息记录不需要专门针对需要记录的内容进行额外整理，只要保证所要求的记录内容便于查阅即可。为了便于查阅，排污单位应尽可能根据一般逻辑习惯整理成为台账保存。保存方式可以为电子台账，也可以为纸质台账，以便于查阅为原则。

其次，信息记录的内容不限于标准规范中要求的内容，其他排污单位认为有利于说清楚本单位排污状况的相关信息，也可以予以记录。考虑排污单位污染排放的复杂性，影响排放的因素有很多，而排污单位最了解哪些因素会影响排污状况，因此，排污单位应根据本单位的实际情况，梳理本单位应记录的具体信息，丰富台账资料的内容，从而更好地建立生产、治理、排放的逻辑关系。

12.2.2 信息记录内容

12.2.2.1 手工监测记录

采用手工监测的指标，至少应记录以下内容：

（1）采样相关记录，包括采样日期、采样时间、采样点位、混合取样的样品数量、采样器名称、采样人姓名等。

（2）样品保存和交接相关记录，包括样品保存方式、样品传输交接记录。

（3）样品分析相关记录，包括分析日期、样品处理方式、分析方法、质控措施、分析结果、分析人姓名等。

（4）质控相关记录，包括质控结果报告单等。

12.2.2.2 自动监测运维记录

自动监测的正确运行需要定期进行校准、校验和日常运行维护，校准、校验和日常运行维护开展情况直接决定了自动监测设备是否能够稳定正常运行，而通过检查运维公司对自动监测设备的运行维护记录，可以对自动监测设备日常运行状态进行初步判断。因此，排污单位或者负责运行维护的公司要如实记录对自动监测设备的运行维护情况，具体包括自动监测系统运行状况、系统辅助设备运行状况、系统校准、校验工作等，仪器说明书及相关标准规范中规定的其他检查项目，校准、维护保养、维修记录等。

12.2.2.3 生产和污染治理设施运行状况

首先，污染物排放状况与排污单位生产和污染治理设施运行状况密切相关，记录生产和污染治理设施运行状况有利于更好地说清楚污染物排放状况。

其次，考虑到受监测能力的限制，无法做到全面连续监测，记录生产和污染治理设施运行状况可以辅助说明未监测时段的排放状况，同时可以对监测数据是否具有代表性进行判断。

最后，由于监测结果可能受到仪器设备、监测方法等各种因素的影响，从而造成监测结果的不确定性，记录生产和污染治理设施运行状况，通过不同时段监测信息和其他信息的对比分析，可以对监测结果的准确性进行总体判断。

对于生产和污染治理设施运行状况，主要记录内容包括监测期间企业及各主要生产设施（至少涵盖废气主要污染源相关生产设施）运行状况（包括停机、启动情况）、产品产量、主要原辅料使用量、取水量、主要燃料消耗量、燃料主要成分、污染治理设施主要运行状态参数、污染治理主要药剂消耗情况等。日常生产中上述信息也需整理成台账保存备查。

12.2.2.4 工业固体废物产生与处理状况

工业固体废物作为重要的环境管理要素，排污单位应对一般工业固体废物和危险废物的产生、处理情况进行记录，同时一般工业固体废物和危险废物信息也可以作为废水、废气污染物产生排放的辅助信息。关于一般工业固体废物和危险废物的记录内容包括各类一般工业固体废物和危险废物的产生量、综合利用量、处置量、贮存量，危险废物还应详细记录其具体去向。

12.3 生产和污染治理设施运行状况

排污单位应详细记录其生产及污染治理设施运行状况，日常生产中应参照以下有关内容记录相关信息，并整理成台账保存备查。

12.3.1 生产运行状况记录

根据排污单位厂区内生产布置和生产运行实际情况，按照工艺生产单元和生产流水线分类，选择记录原辅料用量、产品产量、取水量（新鲜水）、用水量、用电量、燃料用量及主要生产设备、设施的操作使用等情况。若排污单位不同工艺生产单元、生产流水线原辅材料交叉使用，且无法估算各工艺生产单元、生产流水线的原辅材料使用量或产量，也可以合起来进行记录，但要进行说明。

原辅料用量，包括主要原料用量、各类涂料用量、各类溶剂用量、吸附剂用量、其他辅料用量等。根据排污单位实际从外购买的原辅材料进行整理记录，重点记录与污染物产生相关的原辅材料使用情况。

产品产量，按生产单元记录各工序产品产量及其他关键指标。根据排污单位实际生产情况，按生产单元记录各工序（涂料调配、机械预处理、化学预处理、转化膜处理、涂覆、流平、固化成膜等）产品产量及其他关键指标（如一次交验合格率、涂层附着力等）。

取水量（新鲜水）是指调查年度从各种水源提取的并用于工业生产活动的水量总和，包括城市自来水用量、自备水（地表水、地下水和其他水）用量、水利工程供水量，以及企业从市场购得的其他水（如其他企业回用水量）。工业生产活动用水包括主要工业生产用水、辅助生产（包括机修、运输、空压站等）用水和附属生产（包括厂内绿化、职工食堂、非营业的浴室及保健站、厕所等）用水。不包括：①非工业生产单位的用水，如厂内居民家庭用水和企业附属幼儿园、学校、对外营业的浴室、游泳池等的用水量；②生活用水单独计量且生活污水不与工业废水混排的水量。

用水量是指当年全年调查对象厂区内用于工业生产活动的水量，等于取水总量与重复用水量之和。

用电量是指调查年度企业的用电量，包括动力用电和照明用电。

燃料用量是指调查年度企业用作燃料（天然气、燃油、燃料煤等）的用量。其中天然气用量指调查年度企业用作燃料的天然气消耗量；燃油用量（不含车船用）指调查年度企业用作燃料的原油、汽油、柴油、煤油等各种油料总用量，不包括车船交通用油量；燃料煤用量指调查年度企业厂区内用作燃料的煤炭用量（实物量），包括企业厂区内生产、生活用燃料煤，也包括砖瓦、石灰等产品生产用的内燃煤，不包括在生产工艺中用作原料并能转换新的产品实体的煤炭用量，如转换为水泥、焦炭、煤气、碳素、活性炭、氮肥的煤炭。其他燃料用量指调查年度企业除天然气、燃油、燃料煤等以外，用作燃料的其他燃料用量，其他燃料应根据当地的折标系数折算为标准煤后统一填报。

12.3.2　废水处理设施运行状况记录

为了佐证废水监测数据，按日（或班次）记录废水处理量、废水回用量、废水排放量、污泥产生量（记录含水率）、废水处理使用的药剂名称及用量、电耗等；记录废水处理设施运行参数、故障及维护情况等。

12.3.3　废气处理设施运行状况记录

为佐证废气监测数据情况，按日（或更换频次）记录废气处理使用的药剂等耗材名称及用量；记录废气处理设施运行参数、故障及维护情况等。

12.4　固体废物产生和处理情况

按日记录一般工业固体废物和危险废物产生、贮存、转移、利用的处置情况，并通过全国固体废物管理信息系统进行填报；按照危险废物管理的相关要求，按日记录危险废物的产生量、综合利用量、处置量、贮存量及其具体去向。原料或辅助工序中产生的其他危险废物的情况也应进行记录。含涂装工序工业排污单位一般工业固体废物及危险废物来源见表 12-1。

表 12-1　一般工业固体废物及危险废物来源

类别	主要生产来源	种类
危险废物	生产设备维修保养	废矿物油、废润滑油、废液压油等
	预处理、转化膜处理	废酸、废碱、废有机溶剂、磷化渣、硅烷废渣、浮油渣、废过滤吸附材料等
	涂装	废有机溶剂、油性漆漆渣、废密封胶等
	废气、废水处理设施	废过滤棉、废活性炭、废沸石、含油污泥、油性漆漆渣、表面处理污泥等
	其他	废乳化液、废有机树脂、含油废抹布、含油废手套等
一般工业固体废物	各生产单元	废边角料、废包装材料、生化污泥、生活垃圾等

注：1. 根据排污单位工艺产污情况，确定具体的种类指标。

2. 其他可能产生的危险废物按照《国家危险废物名录》或国家规定的危险废物鉴别标准和鉴别方法认定。

3. 列入一般工业固体废物的，若综合分析原辅材料、生产工艺、产生环节、主要危害成分等，可能具有危险特性，应按照国家规定的危险废物鉴别标准和鉴别方法认定是否属于危险废物。

危险废物应严格执行危险废物相关记录与报告要求。根据生态环境部《关于推进危险废物环境管理信息化有关工作的通知》（环办固体函〔2020〕733 号）和《关于进一步推进危险废物环境管理信息化有关工作的通知》（环办固体函〔2022〕230 号）要求，排污单位应强化主体责任意识，对产生危险废物的单位应按照国家有关规定通过“全国固体废物管理信息系统”定期申报危险废物的种类、产生量、流向、贮存、处置等有关资料。转移危险废物的单位，应当通过国家固体废物信息系统填写、运行危险废物电子转移联单；危险废物经营许可证持有单位应按照国家有关规定通过国家固体废物信息系统如实报告危险废物利用处置情况。

对于委托外单位处置利用一般工业固体废物或者危险废物的，以及接收外单位一般工业固体废物或者危险废物的，应详细记录固体废物处理处置情况。对于自行综合利用、自行处置一般工业固体废物和危险废物的，还应当对本单位所拥有的处置场、焚烧装置等综合利用和处置设施及运行情况进行记录。

固体废物的记录可参照《排污许可证申请与核发技术规范　工业固体废物（试行）》（HJ 1200—2021）的相关要求。

12.5　信息报告及信息公开

12.5.1　信息报告要求

为了使排污单位更好地掌握本单位实际排污状况，也便于更好地对公众说明本单位的排污状况和监测情况，排污单位应编写自行监测年度报告，年度报告至少应包含以下内容：

（1）监测方案的调整变化情况及变更原因。

（2）企业及各主要生产设施（至少涵盖废气主要污染源相关生产设施）全年运行天数，各监测点、各监测指标全年监测次数、超标情况、浓度分布情况。

（3）按要求开展的周边环境质量影响状况监测结果。

（4）自行监测开展的其他情况说明。

（5）排污单位实现达标排放所采取的主要措施。

自行监测年报不限于以上信息，任何有利于说明本单位自行监测情况和排放状况的信息，都可以写入自行监测年报中。另外，对于领取了排污许可证的排污单位，按照排污许可证管理要求，每年应提交年度执行报告，其中自行监测情况属于年度执行报告中的重要组成部分，排污单位可以将自行监测年报作为年度执行报告的一部分一并提交。

12.5.2　应急报告要求

由于排污单位非正常排放会对环境或者污水处理设施产生影响，因此对于监测结果出现超标的，排污单位应加密监测，并检查超标原因。短期内无法实现稳定达标排放的，应向生态环境主管部门提交事故分析报告，说明事故发生的原因，采取减轻或防止污染的措施，以及今后的预防及改进措施等；若因发生事故或者其他突发事件，排放的污水可能危及城镇排水与污水处理设施安全运行的，应当立即采取措施消除危害，并及时向城镇排水主管部门和生态环境主管部门等有关部门报告。

12.5.3 信息公开要求

排污单位应根据排污许可证、《企业环境信息依法披露管理办法》（生态环境部令　第24号）及《国家重点监控企业自行监测及信息公开办法（试行）》（环发〔2013〕81号）进行信息公开，但不限于此，排污单位还可以采取其他便于公众获取的方式进行信息公开。

信息公开应重点考虑两类群体的信息需求。一是排污单位周围居民的信息需求，周边居民是污染排放的直接被影响对象，最关心污染物排放状况对自身及环境的影响，因此对污染物排放状况及周边环境质量状况有强烈的需求。二是排污单位同类行业或者其他相关者的信息需求，同一行业不同排污单位之间存在一定的竞争关系，希望在污染治理上得到相对公平的待遇，因此会格外关心同行的排放状况，对同行业其他排污单位的排放状况信息有同行监督需求。

为了照顾这两类群体的信息需求，信息公开的方式应该便于这两类群体获取。排污单位可以通过在厂区外或当地媒体上发布监测信息，使周边居民及时了解排污单位的排放状况，这类信息公开相对灵活，便于周边居民获取信息。而为了实现同行监督和一些公益组织的监督，也为了便于政府监督，有组织的信息公开方式更有效率。

目前，生态环境部通过“排污许可证信息管理平台”开展排污许可证申请、核发及排污许可证执行情况管理与信息公开，排污单位在平台上填报自行监测信息后可实现统一公开。

第 13 章　自行监测手工数据报送

为了方便排污单位信息报送和管理部门收集相关信息，受生态环境部生态环境监测司委托，中国环境监测总站组织开发了“全国污染源监测数据管理与共享系统”。为落实《排污许可管理条例》第二十三条信息公开的有关规定，全国污染源监测数据管理与共享系统和全国排污许可证管理信息平台实现了互联互通，排污单位登录全国排污许可证管理信息平台，通过“监测记录”模块跳转至全国污染源监测数据管理与共享系统填报自行监测手工数据结果。自行监测手工数据填报完成后，在全国排污许可证管理信息平台查看自行监测手工数据信息公开内容。

13.1　自行监测手工数据报送系统总体架构设计

根据《关于印发 2015 年中央本级环境监测能力建设项目建设方案的通知》(环办函〔2015〕1596 号)，中国环境监测总站负责建设“全国污染源监测数据管理与共享系统”，面向企业用户、环保用户、委托机构用户、系统管理用户 4 类用户，针对各自不同业务需求，系统提供数据采集、排放标准管理、监测业务管理、数据查询处理与分析、决策支持、数据采集移动终端版、自行监测知识库、个人工作台、统一应用支撑、数据交换等功能。

另外，面向其他污染源监测信息采集系统（包括部级建设的固定污染源系统、全国排污许可证管理信息平台、各省级行政区重点污染源监测系统）使用数据交换平台进行数据交换，减少企业重复填报。

系统总体架构采用 SOA 面向服务的五层三体系的标准成熟电子政务框架设计，以总线为基础，依托公共组件、通用业务组件和开发工具实现应用系统快速开发和系统集成。系统由基础层、数据层、支撑层、应用层、展现层五层，以及贯穿项目始终、保障项目顺利实施和安全稳定运行的系统运行保障体系、安全保障体系及标准规范体系构成。

基础层：在利用监测总站现有的软硬件及网络环境的基础上，配置相应的系统运行所需软硬件设备及安全保障设备。

数据层：建设项目的基础数据库、元数据库，并在此基础上建设主题数据库、空间数据库以提供数据挖掘和决策支持。数据库依据原环境保护部相关标准及能力建设项目的数据中心相关标准建设。

支撑层：在应用支撑平台企业总线及相关公共组件的基础上，建设本系统的组件，为系统提供足够的灵活性和扩展性，为应用集成提供灵活的框架，也为将来业务变化引起的系统变化提供快速调整的支撑。

应用层：通过 ESB、数据交换实现与包括部级建设的固定污染源系统、全国排污许可证管理信息平台、各省（区、市）污染源监测系统在内的其他系统对接。

展现层：面向生态环境主管部门用户、企业用户及委托机构用户提供互联网访问服务。

标准规范体系：制定全国污染源监测数据管理与共享系统数据交换标准规范，确保各应用系统按照统一的数据标准进行数据交换。

为保持系统安全稳定运行，同步配套设计和建设了安全保障体系和系统运行保障体系。

系统总体架构如图 13-1 所示。

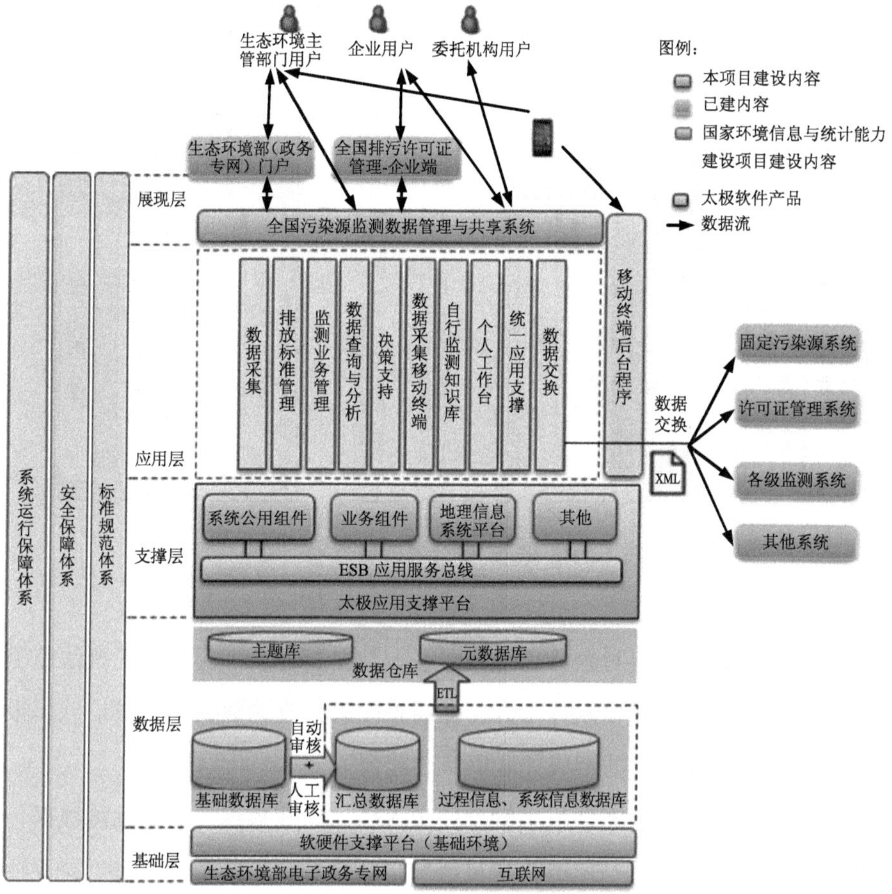

图 13-1　系统总体架构

13.2　自行监测手工数据报送系统应用层设计

全国污染源监测数据管理与共享系统提供的业务应用包括数据采集、监测业务管理、数据查询处理与分析、决策支持、数据采集移动终端版、企业自行监测知识库、排放标准管理、个人工作台、统一应用支撑及数据交换 10 个子系统。系统功能架构如图 13-2 所示。

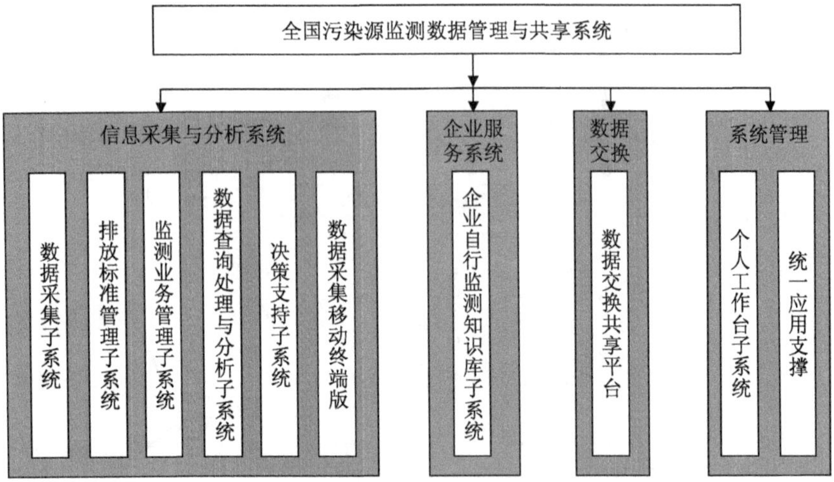

图 13-2　系统功能架构

（1）数据采集：主要对企业自行监测手工数据和管理部门开展的执法监测数据进行采集。面向全国已核发排污许可证的企业采集监测数据，提供信息填报、审核、查询、发布功能，并形成关联以持续监督。

系统能够满足各级生态环境主管部门录入执法监测数据、质控抽测数据、监督检查信息与结果、监测站标准化建设情况、环境执法与监管情况等。企业的基础信息由全国排污许可证管理信息平台直接获取，在系统中不可更改。企业自行监测方案由全国排污许可证管理信息平台直接获取，生态环境主管部门不再进行审核，企业自主确定自行监测方案执行时间。自行监测方案中除许可不包括要素外，其余要素在系统中不可更改。由于不同来源数据的采集频次和采集方式不同，系统能够提供不同的数据接入方式。

（2）监测业务管理：根据管理要求，汇总监测体系建设运行总体情况，生成表格。实现按时间、空间、行业、污染源类型等统计应开展监测的企业数量、不具备监测条件的企业数量及原因、实际开展监测的企业数量以及监测点位数量、监测指标数量等各指标的具体情况。

（3）数据查询处理与分析：查询条件可以保存为查询方案，查询时可调用查询方案进行查询。

（4）决策支持：系统除采用基本的数据分析方法外，可支持 OLAP 等分析技术对中心数据的快速分析访问，向用户显示重要的数据分类、数据集合、数据更新的通知以及用户自己的数据订阅等信息。

提供环保搜索功能，用户可按权限快速查询各类环境信息，也可以直接从系统进行汇总、平均或读取数据，实现多维数据结构的灵活表现。

（5）数据采集移动终端版：数据采集移动端能够帮助环保用户随时随地了解企业情况并上报检查信息，提高污染源数据采集信息的及时性和准确性。

（6）企业自行监测知识库：企业自行监测知识库系统为排污单位提供自行监测相关的法律法规、政策文件、排放标准、监测技术规范和方法、自行监测方案范例、相关处罚案例等查询服务，帮助和指导企业做好自行监测工作。

（7）排放标准管理：提供排放标准的维护管理和达标评价功能。管理用户可以对标准进行增、删、改、查操作，以保持标准为最新版本。提供接口，数据录入编辑和数据进行发布时均可调用该接口判定该数据是否超标，超标的给予提示并按超标比例的不同做出不同颜色提醒。

（8）个人工作台：包括信息提醒（邮件和短信）、通知管理、数据报送情况查询、数据校验规则设置与管理等。为不同用户提供针对性强的用户体验，方便用户使用。

（9）统一应用支撑：实现系统维护相关功能，系统维护人员和数据管理人员基于这些功能对数据采集和服务进行管理，综合信息管理主要包括系统管理、个人工作管理、数据管理等方面的功能。

（10）数据交换：建立数据交换共享平台，实现系统中各子系统间的内部数据交换，以及实现与外部系统的数据交换。

内部交换包括采集子系统与查询分析子系统，各子系统与信息发布子系统之间进行数据交换。

外部交换主要是与其他信息系统的数据对接，将依据能力建设项目的相关标准制定监测数据标准、交换的工作流程标准、安全标准及交换运行保障标准等，制定统一的数据接口供各地现行污染源监测信息管理与数据共享。各相关系统按数据标准生成数据 XML 文件并通过接口传递到本系统解析入库，以实现与本系统的互联互通，减少企业重复录入，提高数据质量。

13.3 自行监测手工数据报送方式和内容

13.3.1 报送方式

排污单位自行监测手工数据报送方式为登录全国排污许可证管理信息平台，通过“监测记录”模块跳转至全国污染源监测数据管理与共享系统填报自行监测手工数据结果。自行监测手工数据填报完成后，在全国排污许可证管理信息平台查看自行监测手工数据信息公开内容。排污单位自行监测手工数据报送流程如图 13-3 所示。

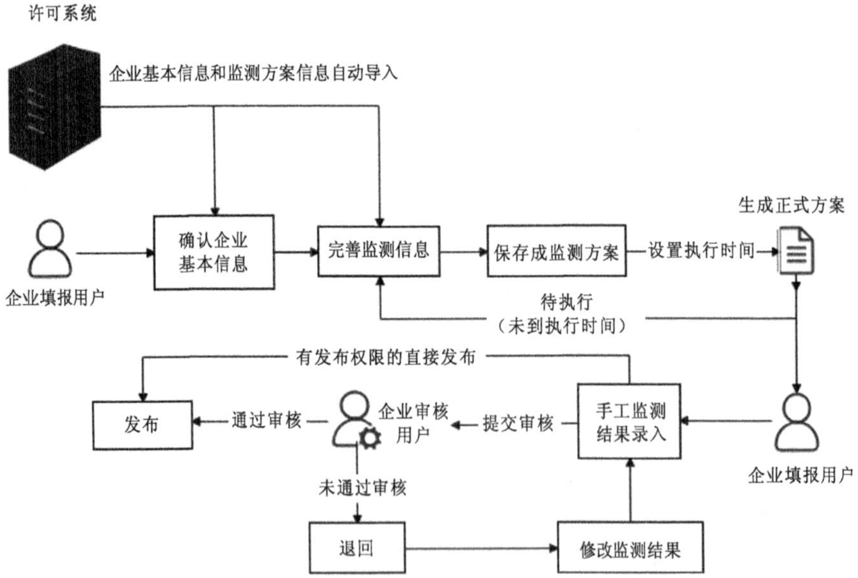

图 13-3 排污单位自行监测手工数据报送流程

13.3.2　具体流程

企业相关基础信息由全国排污许可证管理信息平台直接获取，在系统中不可更改。由全国排污许可证管理信息平台直接获取的企业自行监测方案相关要素（废气、废水、无组织）在系统中不可更改，企业可补充完善自行监测方案中的其他要素（周边环境、厂界噪声）。自行监测方案补充完善后，生态环境主管部门不再进行审核，企业自主确定自行监测方案执行时间。

自行监测数据的填报流程。自行监测方案到企业自主设定的执行时间后，企业按监测方案开展监测并按要求填报自行监测手工数据结果，手工监测数据需经过企业内部审核，审核通过的进行发布，不通过的退回企业填报用户修改。具有审核权限的填报用户也可以直接发布。

13.3.3　具体内容

（1）企业基本信息：企业名称、社会信用代码、组织机构代码（与统一社会信用代码二选一）、行业类别、企业注册地址、企业生产地址、企业地理位置、流域信息、环保联系人及其联系方式、法定代表人及其联系方式、技术负责人等由全国排污许可证管理信息平台直接获取，在系统中不可修改。如发现上述信息错误，应通过全国排污许可证管理信息平台进行修改完善。

（2）监测方案信息：废气监测、废水监测、无组织监测等排污许可证中明确了自行监测相关要求的各项内容来源于全国排污许可证管理信息平台，在系统中不可更改。如发现上述信息错误，应通过全国排污许可证管理信息平台进行修改完善。许可证中未载明的周边环境监测和厂界噪声监测相关内容可在系统中进行补充完善。

（3）监测数据：各监测点位开展监测的各项污染物的排放浓度、相关参数信息、未监测原因等。

13.4 自行监测信息完善

13.4.1 监测方案信息完善

排污单位自行监测方案信息（废气、废水、无组织监测）自动从全国排污许可证管理信息平台导入本系统中，排污许可证未载明的周边环境和厂界噪声自行监测要求，企业可在本系统补充完善。

企业用户在系统主界面进入“数据采集”—“企业信息填报”—“监测方案信息”。在【选择方案版本】中如果选择“版本号名称”即可查看相应版本号的监测信息。如果想修改监测信息，点击右侧【加载该版本】即可，然后在【选择方案版本】处选择【当前编辑】。修改的过程可参照下面介绍的录入过程。录入新的监测信息，应在【选择方案版本】处选择【当前编辑】，然后点击右侧的【编辑】按钮进行编辑。如图 13-4 所示。

图 13-4　企业监测方案信息加载界面

在监测方案信息当前编辑中，会出现从全国排污许可证管理信息平台同步过来的监测方案信息，包含相关排放设备、监测点、监测项目、排放标准、限值、监测频次等信息，如图 13-5 所示。

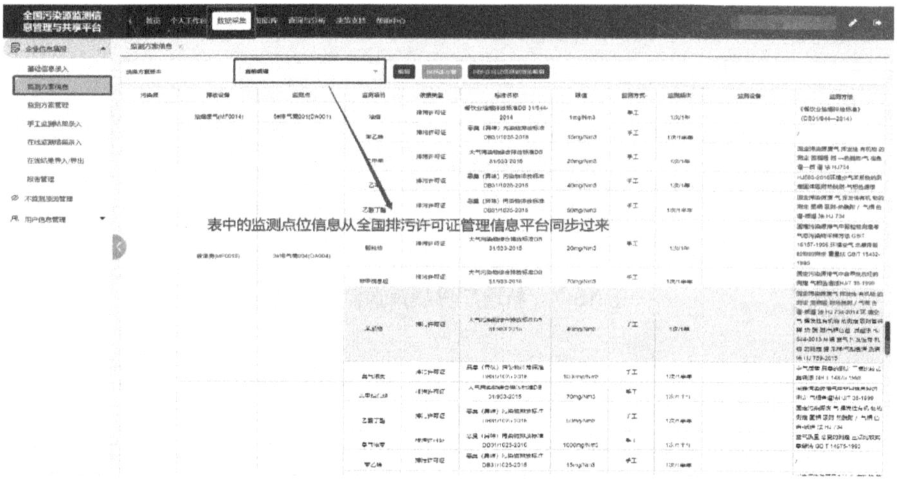

图 13-5　许可证系统导入企业的监测方案信息界面

13.4.1.1　周边环境和厂界噪声监测信息录入

（1）添加周边环境和厂界噪声监测点

在编辑页面下，点击周边环境和厂界噪声监测点右上方的【增加监测点】，弹出监测点新增页面。输入【排序序号】、【监测点名称】、【监测点编号】，选择【经度】、【纬度】、【开始时间】、【结束时间】，周边环境还需选择【监测类型】。点击【新增标准】弹出新增标准页面，新增标准成功后，点击【提交】按钮回到新增监测点页面，在此页面确定填写完全部信息后，点击【立即提交】按钮即可。这三类监测点的新增页面类似，如图 13-6、图 13-7 所示。

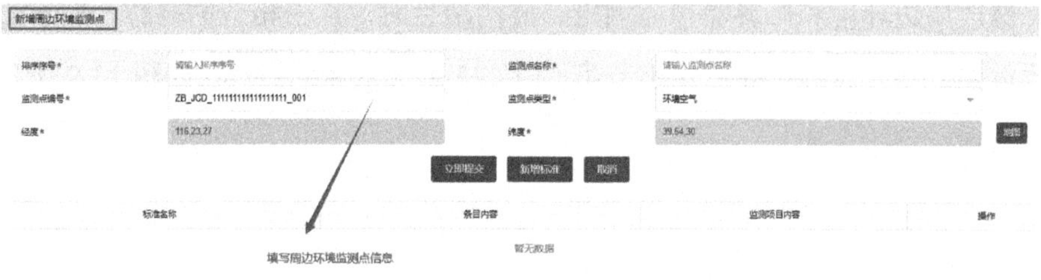

图 13-6　新增周边环境监测点信息

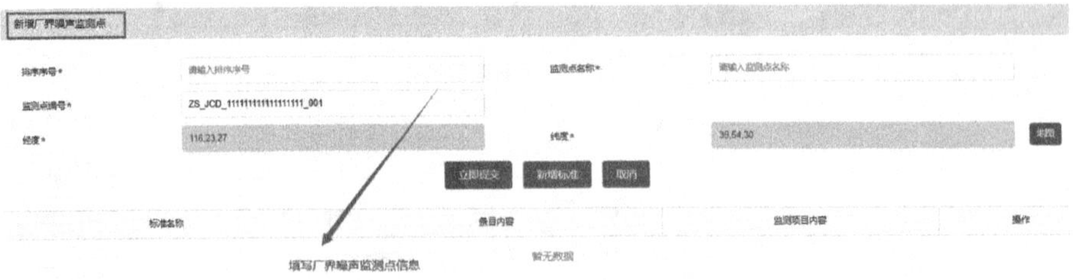

图 13-7　新增厂界噪声监测点信息

（2）添加周边环境和厂界噪声监测项目

一个监测点可能有多个监测项目，在添加完【监测点】之后，点击【增加项目】，弹出监测项目新增页面，录入相关信息，如图 13-8 所示。

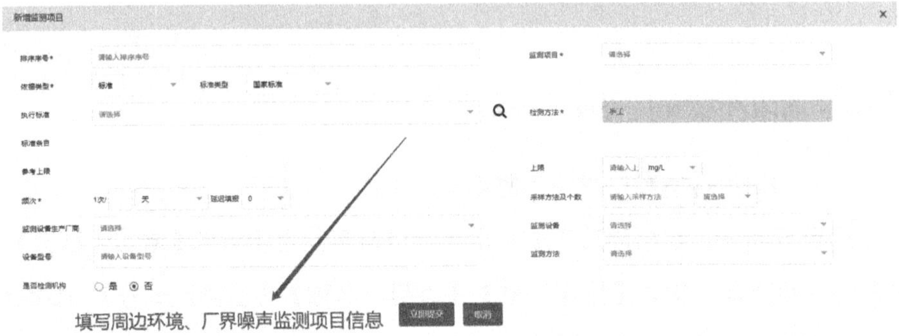

图 13-8　新增监测项目信息

（3）修改周边环境和厂界噪声监测信息项目

修改周边环境和厂界噪声监测点、监测项目时，点击相应的名称，即可进入修改页面，修改过程可参照本小节第（1）（2）部分的新增过程，如图 13-9 所示。

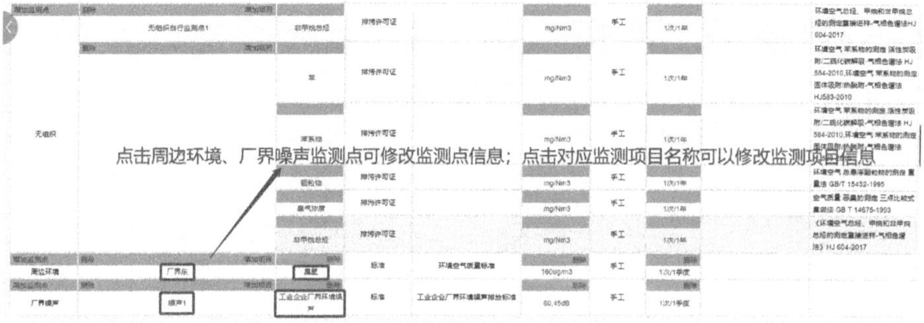

图 13-9　修改监测项目信息

（4）删除周边环境和厂界噪声监测信息项目

删除周边环境和厂界噪声监测点、监测项目时，点击相应名称右侧的【删除】按钮即可，如图 13-10 所示。

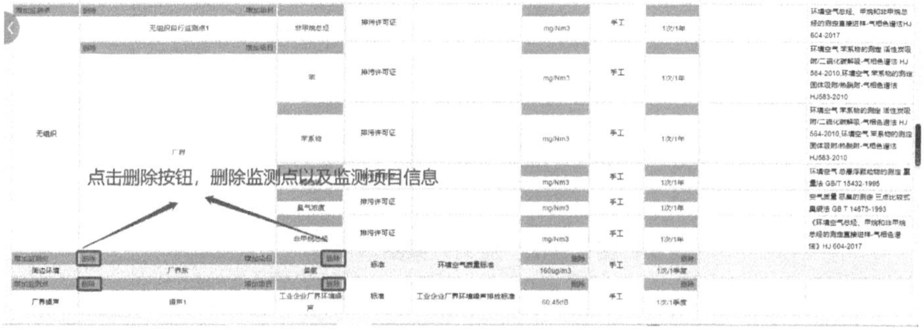

图 13-10　删除监测项目信息

13.4.1.2　完成监测方案

周边环境和厂界噪声监测信息录入完成后，点击页面上的【保存成方案】按钮，会弹出新建监测方案页面，输入【方案名称】、【方案版本】等，选择【公开开始时间】、【公开结束时间】、【编制日期】，上传【单位平面图】、【监测点位示意图】，设置方案开始执行时间，最后可点击暂存或者生成正式方案按钮，如图 13-11、图 13-12 所示。

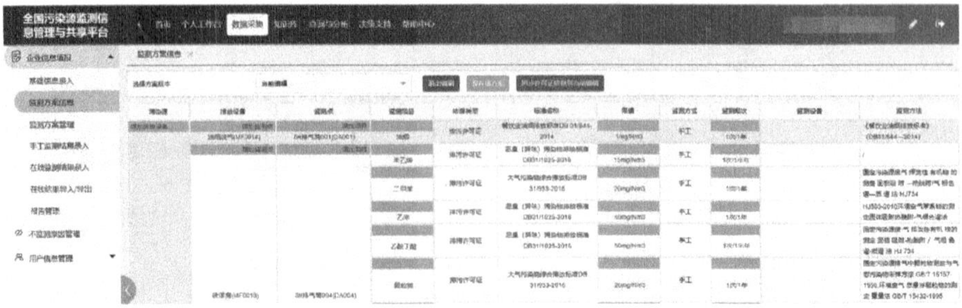

图 13-11　监测方案内容

图 13-12　监测方案基本信息

13.4.1.3　监测方案管理

企业用户在系统主界面进入“数据采集”—“企业信息填报”—“监测方案管理”。

（1）查看

根据查询列表结果，点击每条数据右侧的查看🔍按钮，即可查看方案的部分信息，如图 13-13 所示。

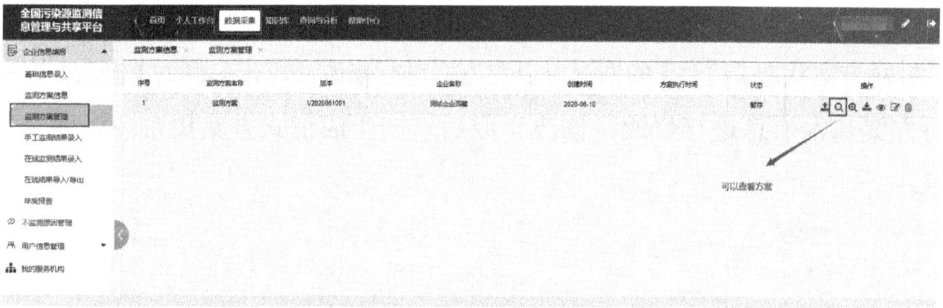

图 13-13　查看监测方案位置

进入监测方案查看信息页面后，点击右下方的【查看详情】按钮即可查看相应的详细信息，如图 13-14、图 13-15 所示。

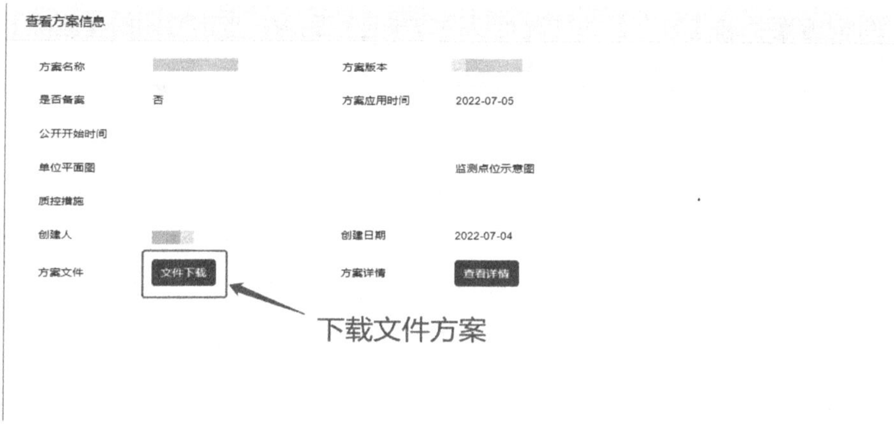

图 13-14　监测方案下载与查看

查看方案详情

污染源	排放设备	监测点	监测项目	依据类型	标准名称	限值	监测方式	监测频次	监测设备	监测方法
废气	废气排放设备1(MF0001)	废气监测点1(PQT0001)	二氧化硫	排污许可证	大气污染物综合排放标准	1200mg/m3	手工	1/天		
			液态VOCs物料	标准	挥发性有机物无组织排放控制标准	2000	手工	1/月		
废水	废水监测点1(DW001)		化学需氧量	标准	污水综合排放标准	500mg/L	手工	1/天		
无组织	无组织监测点1		NMHC	标准	挥发性有机物无组织排放控制标准	10mg/m3	手工	1/季度		
周边环境	周边环境监测点		工业企业厂界环境噪声	标准	工业企业厂界环境噪声排放标准	50;40dB	手工	1/天		
厂界噪声	厂界噪声监测点		氨氮（NH3-N）	标准	城镇污水处理厂污染物排放标准(国标)	8;15mg/L	手工	1/天		

图 13-15　监测方案内容查看

（2）修改

针对方案状态【暂存】的情况可以对方案进行修改，点击右侧的【修改】按钮，可对方案基本信息进行修改，修改完成后点击生成正式方案按钮。如图 13-16 所示。

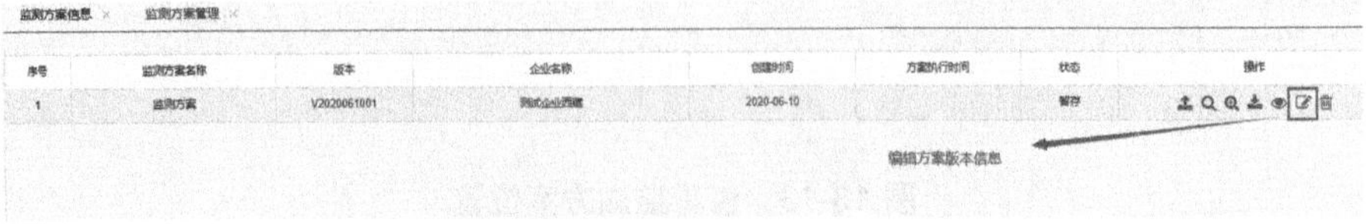

图 13-16　监测方案修改

（3）删除

针对方案状态【暂存】的情况可以对方案进行删除，点击右侧的【删除】按钮，即可对方案进行删除，如图 13-17 所示。

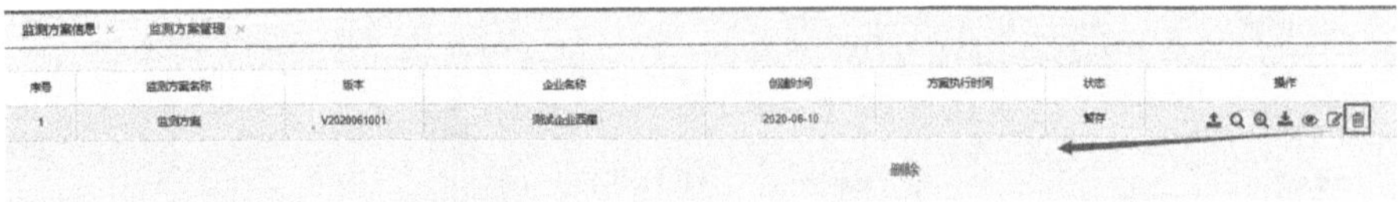

图 13-17　删除监测方案

13.4.2　监测数据录入

企业填报账户登录系统进入主界面“数据采集”—“企业信息填报”—“手工监测结果录入”。到达企业自主设定的方案开始执行时间后，方案正式生效，企业可针对监测项目，录入手工监测结果。

（1）录入手工监测结果

针对相应监测项目，选择需要录入手工监测结果的采样日期，“黄色”代表未填报完成，“绿色”代表填报完成，“橘色”代表未填报完成且超期，“红色矩形框”代表有超标数据，如图 13-18 所示。

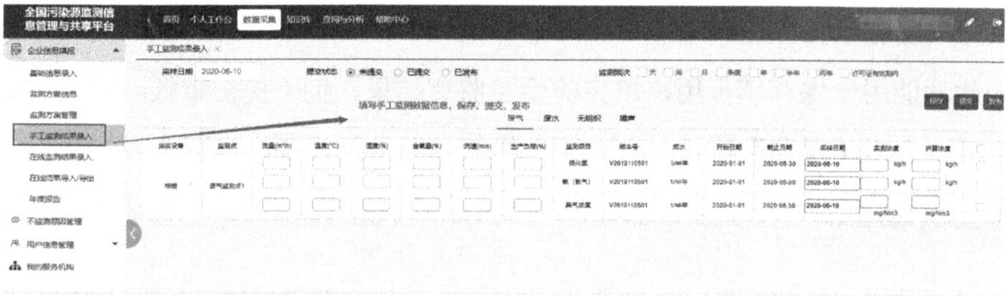

图 13-18　手工监测结果录入

企业选择填报日期后，可选择不同的提交状态：【未提交】、【已提交】、【已发布】，下方会有【废水】、【废气】、【无组织】、【周边环境】、【噪声】中的一项或多项。

废水录入项有【监测点】、【流量】、【工作负荷】、【监测项目】、【频次单位】、【频次】、【截止日期】、【监测结果】、【备注原因】。

废气录入项有【排放设备】、【监测点】、【流量】、【温度】、【湿度】、【含氧量】、【流速】、【生产负荷】、【监测项目】等。

无组织录入项有【监测点】、【风向】、【风速】、【温度】、【压力】、【监测项目】、【频次单位】、【频次】等。

周边环境录入项有【环境空气监测点】、【湿度】、【气温】、【气压】、【风速】、【风向】、【监测项目】、【频次单位】等。

若录入的监测结果浓度超过标准值，文本所在输入框会变成红色，标识结果超标，如图 13-19 所示。

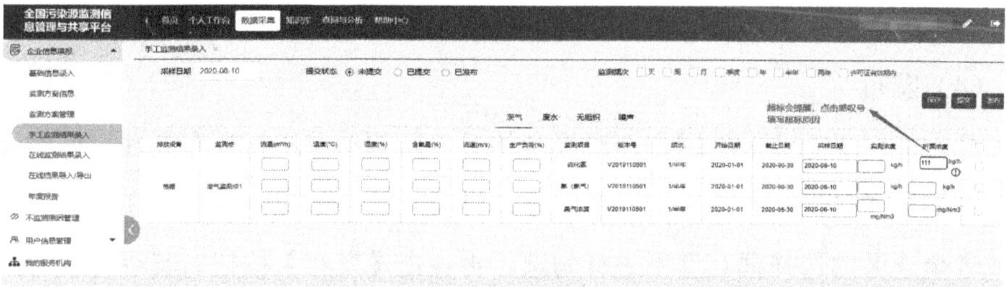

图 13-19　手工监测结果超标提醒

（2）保存手工监测结果

此功能用于保存填报用户填完的手工监测结果，但不提交审核。只需在填报信息后，点击【保存】按钮，之前录入的信息即进行保存，如图 13-20 所示。

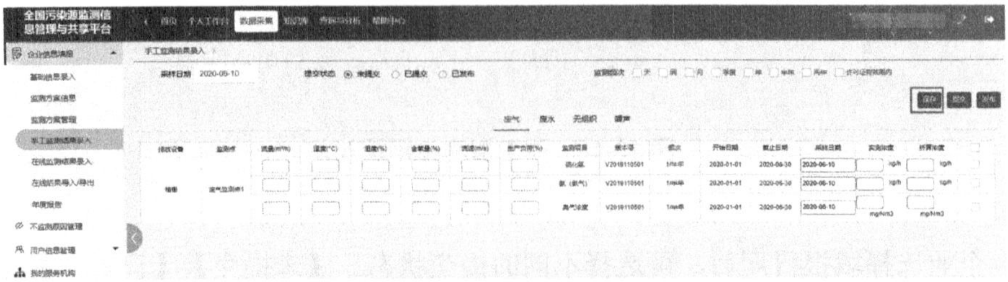

图 13-20　手工监测结果保存

（3）提交审核手工监测结果

此功能用于填报用户提交手工监测结果，针对需要提交的手工监测结果，在每条记录右侧或者全选旁的选择框 ☐ 下进行勾选，再点击上方的【立即提交】按钮即可，如图 13-21 所示。

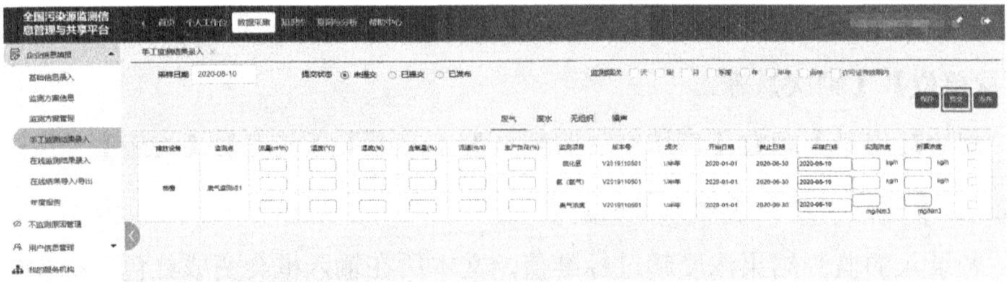

图 13-21　手工监测结果提交

（4）发布

此功能用于企业审核用户，对提交的手工监测结果进行发布处理。针对【提交状态】为【已提交】的手工监测结果，对需要发布的监测结果，在每条记录右侧或者全选旁的选择框 ☐ 下进行勾选，再点击【发布】按钮对其进行发布，如图 13-22 所示。

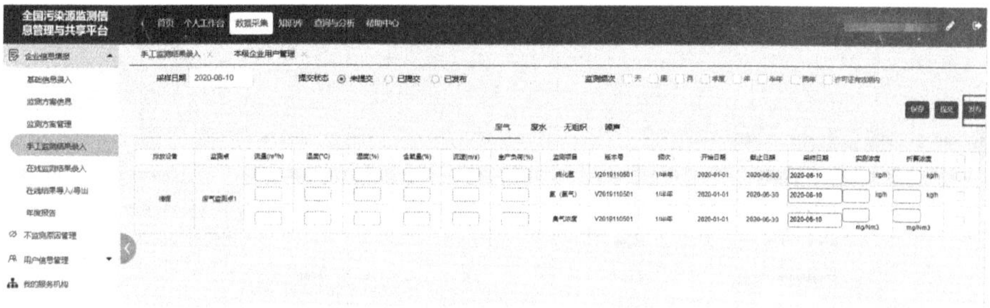

图 13-22 手工监测结果发布

（5）修改已发布数据

企业填报用户可以对已发布的手工数据进行修改，点击结果数据记录右侧的【修改】按钮，修改数据信息，即可完成修改，如图 13-23 所示。

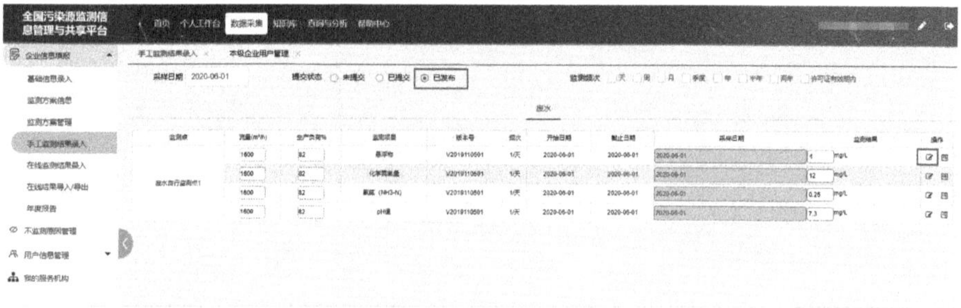

图 13-23 修改已发布手工监测结果

13.4.3 监测数据信息公开

企业审核用户对提交的手工监测结果进行发布处理后的次日，全国排污许可证管理信息平台公开企业自行监测手工数据。信息公开内容条目分为废气、废水、无组织、周边环境和噪声，具体内容包括企业名称、监测点名称、项目名称、采样/监测时间、浓度等，如图 13-24 所示。

自行监测信息

监测时间 2022

废气 废水 无组织 周边环境 噪声

企业名称	监测点名称	项目名称	实测浓度	折算浓度	采样时间	监测项目单位
	废气监测点1(DA008)	氨	4.19	4.08	2022-01-17	mg/Nm3
	废气监测点1(DA008)	氯化氢	9.29	9.04	2022-01-17	mg/Nm3
	废气监测点1(DA008)	氟化氢	0.66	0.64	2022-01-17	mg/Nm3
	废气监测点1(DA008)	汞及其化合物	0	0	2022-01-17	mg/Nm3
	废气监测点1(DA008)	铊、镉、铅、砷及其化合物	0	0	2022-01-17	mg/Nm3

图 13-24　自行监测手工数据结果信息公开

附　录

附录 1

排污单位自行监测技术指南　总则

（HJ 819—2017）

前言

为落实《中华人民共和国环境保护法》《中华人民共和国大气污染防治法》《中华人民共和国水污染防治法》，指导和规范排污单位自行监测工作，制定本标准。

本标准提出了排污单位自行监测的一般要求、监测方案制定、监测质量保证和质量控制、信息记录和报告的基本内容和要求。

本标准为首次发布。

本标准由环境保护部环境监测司、科技标准司提出并组织制订。

本标准主要起草单位：中国环境监测总站。

本标准环境保护部 2017 年 4 月 25 日批准。

本标准自 2017 年 6 月 1 日起实施。

本标准由环境保护部解释。

1 适用范围

本标准提出了排污单位自行监测的一般要求、监测方案制定、监测质量保证和质量控制、信息记录和报告的基本内容和要求。

排污单位可参照本标准在生产运行阶段对其排放的水、气污染物，噪声以及对其周边环境质量影响开展监测。

本标准适用于无行业自行监测技术指南的排污单位；行业自行监测技术指南中未规定的内容按本标准执行。

2 规范性引用文件

本标准引用了下列文件或其中的条款。凡是未注明日期的引用文件，其最新版本适用于本标准。

GB 12348 工业企业厂界环境噪声排放标准

GB/T 16157 固定污染源排气中颗粒物测定与气态污染物采样方法

HJ 2.1 环境影响评价技术导则 总纲

HJ 2.2 环境影响评价技术导则 大气环境

HJ/T 2.3 环境影响评价技术导则 地面水环境

HJ 2.4 环境影响评价技术导则 声环境

HJ/T 55 大气污染物无组织排放监测技术导则

HJ/T 75 固定污染源烟气排放连续监测技术规范（试行）

HJ/T 76 固定污染源烟气排放连续监测系统技术要求及检测方法（试行）

HJ/T 91 地表水和污水监测技术规范

HJ/T 92 水污染物排放总量监测技术规范

HJ/T 164 地下水环境监测技术规范

HJ/T 166 土壤环境监测技术规范

HJ/T 194 环境空气质量手工监测技术规范

HJ/T 353　水污染源在线监测系统安装技术规范（试行）

HJ/T 354　水污染源在线监测系统验收技术规范（试行）

HJ/T 355　水污染源在线监测系统运行与考核技术规范（试行）

HJ/T 356　水污染源在线监测系统数据有效性判别技术规范（试行）

HJ/T 397　固定源废气监测技术规范

HJ 442　近岸海域环境监测规范

HJ 493　水质　样品的保存和管理技术规定

HJ 494　水质　采样技术指导

HJ 495　水质　采样方案设计技术规定

HJ 610　环境影响评价技术导则　地下水环境

HJ 733　泄漏和敞开液面排放的挥发性有机物检测技术导则

《企业事业单位环境信息公开办法》（环境保护部令　第31号）

《国家重点监控企业自行监测及信息公开办法（试行）》（环发〔2013〕81号）

3　术语和定义

下列术语和定义适用于本标准。

3.1　自行监测　self-monitoring

指排污单位为掌握本单位的污染物排放状况及其对周边环境质量的影响等情况，按照相关法律法规和技术规范，组织开展的环境监测活动。

3.2　重点排污单位　key pollutant discharging entity

指由设区的市级及以上地方人民政府环境保护主管部门商有关部门确定的本行政区域内的重点排污单位。

3.3　外排口监测点位　emission site

指用于监测排污单位通过排放口向环境排放废气、废水（包括向公共污水处理系统排放废水）污染物状况的监测点位。

3.4 内部监测点位 internal monitoring site

指用于监测污染治理设施进口、污水处理厂进水等污染物状况的监测点位，或监测工艺过程中影响特定污染物产生排放的特征工艺参数的监测点位。

4 自行监测的一般要求

4.1 制定监测方案

排污单位应查清所有污染源，确定主要污染源及主要监测指标，制定监测方案。监测方案内容包括：单位基本情况、监测点位及示意图、监测指标、执行标准及其限值、监测频次、采样和样品保存方法、监测分析方法和仪器、质量保证与质量控制等。

新建排污单位应当在投入生产或使用并产生实际排污行为之前完成自行监测方案的编制及相关准备工作。

4.2 设置和维护监测设施

排污单位应按照规定设置满足开展监测所需要的监测设施。废水排放口，废气（采样）监测平台、监测断面和监测孔的设置应符合监测规范要求。监测平台应便于开展监测活动，应能保证监测人员的安全。

废水排放量大于 100 t/d 的，应安装自动测流设施并开展流量自动监测。

4.3 开展自行监测

排污单位应按照最新的监测方案开展监测活动，可根据自身条件和能力，利用自有人员、场所和设备自行监测，也可委托其他有资质的检（监）测机构代其开展自行监测。

持有排污许可证的企业自行监测年度报告内容可以在排污许可证年度执行报告中体现。

4.4 做好监测质量保证与质量控制

排污单位应建立自行监测质量管理制度，按照相关技术规范要求做好监测质量保证与质量控制。

4.5 记录和保存监测数据

排污单位应做好与监测相关的数据记录，按照规定进行保存，并依据相关法规向社会公开监测结果。

5 监测方案制定

5.1 监测内容

5.1.1 污染物排放监测

包括废气污染物（以有组织或无组织形式排入环境）、废水污染物（直接排入环境或排入公共污水处理系统）及噪声污染等。

5.1.2 周边环境质量影响监测

污染物排放标准、环境影响评价文件及其批复或其他环境管理有明确要求的，排污单位应按照要求对其周边相应的空气、地表水、地下水、土壤等环境质量开展监测；其他排污单位根据实际情况确定是否开展周边环境质量影响监测。

5.1.3 关键工艺参数监测

在某些情况下，可以通过对与污染物产生和排放密切相关的关键工艺参数进行测试以补充污染物排放监测。

5.1.4 污染治理设施处理效果监测

若污染物排放标准等环境管理文件对污染治理设施有特别要求的，或排污单位认为有必要的，应对污染治理设施处理效果进行监测。

5.2 废气排放监测

5.2.1 有组织排放监测

5.2.1.1 确定主要污染源和主要排放口

符合以下条件的废气污染源为主要污染源：

a）单台出力 14 MW 或 20 t/h 及以上的各种燃料的锅炉和燃气轮机组；

b）重点行业的工业炉窑（水泥窑、炼焦炉、熔炼炉、焚烧炉、熔化炉、铁矿烧结炉、加热炉、热处理炉、石灰窑等）；

c）化工类生产工序的反应设备（化学反应器/塔、蒸馏/蒸发/萃取设备等）；

d）其他与上述所列相当的污染源。

符合以下条件的废气排放口为主要排放口：

a）主要污染源的废气排放口；

b）“排污许可证申请与核发技术规范”确定的主要排放口；

c）对于多个污染源共用一个排放口的，凡涉及主要污染源的排放口均为主要排放口。

5.2.1.2 监测点位

a）外排口监测点位：点位设置应满足 GB/T 16157、HJ 75 等技术规范的要求。净烟气与原烟气混合排放的，应在排气筒或烟气汇合后的混合烟道上设置监测点位；净烟气直接排放的，应在净烟气烟道上设置监测点位，有旁路的旁路烟道也应设置监测点位。

b）内部监测点位设置：当污染物排放标准中有污染物处理效果要求时，应在进入相应污染物处理设施单元的进出口设置监测点位。当环境管理文件有要求，或排污单位认为有必要的，可设置开展相应监测内容的内部监测点位。

5.2.1.3 监测指标

各外排口监测点位的监测指标应至少包括所执行的国家或地方污染物排放（控制）标准、环境影响评价文件及其批复、排污许可证等相关管理规定明确要求的污染物指标。排污单位还应根据生产过程的原辅用料、生产工艺、中间及最终产品，确定是否排放纳入相关有毒有害或优先控制污染物名录中的污染物指标，或其他有毒污染物指标，这些指标也应纳入监测指标。

对于主要排放口监测点位的监测指标，符合以下条件的为主要监测指标：

a）二氧化硫、氮氧化物、颗粒物（或烟尘/粉尘）、挥发性有机物中排放量较大的污染物指标；

b）能在环境或动植物体内积蓄对人类产生长远不良影响的有毒污染物指标（存在有毒有害或优先控制污染物相关名录的，以名录中的污染物指标为准）；

c）排污单位所在区域环境质量超标的污染物指标。

内部监测点位的监测指标根据点位设置的主要目的确定。

5.2.1.4 监测频次

a）确定监测频次的基本原则。

排污单位应在满足本标准要求的基础上，遵循以下原则确定各监测点位不同监测指标的监测频次：

1）不应低于国家或地方发布的标准、规范性文件、规划、环境影响评价文件及其批复等明确规定的监测频次；

2）主要排放口的监测频次高于非主要排放口；

3）主要监测指标的监测频次高于其他监测指标；

4）排向敏感地区的应适当增加监测频次；

5）排放状况波动大的，应适当增加监测频次；

6）历史稳定达标状况较差的需增加监测频次，达标状况良好的可以适当降低监测频次；

7）监测成本应与排污企业自身能力相一致，尽量避免重复监测。

b）原则上，外排口监测点位最低监测频次按照表 1 执行。废气烟气参数和污染物浓度应同步监测。

表 1　废气监测指标的最低监测频次

排污单位级别	主要排放口		其他排放口的监测指标
	主要监测指标	其他监测指标	
重点排污单位	月—季度	半年—年	半年—年
非重点排污单位	半年—年	年	年

注：为最低监测频次的范围，分行业排污单位自行监测技术指南中依据此原则确定各监测指标的最低监测频次。

c）内部监测点位的监测频次根据该监测点位设置目的、结果评价的需要、补充监测结果的需要等进行确定。

5.2.1.5　监测技术

监测技术包括手工监测、自动监测两种，排污单位可根据监测成本、监测指标以及监测频次等内容，合理选择适当的监测技术。

对于相关管理规定要求采用自动监测的指标，应采用自动监测技术；对于监测频次高、自动监测技术成熟的监测指标，应优先选用自动监测技术；其他监测指标，可选用手工监测技术。

5.2.1.6　采样方法

废气手工采样方法的选择参照相关污染物排放标准及 GB/T 16157、HJ/T 397 等执行。废气自动监测参照 HJ/T 75、HJ/T 76 执行。

5.2.1.7　监测分析方法

监测分析方法的选用应充分考虑相关排放标准的规定、排污单位的排放特点、污染物排放浓度的高低、所采用监测分析方法的检出限和干扰等因素。

监测分析方法应优先选用所执行的排放标准中规定的方法。选用其他国家、行业标准方法的，方法的主要特性参数（包括检出下限、精密度、准确度、干扰消除等）需符合标准要求。尚无国家和行业标准分析方法的，或采用国家和行业标准方法不能得到合格测定数据的，可选用其他方法，但必须做方法验证和对比实验，证明该方法主要特性参数的可靠性。

5.2.2 无组织排放监测

5.2.2.1 监测点位

存在废气无组织排放源的，应设置无组织排放监测点位，具体要求按相关污染物排放标准及 HJ/T 55、HJ 733 等执行。

5.2.2.2 监测指标

按本标准 5.2.1.3 执行。

5.2.2.3 监测频次

钢铁、水泥、焦化、石油加工、有色金属冶炼、采矿业等无组织废气排放较重的污染源，无组织废气每季度至少开展一次监测；其他涉及无组织废气排放的污染源每年至少开展一次监测。

5.2.2.4 监测技术

按本标准 5.2.1.5 执行。

5.2.2.5 采样方法

参照相关污染物排放标准及 HJ/T 55、HJ 733 执行。

5.2.2.6 监测分析方法

按本标准 5.2.1.7 执行。

5.3 废水排放监测

5.3.1 监测点位

5.3.1.1 外排口监测点位

在污染物排放标准规定的监控位置设置监测点位。

5.3.1.2 内部监测点位

按本标准 5.2.1.2 b）执行。

5.3.2 监测指标

符合以下条件的为各废水外排口监测点位的主要监测指标：

a）化学需氧量、五日生化需氧量、氨氮、总磷、总氮、悬浮物、石油类中排放量较大的污染物指标；

b)污染物排放标准中规定的监控位置为车间或生产设施废水排放口的污染物指标，以及有毒有害或优先控制污染物相关名录中的污染物指标；

c）排污单位所在流域环境质量超标的污染物指标。

其他要求按本标准 5.2.1.3 执行。

5.3.3 监测频次

5.3.3.1 监测频次确定的基本原则

按本标准 5.2.1.4 a）执行。

5.3.3.2 原则上，外排口监测点位最低监测频次按照表 2 执行。各排放口废水流量和污染物浓度同步监测。

表 2 废水监测指标的最低监测频次

排污单位级别	主要监测指标	其他监测指标
重点排污单位	日—月	季度—半年
非重点排污单位	季度	年

注：为最低监测频次的范围，在行业排污单位自行监测技术指南中依据此原则确定各监测指标的最低监测频次。

5.3.3.3 内部监测点位监测频次

按本标准 5.2.1.4 c）执行。

5.3.4 监测技术

按本标准 5.2.1.5 执行。

5.3.5 采样方法

废水手工采样方法的选择参照相关污染物排放标准及 HJ/T 91、HJ/T 92、HJ 493、HJ 494、HJ 495 等执行，根据监测指标的特点确定采样方法为混合采样方法或瞬时采样的方法，单次监测采样频次按相关污染物排放标准和 HJ/T 91 执行。污水自动监测采样方法参照 HJ/T 353、HJ/T 354、HJ/T 355、HJ/T 356 执行。

5.3.6 监测分析方法

按本标准 5.2.1.7 执行。

5.4 厂界环境噪声监测

5.4.1 监测点位

5.4.1.1 厂界环境噪声的监测点位置具体要求按 GB 12348 执行。

5.4.1.2 噪声布点应遵循以下原则：

a）根据厂内主要噪声源距厂界位置布点；

b）根据厂界周围敏感目标布点；

c）“厂中厂”是否需要监测根据内部和外围排污单位协商确定；

d）面临海洋、大江、大河的厂界原则上不布点；

e）厂界紧邻交通干线不布点；

f）厂界紧邻另一排污单位的，在临近另一排污单位侧是否布点由排污单位协商确定。

5.4.2 监测频次

厂界环境噪声每季度至少开展一次监测，夜间生产的要监测夜间噪声。

5.5 周边环境质量影响监测

5.5.1 监测点位

排污单位厂界周边的土壤、地表水、地下水、大气等环境质量影响监测点位参照排污单位环境影响评价文件及其批复及其他环境管理要求设置。

如环境影响评价文件及其批复及其他文件中均未作出要求，排污单位需要开展周边环境质量影响监测的，环境质量影响监测点位设置的原则和方法参照 HJ 2.1、HJ 2.2、HJ/T 2.3、HJ 2.4、HJ 610 等规定。各类环境影响监测点位设置按照 HJ/T 91、HJ/T 164、HJ 442、HJ/T 194、HJ/T 166 等执行。

5.5.2 监测指标

周边环境质量影响监测点位监测指标参照排污单位环境影响评价文件及其批复等管理文件的要求执行，或根据排放的污染物对环境的影响确定。

5.5.3 监测频次

若环境影响评价文件及其批复等管理文件有明确要求的，排污单位周边环境质量监测频次按照要求执行。

否则，涉水重点排污单位地表水每年丰、平、枯水期至少各监测一次，涉气重点排污单位空气质量每半年至少监测一次，涉重金属、难降解类有机污染物等重点排污单位土壤、地下水每年至少监测一次。发生突发环境事故对周边环境质量造成明显影响的，或周边环境质量相关污染物超标的，应适当增加监测频次。

5.5.4 监测技术

按本标准 5.2.1.5 执行。

5.5.5 采样方法

周边水环境质量监测点采样方法参照 HJ/T 91、HJ/T 164、HJ 442 等执行。

周边大气环境质量监测点采样方法参照 HJ/T 194 等执行。

周边土壤环境质量监测点采样方法参照 HJ/T 166 等执行。

5.5.6 监测分析方法

按本标准 5.2.1.7 执行。

5.6 监测方案的描述

5.6.1 监测点位的描述

所有监测点位均应在监测方案中通过语言描述、图形示意等形式明确体现。描述内容包括监测点位的平面位置及污染物的排放去向等。废水监测点需明确其所在废水排放口、对应的废水处理工艺，废气排放监测点位需明确其在排放烟道的位置分布、对应的污染源及处理设施。

5.6.2 监测指标的描述

所有监测指标采用表格、语言描述等形式明确体现。监测指标应与监测点位相对应，监测指标内容包括每个监测点位应监测的指标名称、排放限值、排放限值的来源（如标准名称、编号）等。

国家或地方污染物排放（控制）标准、环境影响评价文件及其批复、排污许可证中的污染物，如排污单位确认未排放，监测方案中应明确注明。

5.6.3 监测频次的描述

监测频次应与监测点位、监测指标相对应，每个监测点位的每项监测指标的监测频次都应详细注明。

5.6.4 采样方法的描述

对每项监测指标都应注明其选用的采样方法。废水采集混合样品的，应注明混合样采样个数。废气非连续采样的，应注明每次采集的样品个数。废气颗粒物采样，应注明每个监测点位设置的采样孔和采样点个数。

5.6.5 监测分析方法的描述

对每项监测指标都应注明其选用的监测分析方法名称、来源依据、检出限等内容。

5.7 监测方案的变更

当有以下情况发生时，应变更监测方案：

a）执行的排放标准发生变化；

b）排放口位置、监测点位、监测指标、监测频次、监测技术任一项内容发生变化；

c）污染源、生产工艺或处理设施发生变化。

6 监测质量保证与质量控制

排污单位应建立并实施质量保证与控制措施方案，以自证自行监测数据的质量。

6.1 建立质量体系

排污单位应根据本单位自行监测的工作需求，设置监测机构，梳理监测方案制定、样品采集、样品分析、监测结果报出、样品留存、相关记录的保存等监测的各个环节中，为保证监测工作质量应制定的工作流程、管理措施与监督措施，建立自行监测质量体系。

质量体系应包括对以下内容的具体描述：监测机构、人员、出具监测数据所需仪器设备、监测辅助设施和实验室环境、监测方法技术能力验证、监测活动质量控制与质量保证等。

委托其他有资质的检（监）测机构代其开展自行监测的，排污单位不用建立监测质量体系，但应对检（监）测机构的资质进行确认。

6.2 监测机构

监测机构应具有与监测任务相适应的技术人员、仪器设备和实验室环境，明确监测人员和管理人员的职责、权限和相互关系，有适当的措施和程序保证监测结果准确可靠。

6.3 监测人员

应配备数量充足、技术水平满足工作要求的技术人员，规范监测人员录用、培训教育和能力确认/考核等活动，建立人员档案，并对监测人员实施监督和管理，规避人员因素对监测数据正确性和可靠性的影响。

6.4 监测设施和环境

根据仪器使用说明书、监测方法和规范等的要求，配备必要的如除湿机、空调、干湿度温度计等辅助设施，以使监测工作场所条件得到有效控制。

6.5 监测仪器设备和实验试剂

应配备数量充足、技术指标符合相关监测方法要求的各类监测仪器设备、标准物质和实验试剂。

监测仪器性能应符合相应方法标准或技术规范要求，根据仪器性能实施自校准或者检定/校准、运行和维护、定期检查。

标准物质、试剂、耗材的购买和使用情况应建立台账予以记录。

6.6 监测方法技术能力验证

应组织监测人员按照其所承担监测指标的方法步骤开展实验活动，测试方法的检出浓度、校准（工作）曲线的相关性、精密度和准确度等指标，实验结果满足方法相应的规定以后，方可确认该人员实际操作技能满足工作需求，能够承担测试工作。

6.7 监测质量控制

编制监测工作质量控制计划，选择与监测活动类型和工作量相适应的质控方法，包括使用标准物质、采用空白实验、平行样测定、加标回收率测定等，定期进行质控数据分析。

6.8 监测质量保证

按照监测方法和技术规范的要求开展监测活动，若存在相关标准规定不明确但又影响监测数据质量的活动，可编写《作业指导书》予以明确。

编制工作流程等相关技术规定，规定任务下达和实施，分析用仪器设备购买、验收、维护和维修，监测结果的审核签发、监测结果录入发布等工作的责任人和完成时限，确保监测各环节无缝衔接。

设计记录表格，对监测过程的关键信息予以记录并存档。

定期对自行监测工作开展的时效性、自行监测数据的代表性和准确性、管理部门检查结论和公众对自行监测数据的反馈等情况进行评估，识别自行监测存在的问题，及时采取纠正措施。管理部门执法监测与排污单位自行监测数据不一致的，以管理部门执法监测结果为准，作为判断污染物排放是否达标、自动监测设施是否正常运行的依据。

7 信息记录和报告

7.1 信息记录

7.1.1 手工监测的记录

7.1.1.1 采样记录：采样日期、采样时间、采样点位、混合取样的样品数量、采样器名称、采样人姓名等。

7.1.1.2 样品保存和交接：样品保存方式、样品传输交接记录。

7.1.1.3 样品分析记录：分析日期、样品处理方式、分析方法、质控措施、分析结果、分析人姓名等。

7.1.1.4 质控记录：质控结果报告单。

7.1.2 自动监测运维记录

包括自动监测系统运行状况、系统辅助设备运行状况、系统校准、校验工作等；仪器说明书及相关标准规范中规定的其他检查项目；校准、维护保养、维修记录等。

7.1.3 生产和污染治理设施运行状况

记录监测期间企业及各主要生产设施（至少涵盖废气主要污染源相关生产设施）运行状况（包括停机、启动情况）、产品产量、主要原辅料使用量、取水量、主要燃料消耗量、燃料主要成分、污染治理设施主要运行状态参数、污染治理主要药剂消耗情况等。日常生产中上述信息也需整理成台账保存备查。

7.1.4 固体废物（危险废物）产生与处理状况

记录监测期间各类固体废物和危险废物的产生量、综合利用量、处置量、贮存量、倾倒丢弃量，危险废物还应详细记录其具体去向。

7.2 信息报告

排污单位应编写自行监测年度报告，年度报告至少应包含以下内容：

a）监测方案的调整变化情况及变更原因；

b）企业及各主要生产设施（至少涵盖废气主要污染源相关生产设施）全年运行天数，各监测点、各监测指标全年监测次数、超标情况、浓度分布情况；

c）按要求开展的周边环境质量影响状况监测结果；

d）自行监测开展的其他情况说明；

e）排污单位实现达标排放所采取的主要措施。

7.3 应急报告

监测结果出现超标的，排污单位应加密监测，并检查超标原因。短期内无法实现稳定达标排放的，应向环境保护主管部门提交事故分析报告，说明事故发生的原因，采取减轻或防止污染的措施，以及今后的预防及改进措施等；若因发生事故或者其他突发事件，排放的污水可能危及城镇排水与污水处理设施安全运行的，应当立即采取措施消除危害，并及时向城镇排水主管部门和环境保护主管部门等有关部门报告。

7.4 信息公开

排污单位自行监测信息公开内容及方式按照《企业事业单位环境信息公开办法》及《国家重点监控企业自行监测及信息公开办法（试行）》执行。非重点排污单位的信息公开要求由地方环境保护主管部门确定。

8 监测管理

排污单位对其自行监测结果及信息公开内容的真实性、准确性、完整性负责。

排污单位应积极配合并接受环境保护行政主管部门的日常监督管理。

附录 2

排污单位自行监测技术指南　涂装

（HJ 1086—2020）

前言

为落实《中华人民共和国环境保护法》《中华人民共和国水污染防治法》《中华人民共和国大气污染防治法》《排污许可管理办法（试行）》，指导和规范含涂装工序工业排污单位自行监测工作，制定本标准。

本标准提出了含涂装工序工业排污单位自行监测的一般要求、监测方案制定、信息记录和报告的基本内容和要求。

本标准为首次发布。

本标准由生态环境部生态环境监测司、法规与标准司提出并组织制订。

本标准主要起草单位：机械工业第四设计研究院有限公司、生态环境部环境工程评估中心、河南省环境监测中心。

本标准生态环境部 2020 年 01 月 06 日批准。

本标准自 2020 年 04 月 01 日起实施。

本标准由生态环境部解释。

1　适用范围

本标准规定了含涂装工序工业排污单位自行监测的一般要求、监测方案制定、信息记录和报告的基本内容和要求。

本标准适用于含涂装工序工业排污单位在生产运行阶段对其排放的水、气污染物，噪声以及对周边环境质量影响开展自行监测。

本标准不适用于《面向装备制造业产品全生命周期工艺知识　第 1 部分：通用制造工艺分类》（GB/T 22124.1）界定的热喷涂工序，其自行监测参考《排污单位自行监测技术指南　总则》（HJ 819）或其他行业指南。

排污单位自备火力发电机组（厂）、配套锅炉的自行监测要求按照《排污单位自行监测技术指南　火力发电及锅炉》（HJ 820）执行。

2　规范性引用文件

本标准引用了下列文件或其中的条款。凡是不注明日期的引用文件，其有效版本（包括所有的修改单）适用于本标准。

GB 12348　工业企业厂界环境噪声排放标准

GB/T 22124.1　面向装备制造业产品全生命周期工艺知识　第 1 部分：通用制造工艺分类

HJ 194　环境空气质量手工监测技术规范

HJ 442　近岸海域环境监测规范

HJ 664　环境空气质量监测点位布设技术规范（试行）

HJ 819　排污单位自行监测技术指南　总则

HJ 820　排污单位自行监测技术指南　火力发电及锅炉

HJ 964　环境影响评价技术导则　土壤环境（试行）

HJ/T 55　大气污染物无组织排放监测技术导则

HJ/T 91　地表水和污水监测技术规范

HJ/T 164　地下水环境监测技术规范

HJ/T 166　土壤环境监测技术规范

《国务院关于印发打赢蓝天保卫战三年行动计划的通知》（国发〔2018〕22 号）

《固定污染源排污许可分类管理名录》

《国家危险废物名录》

《涂装行业清洁生产评价指标体系》（国家发展改革委、环境保护部、工业和

信息化部公告 2016 年第 21 号）

《重点排污单位名录管理规定（试行）》（环办监测〔2017〕86 号）

3 术语和定义

GB/T 22124.1、HJ 819、《涂装行业清洁生产评价指标体系》界定的以及下列术语和定义适用于本标准。

3.1 涂装 coating

采用合适的施工方法和工艺技术，将不同种类的涂料涂覆在物体表面并牢固附着于被涂物体的涂料成膜工艺。

包括涂料调配、机械预处理（抛丸、打磨、喷砂、喷丸、清理等）、化学预处理（溶剂擦洗、酸洗除锈、擦洗除锈和化学脱脂等）、转化膜处理（磷化、钝化、锆化、硅烷化、化学氧化等）、涂覆（含底漆、中涂、面漆、清漆、胶）、流平、固化成膜等生产环节的工序。

3.2 喷涂 spraying coat

通过喷枪或雾化器，借助于压力、离心力、电场力等，将涂料施涂于被涂物表面的涂装方法。

3.3 挥发性有机物 volatile organic compounds（VOCs）

参与大气光化学反应的有机化合物，或者根据规定的方法测量或核算确定的有机化合物。

在表征 VOCs 总体排放情况时，根据行业特征和环境管理要求，可采用总挥发性有机物（以 TVOC 表示）、非甲烷总烃（以 NMHC 表示）作为污染物控制项目。

3.4 直接排放 direct discharge

指排污单位直接向环境水体排放水污染物的行为。

3.5 间接排放 indirect discharge

指排污单位向公共污水处理系统排放水污染物的行为。

3.6 雨水排放口 rainwater outlet

指直接或通过沟、渠或者管道等设施向厂界外专门排放天然降水的排放口。

4 自行监测的一般要求

排污单位应查清本单位的污染源、污染物指标及潜在的环境影响，制定监测方案，设置和维护监测设施，按照监测方案开展自行监测，做好质量保证和质量控制，记录和保存监测数据和信息，依法向社会公开监测结果。

5 监测方案制定

5.1 废水排放监测

5.1.1 监测点位

有转化膜处理工序或其他特殊工序，且产生含第一类污染物的废水，须在车间或生产设施废水排放口设置监测点位。

所有含涂装工序工业排污单位均须在废水总排放口设置监测点位；生活污水单独直接排入外环境的还须在生活污水排放口设置监测点位。

5.1.2 监测指标及监测频次

排污单位废水排放监测点位、监测指标及最低监测频次按照表 1 执行。

表 1 废水排放监测点位、监测指标及最低监测频次

监测点位	单位性质	监测指标	监测频次	
			直接排放	间接排放
车间或生产设施废水排放口	重点排污单位	流量、六价铬[a]、总铬[a]、总镍[a]	月	
	非重点排污单位		季度	
废水总排放口	重点排污单位	流量、pH值、化学需氧量、氨氮、总磷	自动监测	
		总氮、悬浮物、石油类、阴离子表面活性剂（LAS）	月	季度
		氟化物[a]、总锌[a]、总锰[a]、总铜[a]	月	季度
	非重点排污单位	流量、pH 值、化学需氧量、氨氮、总磷、总氮、悬浮物	季度	半年

监测点位	单位性质	监测指标	监测频次	
			直接排放	间接排放
生活污水排放口	重点排污单位	流量、pH 值、化学需氧量、氨氮、总磷	自动监测	—
		总氮、悬浮物、五日生化需氧量、动植物油	季度	—
	非重点排污单位	流量、pH 值、化学需氧量、氨氮、总磷、总氮、悬浮物	季度	—
雨水排放口		pH 值、化学需氧量、悬浮物	月[b]	

注：本标准重点排污单位按环境要素实行分类管理，纳入水环境重点排污单位名录，按本表执行。

[a]根据原辅材料使用等实际生产情况，确定具体的特征污染物监测指标。不产生的污染物，可不进行监测。

[b]雨水排放口有流动水排放时按月监测。若监测一年无异常情况，可放宽至每季度开展一次监测。

5.2 废气排放监测

5.2.1 有组织废气排放监测点位、指标与频次

排污单位的有组织废气排放监测点位、监测指标及最低监测频次按表 2 执行。

表 2 有组织废气排放监测点位、监测指标及最低监测频次

生产工序	监测点位	监测指标	监测频次		
			重点排污单位		非重点排污单位
			主要排放口	一般排放口	
预处理	机械预处理抛丸、打磨、喷砂、喷丸、清理等废气排气筒	颗粒物	季度	半年	年
	化学预处理（酸洗）废气排气筒[a]	氮氧化物、氯化氢、硫酸雾	季度	半年	年
涂覆	水性涂料涂覆设施废气排气筒	颗粒物[b]、挥发性有机物[c]、特征污染物[d]	季度	半年	年
	溶剂涂料涂覆（含溶剂擦洗）设施废气排气筒	挥发性有机物[c]	月	半年	年
		颗粒物[b]、苯、甲苯、二甲苯、特征污染物[d]	季度		
	粉末涂料涂覆设施废气排气筒	颗粒物	季度	半年	年
	混入化石燃料燃烧废气涂覆设施废气排气筒[e]	颗粒物、二氧化硫、氮氧化物	季度	半年	年

生产工序	监测点位	监测指标	监测频次		
			重点排污单位		非重点排污单位
			主要排放口	一般排放口	
固化成膜	水性涂料（含胶）固化成膜设施废气排气筒	挥发性有机物[c]、特征污染物[d]	季度	半年	年
	溶剂涂料（含胶）固化成膜设施废气排气筒	挥发性有机物[c]	月	半年	年
		苯、甲苯、二甲苯、特征污染物[d]	季度		
	粉末涂料固化成膜设施废气排气筒	挥发性有机物[c]	季度	半年	年
	混入化石燃料燃烧废气固化成膜设施废气排气筒[e]	颗粒物、二氧化硫、氮氧化物	季度	半年	年
其他	点补、调漆等生产设施排气筒	挥发性有机物[c]	季度	半年	年
	中间打磨生产设施废气排气筒	颗粒物	季度	半年	年
	工艺加热炉生产设施排气筒	颗粒物、二氧化硫、氮氧化物	季度	半年	年
	下料、加工、焊接等含尘废气排气筒	颗粒物	季度	半年	年
	树脂纤维、塑料加工等有机废气排气筒	挥发性有机物[c]	季度	半年	年

注：1. 废气监测须按照相应监测分析方法、技术规范同步监测烟气参数。

2. 根据环境影响评价文件及其批复，结合项目工艺及产排污特点，选择项目所包含监测点位进行监测。

3. 本标准重点排污单位按环境要素实行分类管理，纳入大气环境重点排污单位名录，按本表执行。

4. 本标准主要排放口为相应行业“排污许可证申请与核发技术规范”确定的主要排放口。

5. 设区的市级以上生态环境部门纳入重点排污单位名录的含涂装工序工业排污单位，主要排放口应当按期落实国发〔2018〕22 号关于安装烟气排放自动监控设施的相关要求。

[a] 根据所用原料及工艺特点，确定具体监测指标。

[b] 适用于采用喷涂工艺等产生颗粒物污染物情况。

[c] 挥发性有机物的表征物质按照所执行的排放标准确定。

本表中的监测频次适用于采用非甲烷总烃表征的情况。若以 TVOC 表征，监测频次为：重点排污单位的主要排放口为半年一次，重点排污单位的一般排放口和非重点排污单位为一年一次。

根据以下原则开展 TVOC 监测：根据企业使用的原料、生产工艺、生产的产品或副产品，结合所执行的排放标准和有关环境管理中要求，筛选确定计入 TVOC 的物质；单项物质无国家污染物监测方法标准的，待国家污染物监测方法标准发布后实施。

所执行的排放标准中对非甲烷总烃和 TVOC 均提出限值要求的，应同时满足以上监测频次要求。

[d] 根据排污许可证、环境影响评价文件及其批复等相关环境管理规定，确定具体的特征污染物监测指标；待相关行业污染物排放标准发布后，从其规定；地方排放标准有要求的，从其规定。

[e] 仅适用于排气筒混入传统化石燃料燃烧废气情况。

5.2.2 无组织废气排放监测点位、指标与频次

排污单位无组织废气排放监测点位设置、监测指标及最低监测频次按表 3 执行。

表 3 无组织废气排放监测点位、监测指标及最低监测频次

监测点位	监测指标	监测频次
厂界	挥发性有机物[a]、颗粒物、特征污染物[b]	半年
涂装工段旁[c]	挥发性有机物[a]、颗粒物、特征污染物[b]	季度

注：若周边有敏感点，应适当增加监测频次。

[a] 挥发性有机物的表征物质按照所执行的排放标准确定。

本表中的监测频次适用于采用非甲烷总烃表征的情况。若以 TVOC 表征，监测频次为：重点排污单位为半年一次，非重点排污单位为一年一次。

根据以下原则开展 TVOC 监测：根据企业使用的原料、生产工艺、生产的产品或副产品，结合所执行的排放标准和有关环境管理中要求，筛选确定计入 TVOC 的物质；单项物质无国家污染物监测方法标准的，待国家污染物监测方法标准发布后实施。

所执行的排放标准中对非甲烷总烃和 TVOC 均提出限值要求的，应同时满足以上监测频次要求。

[b] 根据排污许可证、环境影响评价文件及其批复等相关环境管理规定，确定具体的特征污染物监测指标；待相关行业污染物排放标准发布后，从其规定；地方排放标准有要求的，从其规定。

[c] 适用于涂装工段无密闭空间情况，如船舶制造工业的船坞及码头工段，监测点位设置参考 HJ/T 55。

5.3 厂界环境噪声监测

厂界环境噪声监测点位设置应遵循 HJ 819 中的原则及 GB 12348 中的要求，主要考虑下料、加工、抛丸、喷砂、喷丸、打磨、机泵电机、冷却塔、空调机组、空压机、风机、冷冻机等噪声源在厂区内的分布情况。

监测点位设置、监测指标及最低监测频次按表 4 执行。

表 4 噪声排放监测点位、监测指标及最低监测频次

监测点位	监测指标	监测频次
厂界	等效连续 A 声级（L_{eq}）	季度

注：1. 周边有敏感点，应适当增加监测频次。

2. 夜间生产的须监测夜间噪声。

5.4 周边环境质量影响监测

5.4.1 法律法规或环境影响评价文件及其批复［仅限 2015 年 1 月 1 日（含）后取得环境影响评价批复的排污单位］有明确规定的，按要求执行。

5.4.2 无明确要求的，若排污单位认为有必要的，可对周边水、土壤、空气环境质量开展监测。可按照 HJ 664、HJ 964、HJ/T 55、HJ/T 164、HJ/T 166、HJ 194 中相关规定设置环境空气、地下水、土壤监测点位，对于废水直接排入地表水、海水的排污单位，可按照 HJ/T 91、HJ 442 中相关规定设置周边地表水、海水监测点位，监测指标及最低监测频次可参照表 5 执行。

表 5 周边环境质量影响监测指标及最低监测频次

环境要素	监测指标	监测频次
环境空气	挥发性有机物[a]、苯、甲苯、二甲苯、颗粒物、特征污染物[b]	半年
地表水	pH 值、溶解氧、化学需氧量、五日生化需氧量、氨氮、总氮、总磷、氟化物、石油类、阴离子表面活性剂（LAS）、锌、铜、铬（六价）等	季度
地下水	水位、pH 值、耗氧量、氨氮、氟化物、铬（六价）、铜、锌、锰、镍等	年
海水	pH 值、化学需氧量、五日生化需氧量、石油类、阴离子表面活性剂（LAS）、六价铬、总铬、铜、锌、镍等	半年
土壤	pH 值、铬、镍、铅、铜、锌、苯、甲苯等	年

注：[a] 本表中暂时采用非甲烷总烃表征挥发性有机物的环境空气监测指标。相关行业污染物排放标准发布后，从其规定；地方标准有相关要求的，从其规定。

[b] 根据环境影响评价文件及其批复等相关环境管理规定，确定具体污染物项目；待相关行业大气污染物排放标准发布后，从其规定；地方排放标准有要求的，从其规定。

5.5 其他要求

5.5.1 除表 1～表 5 中的监测指标外，5.5.1.1 和 5.5.1.2 中的污染物指标也应纳入监测指标范围，并参照表 1～表 5 和 HJ 819 确定监测频次。

5.5.1.1 排污许可证、所执行的行业污染物排放（控制）标准、环境影响评价文件及其批复［仅限 2015 年 1 月 1 日（含）后取得环境影响评价批复的排污单位］、相关环境管理规定明确要求的污染物指标。

5.5.1.2 根据生产过程的原辅用料、生产工艺、中间及最终产品类型、监测结果确定实际排放的，在有毒有害或优先控制污染物相关名录中的污染物指标，或其他有毒污染物指标。

5.5.2 各指标的监测频次在满足本标准的基础上，可根据 HJ 819 中监测频次的确定原则提高监测频次；监测结果超标的，应增加相应指标的监测频次。

5.5.2.1 对于多个污染源或生产设备共用一个排气筒的，监测点位可布设在共用排气筒上。当执行不同排放控制要求的废气合并排气筒排放时，应在废气混合前进行监测；若监测点位只能布设在混合后的排气筒上，监测指标应涵盖所对应污染源或生产设备的监测指标，最低监测频次按照严格的执行。

5.5.3 采样方法、监测分析方法、监测质量保证与质量控制等按照 HJ 819 执行。

5.5.4 监测方案的描述、变更按照 HJ 819 执行。

6 信息记录和报告

6.1 信息记录

6.1.1 监测信息记录

手工监测的记录和自动监测运维记录按照 HJ 819 执行。

6.1.2 生产和污染治理设施运行状况信息记录

排污单位应详细记录其生产及污染治理设施运行状况，日常生产中应参照以下内容记录相关信息，并整理成台账保存备查。

6.1.2.1 生产运行状况记录

按照工艺生产单元和生产流水线分类，根据各排污单位具体情况，选择记录以下相关信息：

a）原辅料用量，包括主要原料用量、各类涂料用量、各类溶剂用量、吸附剂用量、其他辅料用量等；

b）产品产量，按生产单元记录各工序产品产量及其他关键指标；

c）取水量（新鲜水）、用水量、用电量、燃料用量等；

d）主要生产设备、设施的操作使用记录等。

6.1.2.2　废水处理设施运行状况记录

按日（或班次）记录废水处理量、废水回用量、废水排放量、污泥产生量（记录含水率）、废水处理使用的药剂名称及用量、电耗等；记录废水处理设施运行、故障及维护情况等。

6.1.2.3　废气处理设施运行状况记录

按日（或更换频次）记录废气处理使用的药剂等耗材名称及用量；记录废气处理设施运行参数、故障及维护情况等。

6.1.3　一般工业固体废物和危险废物记录

按日记录一般工业固体废物和危险废物产生、贮存、转移、利用的处置情况，并通过全国固体废物管理信息系统进行填报；按照危险废物管理的相关要求，按日记录危险废物的产生量、综合利用量、处置量、贮存量及其具体去向。原料或辅助工序中产生的其他危险废物的情况也应记录。一般工业固体废物及危险废物产生情况见表 6。

表 6　一般工业固体废物及危险废物来源

类别	主要生产来源	种类
危险废物	生产设备维修保养	废矿物油、废润滑油、废液压油等
	预处理、转化膜处理	废酸、废碱、废有机溶剂、磷化渣、硅烷废渣、浮油渣、废过滤吸附材料等
	涂装	废有机溶剂、油性漆漆渣、废密封胶等
	废气、废水处理设施	废过滤棉、废活性炭、废沸石、含油污泥、油性漆漆渣、表面处理污泥等
	其他	废乳化液、废有机树脂、含油废抹布、含油废手套等
一般工业固体废物	各生产单元	废边角料、废包装材料、生化污泥、生活垃圾等

注：1. 根据排污单位工艺产污情况，确定具体的种类指标。

2. 其他可能产生的危险废物按照《国家危险废物名录》或国家规定的危险废物鉴别标准和鉴别方法认定。

3. 列入一般工业固体废物的，若综合分析原辅材料、生产工艺、产生环节、主要危害成分等，可能具有危险特性，应按照国家规定的危险废物鉴别标准和鉴别方法认定是否属于危险废物。

6.2 信息报告、应急报告和信息公开

按照 HJ 819 执行。

7 其他

排污单位应如实记录监测期间的工况（包括生产负荷、污染治理设施运行情况等），确保监测数据具有代表性。

本标准规定的内容外，按照 HJ 819 执行。

附录 3

自行监测质量控制相关模板和样表

附录 3-1　检测工作程序（样式）

1　目的

对监测任务的下达、监测方案的制定、采样器皿和试剂的准备，样品采集和现场监测，实验室内样品分析，以及测试原始积累的填写等各个环节实施有效的质量控制，保证监测结果的代表性、准确性。

2　适用范围

适用于本单位实施的监测工作。

3　职责

3.1　×××负责下达监测任务。

3.2　×××负责根据监测目的、排放标准、相关技术规范和管理要求制定监测方案（某些企业的监测方案是环境部门发放许可证时已经完成技术审查的，在一定时间段内执行即可，不必在每次监测任务均制定监测方案）。

3.3　×××负责实施需现场监测的项目，×××采集样品并记录采集样品的时间、地点、状态等参数，并做好样品的标识，×××负责样品流转过程中的质量控制，负责将样品移交给样品接收人员。

3.4　×××负责接收送检样品，在接收送检样品时，对样品的完整性和对应监测要求的适宜性进行验收，并将样品分发到相应分析任务承担人员（如果没有集中接样后再由接样人员分发样品到分析人员的制度设计，这一步骤可以省略）。

3.5 ×××负责本人承担项目样品的接收、保管和分析。

4 工作程序

4.1 方案制定

×××负责根据监测目的、排放标准、相关技术规范和环境管理要求，制定监测方案，明确监测内容、频次，各任务执行人，使用的监测方法、采用的监测仪器，以及采取的质控措施。经×××审核、×××批准后实施该监测方案。

4.2 现场监测和样品采集

×××采样人员根据监测方案要求，按照国家有关标准、规范到现场进行现场监测和样品采集，记录现场监测结果相关的信息，以及生产工况。样品采集后，按规定建立样品的唯一标识，填写采样过程质保单和采样记录。必要时，受检部门有关人员应在采样原始记录上签字认可。

4.3 样品的流转

采样人员送检样品时，由接样人员认真检查样品表观、编号、采样量等信息是否与采样记录相符合，确认样品量是否能满足监测项目要求，采样人员和接样人员双方签字认可（如果没有集中接样后再由接样人员分发样品到分析人员的制度设计，这一步骤可以省略）。

分析人员在接收样品时，应认真查看和验收样品表观、编号、采样量等信息是否与采样记录相符合，并核实样品交接记录，分析人员确认无误后在样品交接单上签字。

4.4 样品的管理

样品应妥善存放在专用且适宜的样品保存场所，分析人员应准确标识样品所处的实验状态，用“待测”、“在测”和“测毕”标签加以区别。

分析人员在分析前如发现样品异常或对样品有任何疑问时，应立即查找原因，待符合分析要求后，再进行分析。

对要求在特定环境下保存的样品，分析人员应严格控制环境条件，按要求保存，保证样品在存放过程中不变质、不损坏。若发现样品在保存过程中出现异常情况，应及时向质量负责人汇报，查明原因及时采取措施。

4.5 样品的分析

分析人员按监测任务分工安排，严格按照方案中规定的方法标准/规范分析样品，及时填写分析原始记录、测试环境监控记录、仪器使用记录等相关记录并签字。

4.6 样品的处置

除特殊情况需留存的样品外，监测后的余样应送污水处理站进行处理。

5 相关程序文件

《异常情况处理程序》

6 相关记录表格

《废（污）水采样原始记录表》

《废气监测原始记录表》

《内部样品交接单》

《样品留存记录表》

《pH 分析原始记录表》

《颗粒物监测原始记录》

《烟气黑度测试记录表》

《现场监测质控审核记录》

《废水流量监测记录（流速仪法）》

附录 3-2 ××××（单位名称）废（污）水采样原始记录表

（监）字【　　　】第　　　号　　　　　　　　　　　　共　　页，第　　页

<table>
<tr><th rowspan="2">采样时间</th><th rowspan="2">排污口编号</th><th rowspan="2">样品编号</th><th rowspan="2">水温/℃</th><th rowspan="2">pH</th><th colspan="2">流量</th><th rowspan="2">监测项目</th><th rowspan="2">废（污）水表观描述</th><th rowspan="2">废（污）水主要来源</th><th rowspan="2">排放规律（以流速变化判断）</th></tr>
<tr><th>（m^3/h）</th><th>（m^3/d）</th></tr>
<tr><td>时　分</td><td></td><td></td><td></td><td></td><td></td><td rowspan="9"></td><td rowspan="9"></td><td rowspan="9"></td><td rowspan="9"></td><td rowspan="9">1. 连续稳定；
2. 连续不稳定；
3. 间断稳定；
4. 间断不稳定</td></tr>
<tr><td>时　分</td><td></td><td></td><td></td><td></td><td></td></tr>
<tr><td>时　分</td><td></td><td></td><td></td><td></td><td></td></tr>
<tr><td>时　分</td><td></td><td></td><td></td><td></td><td></td></tr>
<tr><td>时　分</td><td></td><td></td><td></td><td></td><td></td></tr>
<tr><td>时　分</td><td></td><td></td><td></td><td></td><td></td></tr>
<tr><td>时　分</td><td></td><td></td><td></td><td></td><td></td></tr>
<tr><td>时　分</td><td></td><td></td><td></td><td></td><td></td></tr>
<tr><td>时　分</td><td></td><td></td><td></td><td></td><td></td></tr>
<tr><td rowspan="4">治理设施运行情况</td><td colspan="2">治理设施类型及名称</td><td colspan="6"></td><td>新鲜用水量/（m^3/d）</td><td></td></tr>
<tr><td rowspan="2">处理量/（m^3/d）</td><td>设计</td><td></td><td>建设日期</td><td colspan="2"></td><td>COD 设计去除率</td><td></td><td>回用水量/（m^3/d）</td><td></td></tr>
<tr><td>实际</td><td></td><td>处理规律</td><td colspan="2"></td><td>氨氮设计去除率</td><td></td><td>生产负荷</td><td></td></tr>
<tr><td>主要原料</td><td colspan="2"></td><td colspan="2">主要产品</td><td colspan="5"></td></tr>
<tr><td>备注</td><td colspan="10">表观描述应包括颜色、气味、悬浮物含量情况等信息。回用水量不含设施循环水部分</td></tr>
</table>

监测人员：　　　　　校对：　　　　　审核：　　　　　监测日期：　年　月　日

附录 3-3 ××××（单位名称）内部样品交接单

（监）字【　　　】第　　　号　　　　　　　　　　　　第　　页，共　　页

送样人		采样时间		接样人		接样时间	

样品名称及编号	样品类型	样品表观	样品数量	监测项目	质保措施	分析人员签字
备注	平行样品分析项目及编号： 加标样品分析项目及编号：					

填写人员：　　　　校对：　　　　审核：　　　　日期：　年　月　日

附录 3-4　重量法分析原始记录表

×环（监）【　　】第　　　号　　　　　　　　　　　　　　　　第　　页，共　　页

<table>
<tr><td rowspan="2">分析项目</td><td rowspan="2"></td><td colspan="2">仪器名称型号</td><td colspan="2"></td><td>方法名称</td><td colspan="2"></td><td>送样日期</td><td></td><td rowspan="2">环境条件</td><td>室温/℃</td><td></td></tr>
<tr><td colspan="2">仪器编号</td><td colspan="2"></td><td>方法依据</td><td colspan="2"></td><td>分析日期</td><td></td><td>湿度/%</td><td></td></tr>
<tr><td>烘干/灼烧温度/℃</td><td colspan="3"></td><td colspan="2">烘干/灼烧时间/h</td><td colspan="3"></td><td>恒重温度/℃</td><td></td><td>恒重时间/h</td><td colspan="2"></td></tr>
<tr><td rowspan="2">样品名称及编号</td><td rowspan="2">器皿编号</td><td rowspan="2">取样量（ ）</td><td colspan="3">初重/g</td><td colspan="3">终重/g</td><td>样重/g</td><td rowspan="2">计算结果（ ）</td><td rowspan="2">报出结果（ ）</td><td rowspan="2" colspan="2">备 注</td></tr>
<tr><td>W_1</td><td>W_2</td><td>$W_{均}$</td><td>W_1</td><td>W_2</td><td>$W_{均}$</td><td>ΔW</td></tr>
<tr><td></td><td></td><td></td><td></td><td></td><td></td><td></td><td></td><td></td><td></td><td></td><td></td><td colspan="2"></td></tr>
<tr><td></td><td></td><td></td><td></td><td></td><td></td><td></td><td></td><td></td><td></td><td></td><td></td><td colspan="2"></td></tr>
<tr><td></td><td></td><td></td><td></td><td></td><td></td><td></td><td></td><td></td><td></td><td></td><td></td><td colspan="2"></td></tr>
<tr><td></td><td></td><td></td><td></td><td></td><td></td><td></td><td></td><td></td><td></td><td></td><td></td><td colspan="2"></td></tr>
<tr><td></td><td></td><td></td><td></td><td></td><td></td><td></td><td></td><td></td><td></td><td></td><td></td><td colspan="2"></td></tr>
<tr><td></td><td></td><td></td><td></td><td></td><td></td><td></td><td></td><td></td><td></td><td></td><td></td><td colspan="2"></td></tr>
<tr><td></td><td></td><td></td><td></td><td></td><td></td><td></td><td></td><td></td><td></td><td></td><td></td><td colspan="2"></td></tr>
<tr><td></td><td></td><td></td><td></td><td></td><td></td><td></td><td></td><td></td><td></td><td></td><td></td><td colspan="2"></td></tr>
</table>

分析：　　　　　　校对：　　　　　　　审核：　　　　　　　　报告日期：　　年　　月　　日

附录 3-5 原子吸收分光光度法原始记录表

×环（监）【　　】第　　号　　　　　　　　　　第　　页，共　　页

<table>
<tr><td>测定项目</td><td></td><td>方法名称</td><td colspan="2"></td><td>送样日期</td><td></td><td rowspan="2">环境条件</td><td>温度/℃</td><td></td></tr>
<tr><td>仪器名称、型号</td><td></td><td>方法依据</td><td colspan="2"></td><td>分析日期</td><td></td><td>湿度/%</td><td></td></tr>
<tr><td>仪器编号</td><td></td><td>波长/nm</td><td></td><td>狭缝/nm</td><td></td><td>灯电流/mA</td><td></td><td>火焰条件</td><td></td></tr>
<tr><td rowspan="4">标准曲线</td><td>浓度系列/（mg/L）</td><td></td><td></td><td></td><td></td><td></td><td></td><td></td><td></td></tr>
<tr><td>吸光度（A_i）</td><td></td><td></td><td></td><td></td><td></td><td></td><td></td><td></td></tr>
<tr><td>$A_i-A_{0均值}$</td><td colspan="2">$A_{0均值}=$</td><td></td><td></td><td></td><td></td><td></td><td></td></tr>
<tr><td>回归方程</td><td colspan="8">$r=$　　　　$a=$　　　　$b=$　　　　$y=bx+a$</td></tr>
<tr><td>样品前处理</td><td colspan="9"></td></tr>
</table>

样品名称及编号	稀释方法	取样体积/mL	查曲线值/（mg/L）	计算结果/（mg/L）	报出结果/（mg/L）	备注

分析：　　　　校对：　　　　审核：　　　　报告日期：　年　月　日

附录 3-6　容量法原始记录表

（监）字【　　　　】第　　　　号　　　　　　　　　　　　　　　第　　页，共　　页

<table>
<tr><td>分析项目</td><td colspan="3"></td><td>接样时间</td><td></td><td>分析时间</td><td></td></tr>
<tr><td>分析方法</td><td colspan="4"></td><td>方法依据</td><td colspan="2"></td></tr>
<tr><td>标液名称</td><td></td><td>标液浓度</td><td colspan="2"></td><td colspan="2">滴定管规格及编号</td><td></td></tr>
<tr><td colspan="8">样品前处理情况：</td></tr>
</table>

样品名称及编号	稀释方法	取样量/mL	消耗标准溶液体积/mL	计算结果/（mg/L）	报出结果/（mg/L）	备注

分析：　　　　　　校对：　　　　　　审核：　　　　　　报告日期：　　年　　月　　日

附录 3-7　pH 分析原始记录表

（监）字【　　　】第　　　　号　　　　　　　　　　　　第　　页，共　　页

<table>
<tr><td>采样日期</td><td colspan="4"></td><td>分析日期</td><td colspan="2"></td></tr>
<tr><td>分析方法</td><td colspan="4"></td><td>仪器名称型号</td><td colspan="2"></td></tr>
<tr><td>方法依据</td><td colspan="4"></td><td>仪器编号</td><td colspan="2"></td></tr>
<tr><td>标准缓冲溶液温度/℃</td><td></td><td>标准缓冲溶液定位值 I</td><td></td><td>标准缓冲溶液定位值 II</td><td></td><td>标准缓冲溶液定位值III</td><td></td></tr>
</table>

样品名称及编号	水温/℃	pH	备注

分析：　　　　　　校对：　　　　　　审核：　　　　　　报告日期：　　年　　月　　日

附录 3-8　标准溶液配制及标定记录表

环（监）字【　　　　】第　　　　号　　　　　　　　　　　　第　　页，共　　页

<table>
<tr><td rowspan="8">基准试剂恒重</td><td>基准试剂</td><td colspan="2"></td><td>恒重日期</td><td colspan="3">年　月　日</td></tr>
<tr><td>烘箱名称型号</td><td colspan="2"></td><td>烘箱编号</td><td colspan="3"></td></tr>
<tr><td>天平名称型号</td><td colspan="2"></td><td>天平编号</td><td colspan="3"></td></tr>
<tr><td>干燥次数</td><td colspan="2">第一次</td><td>第二次</td><td colspan="2">第三次</td><td>第四次</td></tr>
<tr><td>干燥温度/℃</td><td colspan="2"></td><td></td><td colspan="2"></td><td></td></tr>
<tr><td>干燥时间/h</td><td colspan="2"></td><td></td><td colspan="2"></td><td></td></tr>
<tr><td>总量/g</td><td colspan="2"></td><td></td><td colspan="2"></td><td></td></tr>
<tr><td colspan="7"></td></tr>
<tr><td rowspan="7">基准溶液配制</td><td>基准试剂</td><td colspan="2"></td><td>配制日期</td><td colspan="3">年　月　日</td></tr>
<tr><td>样品编号</td><td colspan="2">1#</td><td>2#</td><td colspan="2">3#</td><td>4#</td></tr>
<tr><td>$W_{始}$ /g</td><td colspan="2"></td><td></td><td colspan="2"></td><td></td></tr>
<tr><td>$W_{末}$ /g</td><td colspan="2"></td><td></td><td colspan="2"></td><td></td></tr>
<tr><td>$W_{净}$ /g</td><td colspan="2"></td><td></td><td colspan="2"></td><td></td></tr>
<tr><td>定容体积 $V_{定}$ /mL</td><td colspan="2"></td><td></td><td colspan="2"></td><td></td></tr>
<tr><td>配制浓度 $C_{基}$ /（mol/L）</td><td colspan="2"></td><td></td><td colspan="2"></td><td></td></tr>
<tr><td rowspan="7">标准溶液标定</td><td>待标溶液</td><td></td><td>滴定管规格及编号</td><td></td><td colspan="2">标定日期</td><td></td></tr>
<tr><td>标定编号</td><td>空白 1</td><td>空白 2</td><td>1#</td><td>2#</td><td>3#</td><td>4#</td></tr>
<tr><td>基准溶液体积 $V_{基}$ /mL</td><td></td><td></td><td></td><td></td><td></td><td></td></tr>
<tr><td>标准溶液消耗体积 $V_{标}$ /mL</td><td></td><td></td><td></td><td></td><td></td><td></td></tr>
<tr><td>计算浓度 $C_{标}$ /（mol/L）</td><td></td><td></td><td></td><td></td><td></td><td></td></tr>
<tr><td>平均浓度 $C_{标}$ /（mol/L）</td><td colspan="6"></td></tr>
<tr><td>相对偏差/%</td><td colspan="6"></td></tr>
<tr><td colspan="4">基准溶液浓度计算：
$C_{基}$（mol/L）$=1\ 000\times W_{净}/M/V_{定}$
注：M——基准试剂摩尔质量</td><td colspan="4">标准溶液浓度计算：
$C_{标}$（mol/L）$=C_{基}\times V_{基}/V_{标}$
或　$C_{标}$（mol/L）$=1\ 000\times W_{净}/M/V_{定}$</td></tr>
<tr><td>备注</td><td colspan="7"></td></tr>
</table>

分析：　　　　　　校对：　　　　　　审核：　　　　　　报告日期：　　年　　月　　日

附录 3-9　作业指导书样例

（氮氧化物化学发光测试仪作业指导书）

1　概述

1.1　适用范围

本作业指导书适用于化学发光法测试仪测定固定源排气中氮氧化物。

1.2　方法依据

本方法依据《固定污染源排气中颗粒物测定与气态污染物采样方法》（GB/T 16157—1996）、《固定源废气监测技术规范》（HJ/T 397—2007）以及 USEPA Method 7E。

1.3　方法原理及操作概要

试样气体中的一氧化氮（NO）与臭氧（O_3）反应，变成二氧化氮（NO_2）。NO_2 变为激发态（NO_2^*）后在进入基态时会放射光，这一现象就是化学发光。

$$NO+O_3 \longrightarrow NO_2^*+O_2$$

$$NO_2^* \longrightarrow NO_2+h\nu$$

这一反应非常快且只有 NO 参与，几乎不受其他共存气体的影响。NO 为低浓度时，发光光量与浓度成正比。

2　测试仪器

便携式氮氧化物化学发光法测试仪。

3　测试步骤

3.1　接通电源开关，让测试仪预热。

3.2 设置当次测试的日期及时间。

3.3 预热结束后，将量程设置为实际使用的量程，并进行校正。

从菜单中选择“校正”。进入校正画面后，自动切换成 NO 管路（不通过 NO_x 转换器的管路）。

3.3.1 量程气体浓度设置

1）按下后，设置量程气体浓度。

2）根据所使用的量程气体，变更浓度设置。

3）设置量程气体钢瓶的浓度，按下“Enter”。

4）按下“Back”键，决定变更内容后，返回到校正画面。

3.3.2 零点校正（校正时请先执行零点校正）

1）选择校正管路。进行零点校正的组分在校正类别中选择“Zero”。

2）流入 N_2 气体后，等待稳定。

3）指示值稳定后按下。

4）按下“是”进行校正。完成零点校正。

3.3.3 量程校正

1）为了进行 NO 的量程校正，NO 以外选择“—”，只有 NO 选择“Span”。

2）校正类别中选择“Span”的组分会显示窗口，用于确认校正量程和量程气体浓度。确认内容后，按下“OK”返回到校正画面。

3）流入 CO 气体后，等待稳定。

4）指示值稳定后按下。

5）按下“是”进行校正。

3.4 完成所有的校正后，返回到菜单画面、测量画面。

3.5 从测量画面按下每个组分的量程按钮，按组分设置测量浓度的量程。每个组分的测量值/换算值/滑动平均值/累计值量程及校正量程是通用的。变更任何一个值的量程，其他值的量程也会跟着变更。模拟输出的满刻度值也会同时变更。

3.5.1 选择想要变更的组分的量程。

3.5.2 选择想要变更的量程，按下“OK”决定。

3.6 测试过程数据记录保存

3.6.1 将有足够剩余空间且未 LOCK 的 SD 卡插入分析仪正面的 SD 卡插槽中。

3.6.2 从菜单中选择“数据记录”。

3.6.3 选择“记录间隔”。

3.6.4 按下前进、后退键选择记录间隔，再按下“OK”决定。

3.6.5 选择保存文件夹。

3.6.6 选择保存文件夹后，按下。

3.6.7 确认开始记录时，按下“是”开始。

如果开始记录，记录状态就会从记录停止变为记录中，同时 MEM LED 会亮黄灯。

3.6.8 停止记录时，请再次按下。确认停止记录时，按下“是”停止记录。

3.6.9 记录状态会再次从记录中变为记录停止，同时 MEM LED 会熄灭。

4 测试结束

4.1 通过采样探头等吸入大气至读数降回到零点附近。

4.2 从菜单中选择测量结束。

4.3 按下“是”结束处理。

4.4 完成测量结束处理，显示关闭电源的信息后，请关闭电源开关。

附录 4

自行监测相关标准规范

附录 4-1　污染物排放标准及环境质量标准

标准类型		序号	标准名称及标准号
废水排放标准		1	《污水综合排放标准》（GB 8978—1996）
		2	《污水排入城镇下水道水质标准》（GB/T 31962—2015）
废气排放标准		1	《大气污染物综合排放标准》（GB 16297—1996）
		2	《恶臭污染物排放标准》（GB 14554—93）
		3	《锅炉大气污染物排放标准》（GB 13271—2014）
		4	《火电厂大气污染物排放标准》（GB 13223—2011）
		5	《挥发性有机物无组织排放控制标准》（GB 37822—2019）
		6	《危险废物焚烧污染控制标准》（GB 18484—2020）
废气排放标准	北京市	1	《木质家具制造业大气污染物排放标准》（DB 11/1202—2015）
		2	《工业涂装工序大气污染物排放标准》（DB 11/1226—2015）
		3	《汽车整车制造业（涂装工序）大气污染物排放标准》（DB 11/1227—2015）
		4	《汽车维修业大气污染物排放标准》（DB 11/1228—2015）
	上海市	1	《汽车制造业（涂装）大气污染物排放标准》（DB 31/859—2014）
		2	《船舶工业大气污染物排放标准》（DB 31/934—2015）
		3	《家具制造业大气污染物排放标准》（DB 31/1059—2017）
	天津市	1	《工业企业挥发性有机物排放控制标准》（DB 12/524—2020）
	重庆市	1	《汽车整车制造表面涂装大气污染物排放标准》（DB 50/577—2015）
		2	《摩托车及汽车配件制造表面涂装大气污染物排放标准》（DB 50/660—2016）
		3	《汽车维修业大气污染物排放标准》（DB 50/661—2016）
		4	《家具制造业大气污染物排放标准》（DB 50/757—2017）
	广东省	1	《家具制造行业挥发性有机化合物排放标准》（DB 44/814—2010）
		2	《表面涂装（汽车制造业）挥发性有机化合物排放标准》（DB 44/816—2010）
		3	《集装箱制造业挥发性有机物排放标准》（DB 44/1837—2016）

标准类型		序号	标准名称及标准号
废气排放标准	山东省	1	《挥发性有机物排放标准　第1部分：汽车制造业》（DB 37/2801.1—2016）
	江苏省	1	《表面涂装（汽车制造业）挥发性有机物排放标准》（DB 32/2862—2016）
		2	《表面涂装（家具制造业）挥发性有机物排放标准》（DB 32/3152—2016）
	河北省	1	《工业企业挥发性有机物排放控制标准》（DB 13/2322—2016）
	陕西省	1	《挥发性有机物排放控制标准》（DB 61/T1061—2017）
	四川省	1	《四川省固定污染源大气挥发性有机物排放标准》（DB 51/2377—2017）
	浙江省	1	《工业涂装工序大气污染物排放标准》（DB 33/2146—2018）
	福建省	1	《工业涂装工序挥发性有机物排放标准》（DB 35/1783—2018）
		2	《工业企业挥发性有机物排放标准》（DB 35/1782—2018）
	河南省	1	《工业涂装工序挥发性有机物排放标准》（DB 41/1951—2020）
	辽宁省	1	《工业涂装工序挥发性有机物排放标准》（DB 21/3160—2019）
环境质量标准		1	《地表水环境质量标准》（GB 3838—2002）
		2	《海水水质标准》（GB 3097—1997）
		3	《地下水质量标准》（GB 14848—2017）
		4	《声环境质量标准》（GB 3096—2008）
		5	《环境空气质量标准》（GB 3095—2012）
		6	《土壤环境质量　农用地土壤污染风险管控标准（试行）》（GB 15618—2018）
		7	《土壤环境质量　建设用地土壤污染风险管控标准（试行）》（GB 36600—2018）

注：标准统计截至2022年7月。

附录 4-2　相关监测技术规范

分类	序号	标准名称及标准号
废气监测技术规范类	1	《固定污染源烟气（SO_2、NO_x、颗粒物）排放连续监测技术规范》（HJ 75—2017）
	2	《固定污染源烟气（SO_2、NO_x、颗粒物）排放连续监测系统技术要求及检测方法》（HJ 76—2017）
	3	《固定源废气监测技术规范》（HJ/T 397—2007）
	4	《大气污染物无组织排放监测技术导则》（HJ/T 55—2000）
	5	《固定污染源排气中颗粒物测定与气态污染物采样方法》（GB/T 16157—1996）
	6	《泄漏和敞开液面排放的挥发性有机物检测技术导则》（HJ 733—2014）
	7	《恶臭污染环境监测技术规范》（HJ 905—2017）

分类	序号	标准名称及标准号
废水监测技术规范类	1	《污水监测技术规范》（HJ 91.1—2019）
	2	《水污染物排放总量监测技术规范》（HJ/T 92—2002）
	3	《水污染源在线监测系统（COD_{Cr}、NH_3-N 等）安装技术规范》（HJ 353—2019）
	4	《水污染源在线监测系统（COD_{Cr}、NH_3-N 等）验收技术规范》（HJ 354—2019）
	5	《水污染源在线监测系统（COD_{Cr}、NH_3-N 等）运行技术规范》（HJ 355—2019）
	6	《水污染源在线监测系统（COD_{Cr}、NH_3-N 等）数据有效性判别技术规范》（HJ 356—2019）
	7	《水质　样品的保存和管理技术规定》（HJ 493—2009）
	8	《水质　采样技术指导》（HJ 494—2009）
	9	《水质　采样方案设计技术规定》（HJ 495—2009）
	10	《化学需氧量（COD_{Cr}）水质在线自动监测仪技术要求及检测方法》（HJ 377—2019）
	11	《氨氮水质在线自动监测仪技术要求及检测方法》（HJ 101—2019）
	12	《六价铬水质自动在线监测仪技术要求及检测方法》（HJ 609—2019）
	13	《总氮水质自动分析仪技术要求》（HJ/T 102—2003）
	14	《总磷水质自动分析仪技术要求》（HJ/T 103—2003）
	15	《总铬水质自动在线监测仪技术要求及检测方法》（HJ 798—2016）
	16	《污染物在线监控（监测）系统数据传输标准》（HJ 212—2017）
	17	《污染源在线自动监控（监测）数据采集传输仪技术要求》（HJ 477—2009）
	18	《超声波明渠污水流量计技术要求及检测方法》（HJ 15—2019）
噪声监测技术规范类	1	《环境噪声监测技术规范　噪声测量值修正》（HJ 706—2014）
	2	《环境噪声监测技术规范　结构传播固定设备室内噪声》（HJ 707—2014）
其他技术规范类	1	《土壤环境监测技术规范》（HJ/T 166—2004）
	2	《地表水环境质量监测技术规范》（HJ 91.2—2022）
	3	《地下水环境监测技术规范》（HJ 164—2020）
	4	《环境空气质量手工监测技术规范》（HJ 194—2017）
	5	《环境空气质量监测点位布设技术规范（试行）》（HJ 664—2013）
	6	《近岸海域环境监测技术规范　第八部分　直排海污染源及对近岸海域水环境影响监测》（HJ 442.8—2020）
	7	《建设项目环境影响评价技术导则　总纲》（HJ 2.1—2016）
	8	《环境影响评价技术导则　地表水环境》（HJ 2.3—2018）
	9	《环境影响评价技术导则　地下水环境》（HJ 610—2016）
	10	《环境影响评价技术导则　土壤环境（试行）》（HJ 964—2018）
	11	《排污单位自行监测技术指南　总则》（HJ 819—2017）
	12	《排污单位自行监测技术指南　火力发电及锅炉》（HJ 820—2017）
	13	《排污许可证申请与核发技术规范　铁路、船舶、航空航天和其他运输设备制造业》（HJ 1124—2020）

分类	序号	标准名称及标准号
其他技术规范类	14	《排污许可证申请与核发技术规范　汽车制造业》（HJ 971—2018）
	15	《排污许可证申请与核发技术规范　家具制造工业》（HJ 1027—2019）
	16	《排污单位自行监测技术指南　涂装》（HJ 1086—2020）
	17	《固定污染源监测质量保证与质量控制技术规范（试行）》（HJ/T 373—2007）
	18	《涂装行业清洁生产评价指标体系》（国家发改委、环保部、工信部联合公告2016年第21号）
	19	《国家重点监控企业自行监测及信息公开办法（试行）》（环发〔2013〕81号）
	20	《建设项目竣工环境保护设施验收技术规范　汽车制造业》（HJ 407—2021）

注：标准统计截至2022年7月。

附录 4-3　废水污染物相关监测方法标准

监测项目	序号	标准名称及标准号
pH	1	《水质　pH值的测定　电极法》（HJ 1147—2020）
	2	《水和废水监测分析方法》（第四版）国家环保总局（2002）3.1.6.2
水温	3	《水质　水温的测定　温度计或颠倒温度计测定法》（GB 13195—1991）
悬浮物	4	《水质　悬浮物的测定　重量法》（GB 11901—89）
化学需氧量	5	《水质　化学需氧量的测定　重铬酸盐法》（HJ 828—2017）
	6	《水质　化学需氧量的测定　快速消解分光光度法》（HJ/T 399—2007）
	7	《高氯废水　化学需氧量的测定　碘化钾碱性高锰酸钾法》（HJ/T 132—2003）
	8	《高氯废水　化学需氧量的测定　氯气校正法》（HJ/T 70—2001）
五日生化需氧量	9	《水质　五日生化需氧量（BOD_5）的测定　稀释与接种法》（HJ 505—2009）
氨氮	10	《水质　氨氮的测定　连续流动-水杨酸分光光度法》（HJ 665—2013）
	11	《水质　氨氮的测定　流动注射-水杨酸分光光度法》（HJ 666—2013）
	12	《水质　氨氮的测定　蒸馏-中和滴定法》（HJ 537—2009）
	13	《水质　氨氮的测定　纳氏试剂分光光度法》（HJ 535—2009）
	14	《水质　氨氮的测定　水杨酸分光光度法》（HJ 536—2009）
	15	《水质　氨氮的测定　气相分子吸收光谱法》（HJ/T 195—2005）
总氮	16	《水质　总氮的测定　连续流动-盐酸萘乙二胺分光光度法》（HJ 667—2013）
	17	《水质　总氮的测定　流动注射-盐酸萘乙二胺分光光度法》（HJ 668—2013）
	18	《水质　总氮的测定　碱性过硫酸钾消解紫外分光光度法》（HJ 636—2012）
	19	《水质　总氮的测定　气相分子吸收光谱法》（HJ/T 199—2005）
总磷	20	《水质　磷酸盐和总磷的测定　连续流动-钼酸铵分光光度法》（HJ 670—2013）
	21	《水质　总磷的测定　流动注射-钼酸铵分光光度法》（HJ 671—2013）
	22	《水质　总磷的测定　钼酸铵分光光度法》（GB 11893—89）

监测项目	序号	标准名称及标准号
动植物油类	23	《水质 石油类和动植物油类的测定 红外分光光度法》（HJ 637—2018）
石油类	24	《水质 石油类和动植物油类的测定 红外分光光度法》（HJ 637—2018）
	25	《水质 石油类的测定 紫外分光光度法（试行）》（HJ 970—2018）
阴离子表面活性剂	26	《水质 阴离子表面活性剂的测定 流动注射-亚甲基蓝分光光度法》（HJ 826—2017）
	27	《水质 阴离子表面活性剂的测定 亚甲蓝分光光度法》（GB 7494—87）
总镍	28	《水质 32 种元素的测定 电感耦合等离子体发射光谱法》（HJ 776—2015）
	29	《水质 65 种元素的测定 电感耦合等离子体质谱法》（HJ 700—2014）
	30	《水质 镍的测定 火焰原子吸收分光光度法》（GB 11912—89）
	31	《水质 镍的测定 丁二酮肟分光光度法》（GB 11910—89）
总铬	32	《水质 32 种元素的测定 电感耦合等离子体发射光谱法》（HJ 776—2015）
	33	《水质 铬的测定 火焰原子吸收分光光度法》（HJ 757—2015）
	34	《水质 65 种元素的测定 电感耦合等离子体质谱法》（HJ 700—2014）
	35	《水质 总铬的测定》（GB 7466—87）
六价铬	36	《水质 六价铬的测定 流动注射-二苯碳酰二肼光度法》（HJ 908—2017）
	37	《水质 六价铬的测定 二苯碳酰二肼分光光度法》（GB 7467—87）
氟化物	38	《水质 氟化物的测定 茜素磺酸锆目视比色法》（HJ 487—2009）
	39	《水质 氟化物的测定 氟试剂分光光度法》（HJ 488—2009）
	40	《水质 氟化物的测定 离子选择电极法》（GB 7484—87）
总锌	41	《水质 32 种元素的测定 电感耦合等离子体发射光谱法》（HJ 776—2015）
	42	《水质 65 种元素的测定 电感耦合等离子体质谱法》（HJ 700—2014）
	43	《水质 锌的测定 双硫腙分光光度法》（GB 7472—87）
	44	《水质 铜、锌、铅、镉的测定 原子吸收分光光度法》（GB 7475—87）
总锰	45	《水质 32 种元素的测定 电感耦合等离子体发射光谱法》（HJ 776—2015）
	46	《水质 锰的测定 甲醛肟分光光度法（试行）》（HJ/T 344—2007）
	47	《水质 锰的测定 高碘酸钾分光光度法》（GB 11906—89）
	48	《水质 铁、锰的测定 火焰原子吸收分光光度法》（GB 11911—89）
总铜	49	《水质 32 种元素的测定 电感耦合等离子体发射光谱法》（HJ 776—2015）
	50	《水质 65 种元素的测定 电感耦合等离子体质谱法》（HJ 700—2014）
	51	《水质 铜的测定 2,9-二甲基-1,10-菲啰啉分光光度法》（HJ 486—2009）
	52	《水质 铜的测定 二乙基二硫代氨基甲酸钠分光光度法》（HJ 485—2009）
	53	《水质 铜、锌、铅、镉的测定 原子吸收分光光度法》（GB 7475—87）

注：标准统计截至 2022 年 7 月。

附录 4-4 废气污染物相关监测方法标准

监测项目	序号	标准名称及标准号
二氧化硫	1	《固定污染源废气 二氧化硫的测定 便携式紫外吸收法》（HJ 1131—2020）
	2	《固定污染源废气 气态污染物（SO_2、NO、NO_2、CO、CO_2）的测定 便携式傅里叶变换红外光谱法》（HJ 1240—2021）
	3	《固定污染源废气 二氧化硫的测定 定电位电解法》（HJ 57—2017）
	4	《固定污染源烟气（SO_2、NO_x、颗粒物）排放连续监测系统技术要求及检测方法》（HJ 76—2017）
	5	《环境空气 二氧化硫的测定 甲醛吸收-副玫瑰苯胺分光光度法》（HJ 482—2009）
	6	《环境空气 二氧化硫的测定 四氯汞盐吸收-副玫瑰苯胺分光光度法》（HJ 483—2009）
	7	《环境空气 二氧化硫的自动测定 紫外荧光法》（HJ 1044—2019）
	8	《固定污染源排气中二氧化硫的测定 碘量法》（HJ/T 56—2000）
	9	《固定污染源废气 二氧化硫的测定 非分散红外吸收法》（HJ 629—2011）
氮氧化物	10	《固定污染源废气 氮氧化物的测定 便携式紫外吸收法》（HJ 1132—2020）
	11	《固定污染源废气 气态污染物（SO_2、NO、NO_2、CO、CO_2）的测定 便携式傅里叶变换红外光谱法》（HJ 1240—2021）
	12	《固定污染源烟气（SO_2、NO_x、颗粒物）排放连续监测系统技术要求及检测方法》（HJ 76—2017）
	13	《固定污染源废气 氮氧化物的测定 非分散红外吸收法》（HJ 692—2014）
	14	《固定污染源废气 氮氧化物的测定 定电位电解法》（HJ 693—2014）
	15	《固定源排气 氮氧化物的测定 酸碱滴定法》（HJ 675—2013）
	16	《环境空气 氮氧化物（一氧化氮和二氧化氮）的测定 盐酸萘乙二胺分光光度法》（HJ 479—2009）
	17	《固定污染源排气中氮氧化物的测定 盐酸萘乙二胺分光光度法》（HJ/T 43—1999）
	18	《固定污染源排气中氮氧化物的测定 紫外分光光度法》（HJ/T 42—1999）
	19	《环境空气 氮氧化物的自动测定 化学发光法》（HJ 1043—2019）
	20	《气体分析 二氧化硫和氮氧化物的测定 紫外差分吸收光谱分析法》（GB/T 37186—2018）

监测项目	序号	标准名称及标准号
颗粒物	21	《固定污染源废气　低浓度颗粒物的测定　重量法》（HJ 836—2017）
	22	《环境空气　总悬浮颗粒物的测定　重量法》（HJ 1263—2022）
	23	《固定污染源排气中颗粒物测定与气态污染物采样方法》（GB/T 16157—1996）
	24	《锅炉烟尘测试方法》（GB 5468—1991）
苯、甲苯	25	《固定污染源废气　苯系物的测定　气袋采样/直接进样-气相色谱法》（HJ 1261—2022）
	26	《环境空气　挥发性有机物的应急测定　便携式气相色谱-质谱法》（HJ 1223—2021）
	27	《环境空气　挥发性有机物的测定　便携式傅里叶红外仪法》（HJ 919—2017）
	28	《环境空气　挥发性有机物的测定　罐采样/气相色谱-质谱法》（HJ 759—2015）
	29	《固定污染源废气　挥发性有机物的测定　固相吸附-热脱附/气相色谱-质谱法》（HJ 734—2014）
	30	《固定污染源废气　挥发性有机物的采样　气袋法》（HJ 732—2014）
	31	《环境空气　挥发性有机物的测定　吸附管采样-热脱附/气相色谱-质谱法》（HJ 644—2013）
	32	《环境空气　苯系物的测定　固体吸附/热脱附-气相色谱法》（HJ 583—2010）
	33	《环境空气　苯系物的测定　活性炭吸附/二硫化碳解吸-气相色谱法》（HJ 584—2010）
二甲苯	34	《固定污染源废气　苯系物的测定　气袋采样　直接进样-气相色谱法》（HJ 1261—2022）
	35	《环境空气　挥发性有机物的应急测定　便携式气相色谱-质谱法》（HJ 1223—2021）
	36	《环境空气　挥发性有机物的测定　罐采样/气相色谱-质谱法》（HJ 759—2015）
	37	《固定污染源废气　挥发性有机物的测定　固相吸附-热脱附　气相色谱-质谱法》（HJ 734—2014）
	38	《固定污染源废气　挥发性有机物的采样　气袋法》（HJ 732—2014）
	39	《环境空气　挥发性有机物的测定　吸附管采样-热脱附/气相色谱-质谱法》（HJ 644—2013）
	40	《环境空气　苯系物的测定　固体吸附/热脱附-气相色谱法》（HJ 583—2010）
	41	《环境空气　苯系物的测定　活性炭吸附/二硫化碳解吸-气相色谱法》（HJ 584—2010）
非甲烷总烃	42	《固定污染源废气　总烃、甲烷和非甲烷总烃的测定　气相色谱法》（HJ 38—2017）
	43	《环境空气　总烃、甲烷和非甲烷总烃的测定　直接进样-气相色谱法》（HJ 604—2017）

监测项目	序号	标准名称及标准号
挥发性有机物	44	《环境空气　挥发性有机物的应急测定　便携式气相色谱-质谱法》（HJ 1223—2021）
	45	《环境空气　挥发性有机物的测定　罐采样/气相色谱-质谱法》（HJ 759—2015）
	46	《固定污染源废气　挥发性有机物的测定　固相吸附-热脱附/气相色谱-质谱法》（HJ 734—2014）
	47	《固定污染源废气　挥发性有机物的采样　气袋法》（HJ 732—2014）
	48	《环境空气　挥发性有机物的测定　吸附管采样-热脱附/气相色谱-质谱法》（HJ 644—2013）
氯化氢	49	《环境空气和废气　氯化氢的测定　离子色谱法》（HJ 549—2016）
	50	《固定污染源废气　氯化氢的测定　硝酸银容量法》（HJ 548—2016）
	51	《固定污染源排气中氯化氢的测定　硫氰酸汞分光光度法》（HJ/T 27—1999）
硫酸雾	52	《固定污染源废气　硫酸雾的测定　离子色谱法》（HJ 544—2016）
	53	《硫酸浓缩尾气硫酸雾的测定　铬酸钡比色法》（GB 4920—1985）
	54	《电镀污染物排放标准》（GB 21900—2008）附录 C 铬酸钡分光光度法
	55	《电镀污染物排放标准》（GB 21900—2008）附录 D 离子色谱法

注：标准统计截至 2022 年 7 月。

附录 4-5　危险废物相关监测方法标准

序号	标准名称及标准号
1	《固体废物鉴别标准　通则》（GB 34330—2017）
2	《危险废物鉴别技术规范》（HJ 298—2019）
3	《危险废物鉴别标准　腐蚀性鉴别》（GB 5085.1—2007）
4	《危险废物鉴别标准　急性毒性初筛》（GB 5085.2—2007）
5	《危险废物鉴别标准　浸出毒性鉴别》（GB 5085.3—2007）
6	《危险废物鉴别标准　易燃性鉴别》（GB 5085.4—2007）
7	《危险废物鉴别标准　反应性鉴别》（GB 5085.5—2007）
8	《危险废物鉴别标准　毒性物质含量鉴别》（GB 5085.6—2007）
9	《危险废物鉴别标准　通则》（GB 5085.7—2019）

注：标准统计截至 2022 年 7 月。

附录 4-6　固体废物相关监测方法标准

序号	标准名称及标准号
1	《固体废物　镍和铜的测定　火焰原子吸收分光光度法》（HJ 751—2015）
2	《固体废物　铍、镍、铜和钼的测定　石墨炉原子吸收分光光度法》（HJ 752—2015）
3	《固体废物　铅、锌和镉的测定　火焰原子吸收分光光度法》（HJ 786—2016）
4	《固体废物　铜、锌、铅、镉的测定　原子吸收分光光度法》（GB/T 15555.2—1995）
5	《固体废物　镍的测定　丁二酮肟分光光度法》（GB/T 15555.10—1995）
6	《固体废物　镍的测定　直接吸入火焰原子吸收分光光度法》（GB/T 15555.9—1995）
7	《固体废物　总铬的测定　石墨炉原子吸收分光光度法》（HJ 750—2015）
8	《固体废物　总铬的测定　火焰原子吸收分光光度法》（HJ 749—2015）
9	《固体废物　总铬的测定　硫酸亚铁铵滴定法》（GB/T 15555.8—1995）
10	《固体废物　总铬的测定　直接吸入火焰原子吸收分光光度法》（GB/T 15555.6—1995）
11	《固体废物　总铬的测定　二苯碳酰二肼分光光度法》（GB/T 15555.5—1995）
12	《固体废物　六价铬的测定　碱消解/火焰原子吸收分光光度法》（HJ 687—2014）
13	《固体废物　六价铬的测定　硫酸亚铁铵滴定法》（GB/T 15555.7—1995）
14	《固体废物　六价铬的测定　二苯碳酰二肼分光光度法》（GB/T 15555.4—1995）
15	《固体废物　氟化物的测定　离子选择电极法》（GB/T 15555.11—1995）
16	《固体废物　有机物的提取　加压流体萃取法》（HJ 782—2016）
17	《固体废物　挥发性有机物的测定　顶空-气相色谱法》（HJ 760—2015）
18	《固体废物　挥发性有机物的测定　顶空/气相色谱-质谱法》（HJ 643—2013）
19	《固体废物　浸出毒性浸出方法　硫酸硝酸法》（HJ/T 299—2007）
20	《固体废物　浸出毒性浸出方法　水平振荡法》（HJ 557—2010）
21	《固体废物　浸出毒性浸出方法　醋酸缓冲溶液法》（HJ/T 300—2007）
22	《固体废物　腐蚀性测定　玻璃电极法》（GB/T 15555.12—1995）
23	《固体废物　22 种金属元素的测定　电感耦合等离子体发射光谱法》（HJ 781—2016）
24	《固体废物　金属元素的测定　电感耦合等离子体质谱法》（HJ 766—2015）

注：标准统计截至 2022 年 7 月。

附录 5

因涂装工序涉及的行业广泛，生产类型多样，《排污单位自行监测技术指南 涂装》（HJ 1086—2020）与《排污许可证申请与核发技术规范 汽车制造业》（HJ 971—2018）、《排污许可证申请与核发技术规范 家具制造工业》（HJ 1027—2019）、《排污许可证申请与核发技术规范 铁路、船舶、航空航天和其他运输设备制造业》（HJ 1124—2020）等技术规范相衔接，结合《固定污染源排污许可分类管理名录（2019 年版）》，重点考虑了汽车制造业、家具制造业、铁路、船舶、航空航天和其他运输设备制造业、集装箱制造业等。本书附录以汽车制造业的自行监测方案作为参考模板。

自行监测方案参考模板（汽车整车制造行业）

××××有限公司
自行监测方案

企业名称：××××有限公司

编制时间：××××年××月

一、企业概况

（一）基本情况

主要介绍排污单位的地理位置、生产规模、产品生产情况、人员等基本信息。如：××××有限公司位于××市××路 175 号，成立于××××年××月，公司用地面积为××××m^2，现有员工 3 000 余名。公司目前主要产品有：新能源轿车、混合动力轿车，年产量分别为 10 万辆、12 万辆。

该公司为当地大气环境、水环境重点排污单位。

根据《排污单位自行监测技术指南　涂装》（HJ 1086—2020）、《排污单位自行监测技术指南　火力发电及锅炉》（HJ 820—2017）及《排污许可证申请与核发技术规范　汽车制造业》（HJ 971—2018）要求，公司根据实际生产情况，查清本单位的污染源、污染物指标及潜在的环境影响，制定了本公司环境自行监测方案。

（二）排污及治理情况

主要介绍排污单位生产的工艺流程，并分析产排污节点及污染治理的情况。如：×××厂区汽车生产主要包括冲压、焊装、涂装、总装等生产工艺，其中主要生产工序包括下料、冲压、机加、焊接、黏接、化学预处理、转化膜处理（含镍磷化等）、涂装［电泳底漆、涂胶、烘干、色（面）漆喷涂等］、装配、检测实验等生产环节。

1．废水污染物产生的主要环节是冲压、化学预处理、转化膜处理、涂装、检测实验等生产工序。其中涂装车间内设置车间污水处理站，磷化废水采用“混凝沉淀+过滤+离子交换”的处理工艺，其他涂装生产废水采用“混凝沉淀+气浮+砂滤”工艺。经预处理的涂装车间废水与其他生产废水及生活污水一并进入厂区污水处理站，混合污水处理系统采用“水解酸化+生物接触氧化+气浮分离”工艺，污水站部分出水经深度处理（“超滤+消毒”工艺）回用于厂区绿化、冲厕等，部分出水通过厂区总排口进入城市污水处理厂。

2. 废气污染物产生的主要环节是下料、机加、焊接、黏接、化学预处理、涂装、检测实验等生产工序。主要污染物有：苯、苯系物、挥发性有机物、颗粒物、二氧化硫、氮氧化物。在废气治理方面，焊装车间焊接废气采用“分层送风、整体除尘、过滤分离除尘”处理工艺；涂装车间喷漆和烘干废气采用“石灰粉石吸附+沸石转轮吸附浓缩+RTO 焚烧”处理工艺；总装车间点补废气采用“纤维棉过滤+活性炭吸附”处理工艺。

3. 噪声主要产生于冲压线、焊装车间、涂装车间、总装车间生产设备以及各车间的配套风机、水泵、冷却塔等。我公司尽量选择性能优良的设备，通过加强设备维修、合理布局、距离衰减、厂房墙体隔声等措施降低噪声影响。

4. 固体废物产生的主要环节是生产过程产生的金属边角料、废包装材料、废矿物油、油水混合物、染料涂料废物、磷化渣、废密封堵料、废有机溶剂、废胶、废蜡、废过滤棉、废活性炭、废抹布、废包装物、废酸、废碱、废化学药剂及容器、电子废弃物和涂装车间污水处理系统产生的污泥。这些固体废物根据《国家危险废物名录》或国家规定的危险废物鉴别标准和鉴别方法进行分类管理，属于危险废物的委托有资质的×××公司进行处理，按照危险废物管理程序进行申报、记录、处理。

二、企业自行监测开展情况说明

主要介绍排污单位针对废水、废气、噪声等开展的监测项目、采取的监测方式等的总体概况。如公司自行监测手段采用手工监测和自动监测相结合的方式，监测分析采取自主监测和委托第三方检测机构相结合的方式。

通过梳理公司相关项目的环评及批复、排污许可证及废水、废气、噪声执行的相关标准，对照单位生产及产排污情况，确定自行监测应开展的监测点位、监测指标、采用的监测分析方法及监测过程中应采取的质量控制和保证措施。

涂装车间废水经预处理后与其他生产废水及生活污水一并进入厂区污水处理厂进行集中处理，处理达标后进入市政管网，最终进入城市污水处理厂处理，属于间接排放，监测点位主要为公司废水总排放口、磷化废水处理设施排放口和雨水排放口。涉及的主要监测指标有流量、pH、化学需氧量（COD_{Cr}）、氨氮（NH_3-N）、五日生化需氧量（BOD_5）、悬浮物、总氮、总磷、动植物油、石油类、阴离子表面活性剂、总锌和总镍等。其中流量、pH、COD_{Cr}、NH_3-N 和总磷采取自动监测，并与当地生态环境主管部门联网，委托×××环境科技工程有限公司运维；五日生化需氧量、悬浮物、总氮、动植物油、石油类、阴离子表面活性剂、总锌和总镍等采取手工监测方式，委托×××环境监测有限公司监测。

废气监测主要污染物有颗粒物、二氧化硫、氮氧化物、苯、苯系物、挥发性有机物（本次以非甲烷总烃计），委托×××环境监测有限公司监测。

根据 HJ 820，14 MW 以上燃气锅炉应对废气中氮氧化物安装自动监测。

通过对现场生产设备进行梳理，根据设备在厂区的布置情况，在厂区的东、西、南、北 4 个边界布置噪声监测点位，每季度 1 次，昼夜各 1 次。

三、监测方案

本部分是排污单位自行监测方案的核心部分，是自行监测内容的具体细化。按照废水、废气、噪声等不同污染类型以不同监测点位分别列出各监测指标的监测频次、监测方法、执行标准等监测要求。

本例中监测方案不包括污水处理站恶臭、食堂油烟等其他生产、生活设施。企业实际拟订自行监测方案时，应包括全厂所有废气排放口。

（一）有组织废气监测方案

1．有组织废气监测点位、监测项目及监测频次见表 1。

表 1 有组织废气监测内容一览表（部分）

污染源信息		监测点位	监测项目	监测频次		监测方式	自动监测是否联网
				重点排污单位			
排放源	排放口			主要排放口	一般排放口		
焊装车间	DA008～DA009	激光焊废气排放口	颗粒物	—	半年	手工监测	—
涂装车间	DA018	电泳烘干废气排放口	挥发性有机物、颗粒物、二氧化硫、氮氧化物	季度	—	手工监测	—
	DA010	面漆喷漆、闪干、烘干废气排放口（水性）	颗粒物、挥发性有机物、二氧化硫、氮氧化物	季度	—	手工监测	—
	DA011	罩光喷漆、流平、烘干废气排放口（溶剂型）	挥发性有机物	月	—	手工监测	—
			颗粒物、苯、苯系物、二氧化硫、氮氧化物	季度	—	手工监测	—
	DA012	密封胶烘干废气排放口	挥发性有机物、颗粒物、二氧化硫、氮氧化物	季度	—	手工监测	—
	DA006	电泳废气排放口	挥发性有机物	—	半年	手工监测	—
	DA013～DA017	喷漆、电泳、胶烘干加热装置废气排放口	颗粒物、二氧化硫、氮氧化物	—	半年	手工监测	—
总装车间	DA007	补漆废气排放口	颗粒物、挥发性有机物	—	半年	手工监测	—
	DA005～DA006	转毂废气排放口	颗粒物、挥发性有机物、氮氧化物	—	年	手工监测	—
能源中心	DA001～DA004	锅炉废气排放口	二氧化硫、颗粒物、林格曼黑度	季度	—	手工监测	—
			氮氧化物	自动监测	—	自动监测	是
……	……	……	……	……	……	……	……

注：1. 同步监测烟气参数（动压、静压、烟温、氧含量及湿度）；

2. 本表中挥发性有机物的监测频次适用于采用非甲烷总烃表征的情况。

2．有组织废气排放监测方法及依据见表 2。

表 2　有组织废气排放监测方法及依据一览表（部分）

序号	监测项目	监测方法及依据	分析仪器
1	颗粒物	《固定污染源排气中颗粒物测定与气态污染物采样方法》（GB/T 16157—1996）、《固定污染源废气中低浓度颗粒物的测定　重量法》（HJ 836—2017）	智能烟尘平行采样仪电子分析天平
2	非甲烷总烃	《固定污染源废气　总烃、甲烷和非甲烷总烃的测定　气相色谱法》（HJ/T 38—2017）	气相色谱仪
3	二氧化硫	《固定污染源废气　二氧化硫的测定　定电位电解法》（HJ 57—2017）	定电位电解法烟气分析仪
4	氮氧化物	《固定污染源废气　氮氧化物的测定　定电位电解法》（HJ 693—2014）	定电位电解法烟气分析仪
5	苯	《固定污染源废气　挥发性有机物的测定　固相吸附-热脱附　气相色谱-质谱法》（HJ 734—2014）	气相色谱仪
6	苯系物		
……	……	……	……

3．有组织废气排放监测结果执行标准见表 3。

表 3　有组织废气排放监测结果执行标准（部分）

序号	监测点位	监测项目	执行排放标准		
			标准名称	浓度限值/（mg/m³）	速率限值/（kg/h）
1	焊装车间	颗粒物	《大气污染物综合排放标准》（DB 11/501—2017）	10	2.66
2	涂装车间喷漆、烘干废气	苯	《汽车整车制造业（涂装工序）大气污染物排放标准》（DB 11/1227—2015）	0.5	—
3		苯系物		10	—
4		挥发性有机物		25	—
5		颗粒物		10	—
6		二氧化硫	《大气污染物综合排放标准》（DB 11/501—2017）	100	8.2
7		氮氧化物		100	2.4
8	涂装车间烘干加热装置废气	颗粒物	《大气污染物综合排放标准》（DB 11/501—2017）	10	5.0
9		二氧化硫		20	8.2
10		氮氧化物		100	2.4

序号	监测点位	监测项目	执行排放标准		
			标准名称	浓度限值/（mg/m³）	速率限值/（kg/h）
11	总装车间	颗粒物	《汽车整车制造业（涂装工序）大气污染物排放标准》（DB 11/1227—2015）	10	—
12		挥发性有机物		25	—
13					
14	能源中心燃气锅炉	二氧化硫	《锅炉大气污染物排放标准》（DB 11/139—2015）	10	—
15		氮氧化物		80	—
16		颗粒物		5	—
17		林格曼黑度		≤1 级	—
……	……	……	……	……	……

（二）无组织废气排放监测方案

1．无组织废气监测项目及监测频次见表 4。

表 4　无组织废气污染源监测内容一览表（部分）

类型	监测点位	监测项目	监测频次	监测方式	自主/委托
			重点排污单位		
无组织废气排放	厂界（上风向 1 个参照点，下风向 3 个监控点）	挥发性有机物	半年	手工监测	委托
		颗粒物		手工监测	委托
		苯		手工监测	委托
		甲苯		手工监测	委托
		二甲苯		手工监测	委托
……	……	……	……	……	……

2．无组织废气排放监测方法及依据见表 5。

表 5　无组织废气排放监测方法及依据一览表

序号	监测项目	监测方法及依据	分析仪器
1	非甲烷总烃	《环境空气　总烃、甲烷和非甲烷总烃的测定　直接进样-气相色谱法》（HJ 604—2017）	气相色谱仪
2	颗粒物	《环境空气　总悬浮颗粒物的测定　重量法》（HJ 1263—2022）	分析天平

序号	监测项目	监测方法及依据	分析仪器
3	苯	《环境空气　挥发性有机物　罐采样　气相色谱-质谱法》（HJ 759—2015）	气相色谱仪
4	甲苯		
5	二甲苯		

3．无组织废气排放监测结果执行标准见表 6。

表 6　无组织废气排放监测结果执行标准

序号	监测点位	监测项目	执行标准名称	标准限值/（mg/m^3）
1	厂界	非甲烷总烃	《大气污染物综合排放标准》（DB 11/501—2017）	1.0
2		颗粒物		0.3
3		苯		0.10
4		甲苯		0.20
5		二甲苯		0.20

（三）废水监测方案

1．废水监测项目及监测频次见表 7。

表 7　废水污染源监测内容一览表

序号	监测点位	监测项目	监测频次	监测方式	自动监测是否联网
			重点排污单位		
1	废水总排放口（DW002）	流量、pH、化学需氧量、氨氮、总磷	自动监测	自动监测	是
2		总氮、悬浮物、五日生化需氧量、动植物油、石油类、阴离子表面活性剂	季度	手工监测	—
3		总锌	季度	手工监测	—
4	涂装车间磷化废水处理设施排放口（DW001）	流量、总镍	月	手工监测	—
5	雨水排放口（YS001～YS006）	pH、化学需氧量、悬浮物	月[a]	手工监测	—

注：[a]雨水排放口有流动水排放时按月监测。若监测一年无异常情况，可放宽至每季度开展一次监测。

2．废水污染物监测方法及依据情况见表 8。

表 8　废水污染物监测方法及依据一览表（部分）

序号	监测项目	监测方法及依据	分析仪器
1	pH	《水质　pH 值的测定　玻璃电极法》（GB/T 6920—86）	pH 计
2	化学需氧量（COD_{Cr}）	《水质　化学需氧量的测定　快速消解分光光度法》（HJ/T 399—2007）、《高氯废水　化学需氧量的测定　碘化钾碱性高锰酸钾法》（HJ/T 132—2003）、《高氯废水化学需氧量的测定　氯气校正法》（HJ/T 70—2001）、《水质　化学需氧量的测定　重铬酸盐法》（HJ 828—2017）	消解器、分光光度计 哈希 COD Max II
3	氨氮（NH_3-N）	《水质　氨氮的测定　纳氏试剂分光光度法》（HJ 535—2009）、《水质　氨氮的测定　水杨酸分光光度法》（HJ 536—2009）、《水质　氨氮的测定　连续流动-水杨酸分光光度法》（HJ 665—2013）	分光光度计 哈希 Amtax Compact II
4	悬浮物	《水质　悬浮物的测定　重量法》（GB 11901—89）	电子天平
5	五日生化需氧量（BOD_5）	《水质　五日生化需氧量（BOD_5）的测定　稀释与接种法》（HJ 505—2009）	溶解氧仪
6	总磷（以 P 计）	《水质　总磷的测定　流动注射-钼酸铵分光光度法》（HJ 671—2013）、《水质　磷酸盐和总磷的测定　连续流动-钼酸铵分光光度法》（HJ 670—2013）、《水质　总磷的测定　钼酸铵分光光度法》（GB 11893—89）	分光光度计
7	总氮（以 N 计）	《水质　总氮的测定　流动注射-盐酸萘乙二胺分光光度法》（HJ 668—2013）、《水质　总氮的测定　连续流动-盐酸萘乙二胺分光光度法》（HJ 667—2013）、《水质　总氮的测定　碱性过硫酸钾消解紫外分光光度法》（HJ 636—2012）、《水质　总氮的测定　气相分子吸收光谱法》（HJ/T 199—2005）	分光光度计
……	……	……	……
11	动植物油	《水质　石油类和动植物油类的测定　红外分光光度法》（HJ 637—2012）	分光光度计
……	……	……	……

3．废水污染物监测结果评价标准见表 9。

表 9　废水污染物排放执行标准　　　单位：mg/L（pH 除外）

序号	监测点位	污染物种类	执行标准	标准限值
1	废水总排放口	pH	《水污染物综合排放标准》（DB 11/307—2013）	6.5～9
2		化学需氧量		500
3		氨氮		45
4		总氮		70
5		总磷		8
6		五日生化需氧量		300
7		悬浮物		400
8		动植物油		50
9		石油类		10
10		阴离子表面活性剂		15
11		总锌		1.5
12	涂装车间磷化废水处理设施排放口	总镍	《水污染物综合排放标准》（DB 11/307—2013）	0.4
13	雨水排放口	pH	—	—
14		悬浮物		—
15		化学需氧量		—

（四）厂界环境噪声监测方案

1．厂界环境噪声监测内容见表 10。

表 10　厂界环境噪声监测内容（L_{eq}）　　　单位：dB（A）

监测点位	主要噪声源	监测指标	监测频次	执行标准	标准限值
厂界外 1 m（Z1～Z4）	冲压、焊装、涂装、总装生产线	等效连续 A 声级（L_{eq}）	季度	《工业企业厂界环境噪声排放标准》（GB 12348—2008）3 类	昼间：65；夜间：55

2．厂界环境噪声监测方法见表 11。

表 11　厂界环境噪声监测方法

监测项目	监测方法	分析仪器	备注
厂界环境噪声（L_{eq}）	《工业企业厂界环境噪声排放标准》（GB 12348—2008）	AWA6270+噪声统计分析仪	昼间：6：00—22：00；夜间：22：00—06：00，昼夜各测一次

四、监测点位示意图

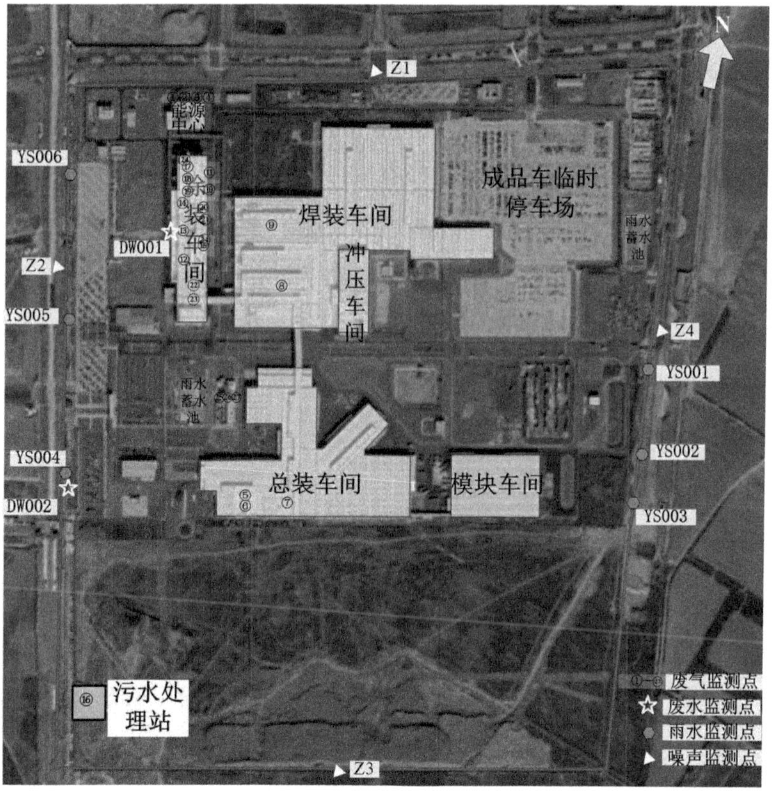

图 1　×××有限公司×××生产区废气有组织、废水、雨水、噪声监测点位示意图

（说明：本图中编号与案例方案中编号不完全对应，仅为示意）

五、质量控制措施

主要从内部、外部对监测人员、实验室能力、监测技术规范、仪器设备、记录等质控管理提出适合本单位的质控管理措施。例如：

××××公司自配有环境监测中心，中心实验室依据《检测和校准实验室能力认可准则》（CNAS-CL01：2006）及化学检测领域应用说明建立质量管理体系，与所从事的环境监测活动类型、范围和工作量相适应，规范环境监测人、机、物、料、环、法的管理，满足认可体系共计25类质量和技术要素，实现了监测数据的“五性”目标。

监测中心制定《质量手册》《质量保证工作制度》《质量监督（员）管理制度》《监测结果质量控制程序》《监测数据控制与管理程序》《监测报告管理程序》，并依据管理制度每年制订“年度实验室质量控制计划”，得到有效实施。

质控分内部和外部两种形式，外部是每年组织参加由CNAS及CNAS承认的能力验证提供者（如原环境保护部标准物质研究所）组织的能力验证、测量审核，并对结果进行分析和有效性评价，得出仪器设备的性能状况和人员水平的结论。

内部质控使用有证标样、加标回收、平行双样和空白值测试等方式，定期对结果进行统计分析，形成质量分析报告。

1．人员持证上岗

×××环境监测中心现有监测岗位人员24名，其中管理人员1名，技术人员6名、监测人员15名、其他辅助人员2名。该监测中心建立执行《人员培训管理程序》，对内部监测人员上岗资质执行上岗前的技术能力确认和上岗后的技术能力持续评价。实行上岗证和国家环境保护监察员技能等级证（发证单位是人力资源和社会保障部）双证管理模式。

运维单位负责污染源在线监控系统运行和维护的人员均取得了“污染源在线监测设备运行维护”资格证书，分为废水和废气项目，并按照相关法规要求，定期安排运维人员进行运维知识和技能培训。每年与运维单位签订污染源在线监控系统运维委托协议，明确运行维护工作内容、职责及考核细则。

2. 实验室能力认定

××××有限公司监测分为自行监测和委托第三方检测机构检测两种模式。

中心实验室按照国家实验室认可准则开展监测，对资质认定许可范围内的监测项目进行监测。

委外监测的×××工业技术服务有限公司也是通过国家计量认定的实验室，取得 CMA 检测资质证书，编号为×××××××××。所委托监测项目，该公司均具备监测能力，如有方法出现变更等监测能力发生变化时，该公司应及时向我单位提供最新监测能力表。

3. 监测技术规范性

×××工业技术服务有限公司建立执行《监测方法及方法确认程序》。自行监测遵守国家环境监测技术规范和方法，每年开展标准查新工作和编制“标准方法现行有效性核查报告”。监测项目依据的标准均为现行有效的国家标准和行业标准，不使用非标准。

4. 仪器要求

中心建立执行《仪器设备管理程序》《量值溯源程序》《期间核查程序》等制度用于仪器、环境监控设备的配置、使用、维护、标识、档案管理等。

中心配备了满足监测工作所需的重要仪器设备，包括烟尘采样仪（8 台）、定电位电解法烟气分析仪（3 台）、非分散红外烟气分析仪（1 台）、常规空气采样器（16 台）、紫外/可见分光光度计（4 台）、离子色谱仪（1 台）、吹扫捕集-气相色谱仪（1 台）、原子吸收光谱仪（火焰、石墨炉）各 1 台、电感耦合等离子体发射光谱仪（1 台）、pH 计（3 台），以及其他若干实验室辅助设备等，性能状况良好，都能够满足现有监测任务的要求。

所有主要仪器均单独建立设备档案并确保信息完整，均能按照量值溯源要求制订仪器设备计量检定/校准计划并实施，并在有效期内使用。中心对主要监测设备开展检定/校准结果技术确认工作，并定期实施关键参数性能期间核查，以确保仪器的技术性能处于稳定状态。

委外监测中，×××工业技术服务有限公司测量仪器有智能烟尘平行采样仪、电子分析天平、高分辨率气质谱联用仪、气相色谱/质谱联用仪，所有仪器设备均应经过计量检定。

5. 记录要求

服务公司建立执行《记录控制程序》《检测物品管理程序》《监测数据控制与管理程序》《监测报告管理程序》。对监测记录进行全过程控制，确保所有记录客观、及时、真实、准确、清晰、完整、可溯源，为监测活动提供客观证据。

中心记录分管理和技术两大类，其中主要技术类包括原始记录、采样单、样品接收单、分析记录、仪器检定/校准、期间核查、数据审核、质量统计分析、监测报告等。

对原始记录的填写、修改方式、保存、用笔规定、记录人员（采样、检测分析、复核、审核）标识做出明确规定。

自动监测设备应保存仪器校验记录。校验记录根据××市生态环境局在线监测科要求，按照规范进行，记录内容需完整准确，各类原始记录内容应完整，不得随意涂改，并由相关人员签字。

手动监测记录必须提供原始采样记录，采样记录的内容需准确完整，至少 2 人共同采样和签字，规范修改；采样必须按照《固定源废气监测技术规范》（HJ/T 397—2007）和《固定污染源监测质量保证与质量控制技术规范（试行）》（HJ/T 373—2007）中的要求进行；样品交接记录内容需完整、规范。

6. 环境管理体系

公司建立了完善的环境管理体系，已通过 ISO 14001 环境管理体系认证，每年由 BSI 对环境管理体系进行监督审核。

公司制定了《环保设施运行管理办法》《环境监测管理办法》等一系列的环保管理制度，明确了各部门环保管理职责和管理要求。多年来，公司按照体系化要求开展环保管理及环境监测工作，日常工作遵守“体系工作日常化，日常工作体系化”的原则。

公司设立环境监测中心，全面负责污染治理设施、污染物排放监测，实验室通过 CNAS 认可。年初，公司制订、下发的环境监测计划，其中包括对废水、废气等污染源的监测要求，环境监测中心按照计划确定监测点位和监测时间，并组织环境监测采样、分析，对监测结果进行审核，为环保管理提供依据。

环境监测中心以《检测和校准实验室能力认可准则》（CNAS-CL-01-2006）为依据，建立并运行实验室质量管理体系，建立了质量手册和程序文件等体系文件，规范环境监测人、机、物、料、环、法等一系列质量和技术要素的日常管理，强化了环境监测的质量管理。

根据 CNAS 质量管理体系要求，围绕人员、设施和环境条件、检测和校准方法及方法的确认、设备、测量溯源性、抽样、检测和校准物品的处置、检测和校准结果质量的保证、结果报告等技术要素编制的程序文件；制定了监测流程、质量保证管理制度，规范了环境监测从采样、分析到报告的流程，编制了质量控制计划及控制指标，通过平行测定、加标回收、标准物质验证、仪器期间核查等手段使用质控图对质量数据进行把关，确保监测过程可控、监测结果及时、准确。采样和样品保存方法按照每个项目相应的标准执行。

自动监控系统的运行过程中，对日常巡检、维护保养以及设备的校准和校验都做出了明确的规定，对于系统运行中出现的故障，做到了及时现场检查、处理，并按要求快速修复设备，确保了系统持续正常运行。

六、信息记录和报告

（一）信息记录

1．监测和运维记录

手工监测和自动监测的记录均按照 HJ 1086、HJ 820 要求执行。

（1）现场采样时，记录采样点位、采样日期、监测指标、采样方法、采样人姓名、保存方式等采样信息，并记录废水水温、流量、色嗅等感官指标。

（2）实验室分析时，记录分析日期、样品点位、监测指标、样品处理方式、分析方法、测定结果、质控措施、分析人员等。

（3）自动设备运行台账应记录自动监控设备名称、运维单位、巡检、校验日期、校验结果、标准样品浓度、有效期、运维人员等信息。

2．生产和污染治理设施运行状况记录

（1）生产运行状况记录：

按照工艺生产单元和生产流水线分类，根据各排污单位具体情况，选择记录以下相关信息：

a）原辅料用量，包括主要原料用量、各类涂料用量、各类溶剂用量、吸附剂用量、其他辅料用量等；

b）产品产量，按生产单元记录各工序产品产量及其他关键指标；

c）取水量（新鲜水）、用水量、用电量、燃料用量等；

d）主要生产设备、设施的操作使用记录等。

（2）污染治理设施运行状况：

按日（或班次）记录废水处理量、废水回用量、废水排放量、污泥产生量（记录含水率）、废水处理使用的药剂名称及用量、电耗等；记录废水处理设施运行、故障及维护情况等。

按日（或更换频次）记录废气处理使用的药剂等耗材名称及用量；记录废气处理设施运行参数、故障及维护情况等。

3．固体废物信息记录

按日记录一般工业固体废物和危险废物产生、贮存、转移、利用的处置情况，并通过全国固体废物管理信息系统进行填报；按照危险废物管理的相关要求，按日记录危险废物的产生量、综合利用量、处置量、贮存量及其具体去向。原料或辅助工序中产生的其他危险废物的情况也应记录。所有记录均保存完整，以备检查。台账保存期限三年以上。

（二）信息报告

每年年底编写自行监测年度报告。年度报告包含以下内容：

1．监测方案的调整变化情况及变更原因。

2．企业及各主要生产设施（至少涵盖废气主要污染源相关生产设施）全年运行天数，各监测点、各监测指标全年监测次数、超标情况、浓度分布情况。

3．周边环境质量影响状况监测结果。

4．自行监测开展的其他情况说明。

5．实现达标排放所采取的主要措施。

（三）应急报告

1．当监测结果超标时，我公司对超标的项目增加监测频次，并检查超标原因。

2．若短期内无法实现稳定达标排放的，公司应向生态环境局提交事故分析报告，说明事故发生的原因，采取减轻或防止污染的措施，以及今后的预防及改进措施。

七、自行监测信息公布

（一）公布方式

手工监测数据通过“全国污染源监测信息管理与共享系统”、××××等平台公开，自动监测数据通过××××等平台进行公开。

（二）公布内容

1．基础信息，包括单位名称、组织机构代码、法定代表人、生产地址、联系方式，以及生产经营和管理服务的主要内容、产品及规模。

2．排污信息，包括主要污染物及特征污染物的名称、排放方式、排放口数量和分布情况、排放浓度和总量、超标情况，以及执行的污染物排放标准、核定的排放总量。

3. 防治污染设施的建设和运行情况。

4. 自行监测年度报告。

5. 自行监测方案。

6. 未开展自行监测的原因。

（三）公布时限

1. 手动监测数据于监测完成后 5 个工作日内公布，自动监测数据实时公布。

2. 每年 1 月底前公布上年度自行监测年度报告。

3. 企业基础信息随监测数据一并公布。

参考文献

[1] EPA Office of Wastewater Management-Water Permitting. Water permitting 101[EB/OL]. [2015-06-10]. http：//www. epa. gov/npdes/pubs/101pape. pdf.

[2] Office of Enforcement and Compliance Assurance. NPDES compliance inspection manual[R]. Washington D. C.：U. S. Environmental Protection Agency，2004.

[3] U. S. EPA. Interim guidance for performance-based reductions of NPDES permit monitoring frequencies[EB/OL]. [2015-07-05]. http：//www. epa. gov/npdes/pubs/perf-red. pdf.

[4] U. S. EPA. U. S. EPA NPDES permit writers' manual[S]. Washington D. C.：U. S. EPA，2010.

[5] UK. EPA. Monitoring discharges to water and sewer：M18 guidance note[EB/OL]. [2017-06-05]. https：//www.gov.uk/government/publications/m18-monitoring-of-discharges-to-water-and-sewer.

[6] 常杪，冯雁，郭培坤，等. 环境大数据概念、特征及在环境管理中的应用[J]. 中国环境管理，2015，7（6）：26-30.

[7] 冯晓飞，卢瑛莹，陈佳. 政府的污染源环境监督制度设计[J]. 环境与可持续发展，2017，42（4）：33-35.

[8] 环境保护部大气污染防治欧洲考察团，刘炳江，吴险峰，王淑兰，等. 借鉴欧洲经验加快我国大气污染防治工作步伐——环境保护部大气污染防治欧洲考察报告之一[J]. 环境与可持续发展，2013（5）：5-7.

[9] 姜文锦，秦昌波，王倩，等. 精细化管理为什么要总量质量联动？——环境质量管理的国际经验借鉴[J]. 环境经济，2015（3）：16-17.

[10] 罗毅. 环境监测能力建设与仪器支撑[J]. 中国环境监测，2012，28（2）：1-4.

[11] 罗毅. 推进企业自行监测 加强监测信息公开[J]. 环境保护，2013，41（17）：13-15.

[12] 钱文涛. 中国大气固定源排污许可证制度设计研究[D]. 北京：中国人民大学，2014.

[13] 曲格平. 中国环境保护四十年回顾及思考（回顾篇）[J]. 环境保护，2013（10）：10-17.

[14] 宋国君，赵英煚. 美国空气固定源排污许可证中关于监测的规定及启示[J]. 中国环境监测，2015，31（6）：15-21.

[15] 孙强，王越，于爱敏，等. 国控企业开展环境自行监测存在的问题与建议[J]. 环境与发展，2016，28（5）：68-71.

[16] 谭斌，王丛霞. 多元共治的环境治理体系探析[J]. 宁夏社会科学，2017（6）：101-103.

[17] 唐桂刚，景立新，万婷婷，等. 堰槽式明渠废水流量监测数据有效性判别技术研究[J]. 中国环境监测，2013，29（6）：175-178.

[18] 王军霞，陈敏敏，穆合塔尔·古丽娜孜，等. 美国废水污染源自行监测制度及对我国的借鉴[J]. 环境监测管理与技术，2016，28（2）：1-5.

[19] 王军霞，陈敏敏，唐桂刚，等. 我国污染源监测制度改革探讨[J]. 环境保护，2014，42（21）：24-27.

[20] 王军霞，陈敏敏，唐桂刚，等. 污染源，监测与监管如何衔接？——国际排污许可证制度及污染源监测管理八大经验[J]. 环境经济，2015（Z7）：24.

[21] 王军霞，唐桂刚，景立新，等. 水污染源五级监测管理体制机制研究[J]. 生态经济，2014，30（1）：162-164，167.

[22] 王军霞，唐桂刚. 解决自行监测“测”“查”“用”三大核心问题[J]. 环境经济，2017（8）：32-33.

[23] 薛澜，张慧勇. 第四次工业革命对环境治理体系建设的影响与挑战[J]. 中国人口·资源与环境，2017，27（9）：1-5.

[24] 张紧跟，庄文嘉. 从行政性治理到多元共治：当代中国环境治理的转型思考[J]. 中共宁波市委党校学报，2008，30（6）：93-99.

[25] 张静，王华. 火电厂自行监测现状及建议[J]. 环境监控与预警，2017，9（4）：59-61.

[26] 张伟，袁张燊，赵东宇. 石家庄市企业自行监测能力现状调查及对策建议[J]. 价值工程，2017，36（28）：36-37.

[27] 张秀荣. 企业的环境责任研究[D]. 北京：中国地质大学，2006.

[28] 赵吉睿，刘佳泓，张莹，等. 污染源 COD 水质自动监测仪干扰因素研究[J]. 环境科学与技术，2016，39（S1）：299-301，314.

[29] 左航，杨勇，贺鹏，等. 颗粒物对污染源 COD 水质在线监测仪比对监测的影响[J]. 中国环境监测，2014，30（5）：141-144.

[30] 王军霞，唐桂刚，赵春丽. 企业污染物排放自行监测方案设计研究——以造纸行业为例[J]. 环境保护，2016，44（23）：45-48.

[31] 张静，王华. 火电厂自行监测关键问题研究[J]. 环境监测管理与技术，2017，29（3）：5-7.

[32] 王娟，余勇，张洋，等. 精细化工固定源废气采样时机的选择探讨[J]. 环境监测管理与技术，2017，29（6）：58-60.

[33] 尹卫萍. 浅谈加强环境现场监测规范化建设[J]. 环境监测管理与技术，2013，25（2）：1-3.

[34] 成钢. 重点工业行业建设项目环境监理技术指南[M]. 北京：化学工业出版社，2016.

[35] 杨驰宇，滕洪辉，于凯，等. 浅论企业自行监测方案中执行排放标准的审核[J]. 环境监测管理与技术，2017，29（4）：5-8.

[36] 张旭东. 工业有机废气污染治理技术及其进展探讨[J]. 环境研究与监测，2005，18（1）：24-26.

[37] 王宝庆，马广大，陈剑宁. 挥发性有机废气净化技术研究进展[J]. 环境污染治理技术与设备，2003，4（5）：47-51.

[38] 陈平，陈俊. 挥发性有机化合物的污染控制[J]. 石油化工环境保护，2006，29（3）：20-23.

[39] 吕唤春，潘洪明，陈英旭. 低浓度挥发性有机废气的处理进展[J]. 化工环保，2001，21（6）：324-327.

[40] 杨啸，王军霞. 排污许可制度实施情况监督评估体系研究[J]. 环境保护科学，2021，47（1）：10-14.

[41] 王军霞，刘通浩，敬红，等. 支撑排污许可制度的固定源监测技术体系完善研究[J]. 中国

环境监测，2021，37（2）：76-82.

[42] 吕晓君，武春艳，张松安，等. 排污许可制改革对电镀行业的挑战与机遇探讨[J]. 电镀与涂饰，2017，36（23）：1288-1293.

[43] 周永莉，张校申，杨家宽，等. 催化燃烧法净化废气中污染物实验研究[J].实验科学与技术，2013，11（4）：37-38，95.

[44] 吴庭吉，郭可可，陈光秀，等. 工业有机废气处理的技术分析及前景展望[J].中国资源综合利用，2017，35（5）：49-51.

[45] 刘宗耀，曾永辉，刘俊伟，等. 挥发性有机物末端治理技术研究进展[J]. 现代化工，2022，42（3），74-78，84.